Performance Optimization of Green Wireless Networks

绿色无线网络性能优化

朱容波 著

科学出版社

北京

内 容 简 介

本书包括6章，全面系统地介绍绿色无线网络性能优化的基本理论、关键技术及最新成果，主要内容包括无线Mesh网络动态规划路由协议、认知无线电网络备份路由算法、基于进化博弈论的认知无线电网络频谱分配算法、基于博弈论的认知无线电网络频谱接入算法、认知无线传感器网络绿色协作频谱感知技术等。

本书可供无线网络、计算机、软件工程、通信、数学等专业的科研人员、硕士和博士研究生参考，也可供高等院校相关专业的师生参考。

图书在版编目(CIP)数据

绿色无线网络性能优化／朱容波著．—北京：科学出版社，2017.6

ISBN 978-7-03-052740-0

Ⅰ.①绿…　Ⅱ.①朱…　Ⅲ.①无线网-研究　Ⅳ.①TN92

中国版本图书馆CIP数据核字（2017）第101340号

责任编辑：李　敏／责任校对：张凤琴

责任印制：徐晓晨／封面设计：李姗姗

科学出版社出版

北京东黄城根北街16号

邮政编码：100717

http://www.sciencep.com

北京虎彩文化传播有限公司印刷

科学出版社发行　各地新华书店经销

*

2017年6月第　一　版　开本：787×1092　1/16

2021年1月第四次印刷　印张：14

字数：400 000

定价：88.00元

（如有印装质量问题，我社负责调换）

序　言

无线网络技术作为信息技术的重要组成部分，孕育着新的重大突破机遇，正加速向多网共存和业务融合方向发展，移动通信、各类无线应用已经完全融入人们工作和生活等各个方面。随着无线网络基础设施的扩展和网络流量呈指数级增长，无线网络所产生的负面影响也日趋明显，特别是对能源的需求和环境的污染，已经受到广泛关注。急速增长的网络使用与网络能量的低效率使用导致碳排放量逐年加剧。构建绿色网络、降低能源成本和碳排放量已经成为无线网络行业意义重大、亟待解决的研究课题。

为了实现构建绿色无线网络这一目的，学术界和工业界广泛关注网络能耗问题，并积极推动信息通信网络的节能方法研究和应用。目前的工作集中在绿色物理级、绿色链路级和绿色网络级三个方面，通过提高物理设施的部署、传输技术以及资源调度策略、网络拓扑结构调制等，提升能量效率。而为了实现绿色无线网络需求，能量效率和频谱效率将成为未来移动通信网络发展的两大关键因素。因此，如何在考虑高能效约束的同时，有机结合认知无线电技术，设计绿色无线网络协议与算法，成为绿色无线网络领域一个新的发展趋势和研究热点。

该书作者长期从事无线网络领域的科学研究与应用开发工作，重点研究高能效绿色网络协议设计与性能优化技术，取得了一系列重要成果。特别是在认知无线电网络、无线网络干扰管理与高能效协议设计等方面的成果得到了国内外同行的好评，发表了一批高质量的学术论文，并培养了多名优秀的研究生。该书是他们这些研究成果的总结。该书的出版将为传播无线网络协议设计与性能优化的基础知识，交流绿色无线网络理论与技术，扩大无线网络的应用做出贡献。

作为从朱容波在读博期间就开始合作的国际同行，见证了他的努力学习、刻苦研究以及工作后的勤奋与付出，我为他取得的研究成果和学术著作的出版感到由衷的高兴，并表示由衷祝贺。

马懋德

2017 年 4 月 12 日

前　言

对高能效无线网络协议设计与性能优化技术进行研究，探索绿色无线网络新理论与新技术，对进一步普及各类无线应用、降低能源成本和碳排放量具有深远的意义。目前人们的研究主要集中在绿色物理级、绿色链路级和绿色网络级三个方面，较少涉及高能效认知无线电技术。而为了实现绿色无线网络需求，能量效率和频谱效率是未来移动通信网络发展的两大关键因素。因此，如何在考虑高能效约束的同时有机结合认知无线电技术，设计绿色无线网络协议与算法，成为绿色无线网络领域一个新的发展趋势和研究热点。

本书共 6 章。第 1 章介绍绿色无线网络技术的国内外发展现状与最新成果。第 2 章介绍绿色无线 Mesh 网络相关路由协议，重点对基于动态规划的无线 Mesh 路由协议进行研究。第 3 章介绍绿色认知无线电路由协议相关技术，研究基于时延约束的认知无线电网络备份路由算法。第 4 章从网络架构、频谱分配行为、频谱分配方式及共享接入方式四个角度介绍绿色认知无线电频谱分配技术，重点对基于进化博弈论的认知无线电频谱分配算法进行研究。第 5 章介绍绿色认知无线电频谱接入技术，重点阐述采用博弈论模型来研究认知无线电网络中的频谱接入问题，并设计两种基于双寡头博弈模型的认知无线电网络频谱接入算法。第 6 章着重分析绿色认知无线传感器网络协作频谱感知技术，从审查和两步检测两个角度研究基于决策传输的协作频谱感知算法和基于两阶段感知的协作频谱感知算法。本书由中南民族大学朱容波撰写、统稿与校稿，研究生张浩参与了部分校稿工作。

本书的研究工作得到了国家自然科学基金项目（NO. 61272497）、国家民委中青年英才培养计划项目、中央高校基本科研业务费专项基金（CZP17043）的支持，同时得到了科学出版社的大力支持，在此表示衷心的感谢。由于水平有限，对一些问题的理解和表述或有不足之处，诚请读者批评指正。

朱容波

2017 年 4 月 15 日

目　　录

第1章　绪　　论

1.1　引　　言

无线网络技术作为信息技术重要的组成部分，孕育着新的重大突破机遇，正加速向多网共存和业务融合方向发展。在传统信息理论的指导下，蜂窝移动通信网、广播网、移动互联网、无线局域网和无线传感网等各类无线网络技术迅速发展，形成了多网共存的“通信战国时代”[1]。随着无线技术的进步以及整个市场的大规模扩大，无线网络行业所依赖的工业产品、传输线路、终端设备、通信网络的核心系统、动力系统以及网络中心、基站等随之快速增加。由于不断升级的无线网络基础设施的扩展和呈指数级增长的网络流量，无线网络所产生的负面影响也日趋明显，特别是对能源的需求和环境的污染，已经受到广泛关注。根据文献［2］和文献［3］，信息通信技术（information and communication technology，ICT）产生的 CO_2 排放量约占整个人类社会总排放量的2%~4%，近似相当于全年汽车 CO_2 排放量的1/4，且将继续保持高速增长，预计将从2002年的5.3亿t增长到2020年的14.3亿t。而无线通信系统作为ICT的重要领域之一，碳排放量始终占据着很大比例，预计将从2002年的42%增长到2020年的51%[4]。

传统的网络系统设计的两个原则有悖于低碳节能的目标：一是超额资源供给，在缺少服务质量支持的因特网架构下，超额资源供给使网络承受突发的峰值负载；另一个是冗余设计，通过冗余链路和设备提高网络的可靠性，以应对突发的故障失效[5]。但这两个原则均建立在牺牲网络能耗的基础上。随着网络用户的逐渐增多、网络设备的更新换代、网络规模的扩展以及环保意识的加强，无线网络能耗增长、利用率低、浪费严重等问题得到暴露。云计算和大数据处理的发展、智能手机和平板电脑等智能终端的出现，在给用户带来便利的同时也产生了大量的网络流量。互联网、通信网、传感网以及物联网等网络设施的建设与数据传递大大增加了网络的复杂性与能耗。优化无线网络能效不仅能降低对环境的影响，还能降低网络成本，从而使网络在普遍环境更加实用。由此可见，构建绿色网络、降低能源成本和碳排放量已经成为无线网络行业意义重大、亟待解决的研究课题。构建绿色网络的目的是减少能源消耗，降低电磁辐射，提高资源利用率并使资源消耗对环境的影响最小。

1.2　高能耗现状分析

如今，无线网络产生高能耗的原因大致可分为如下两种。

1. 急速增长的网络使用

据国际能源署(International Energy Agency, IEA)统计数据和全球电子可持续性倡议组织(Global e-Sustainability Initiative, GeSI)的预测报告《Smart 2020：实现信息时代的低碳经济》，全球ICT产业在2007年的碳排放量为8.3亿t，到2020年预计将增至14亿t。其中，互联网、移动通信网络和终端设备(包括手机、无线路由器和机顶盒等)在产业总能耗中所占比例分别为45%、43%和12%[6]。国际电信联盟在2011年发表了M.2243报告，指出2015年的数据业务流量是2010年的30倍，而2015~2020年数据业务量更将显示出指数级增长[7]。图1-1所示为2013~2017全球无线通信资本支出情况。

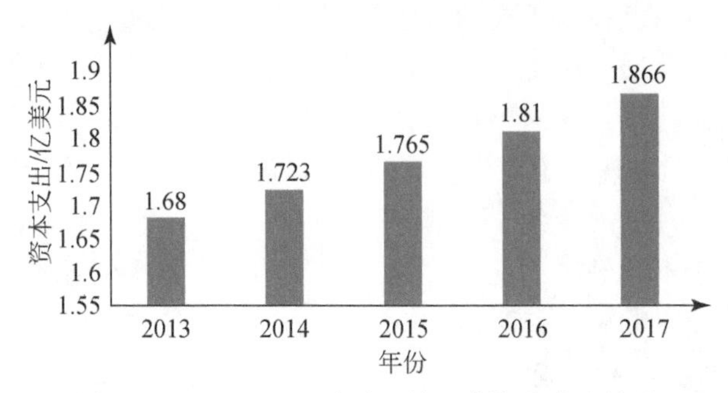

图1-1 2013~2017全球无线通信资本支出情况

在中国，截至2015年12月底，全国移动电话用户总数达到13.06亿户，移动通信基站总数达466.8万个，移动互联网接入流量消费达41.87亿G，且还在持续增长。随着用户数量和网络流量的增加，网络运营商不得不持续增加基站数量和大范围覆盖WiFi热点，构建无线传感器网络以及无线Mesh网络；同时引入了宏基站、微基站、微微基站等混合覆盖的新式网新模式。这些数量庞大的移动终端、基站以及传感器节点无时无刻不在进行着无线通信，不仅能量消耗巨大，且其数量以及用户数均在持续增长，如果不加以控制，后果不堪设想。

2. 网络能量的低效率使用

为了实现对故障的应急反应，提高网络鲁棒性，传统的无线网络在设计时存在冗余设计的问题，在配置时预设了大量的备用链路以及设备。实验表明，网络设备在低负载和满载条件下能耗非常接近。而在大多数正常情况下，闲置链路和网络设备并不需要使用，却不得不全天满功耗地工作，能量却一直在被使用，造成了大量浪费。据估计，骨干网即使在业务量高时设备平均利用率也不足30%，这就意味着大部分网络在闲时平均利用率不到5%[5]。

同样，频谱作为一种稀缺的自然资源，也存在低能效的问题。首先，频谱资源存在大量频段无法使用的问题。其次，在业务量较少的时段里，频谱的使用存在明显的浪费。根据美国联邦通信委员会的报告，目前大部分授权频段在长时间内均处于闲置状态。如何高效运用频谱资源，对不同空闲频段加以利用，实现对快速增长的无线网络流量传输以及大量设备的连接请求，是目前面临的巨大挑战。

1.3　绿色无线网络研究现状

为了达到构建绿色无线网络这一目的，各国际组织、机构和研究者广泛关注绿色通信网络能耗问题，并积极推动信息通信网络的节能方法研究和应用。

在政策与国际组织方面，2010年，贝尔实验室率先成立 Green Touch（绿色沟通）组织。Green Touch 通过对近年无线网络的研究，结合对网络架构以及网络性能的分析，认为通信网络的能效性在之后5年有望提升1000倍以上[8]。2012年建立的TREND项目旨在优化无线网络性能，建设绿色电信行业[9]。美国投入重金于智能电网的研究和运营之中，使电网运行、能源效率、资产利用率和可靠性得到了改善。加拿大高级研究和创新机构在减少数据中心和制冷设备的能耗方面取得了突破。2009年10月中国通信标准化协会成立了“通信产品环保标准特设任务组”，为移动终端设备节能功耗参数与测量方法制定了标准。同时，我国在2011年将节能减排列为“十二五”规划中的重大专项，国务院发布了《节能减排“十二五”规划》以及《“十二五”节能减排综合性工作方案》，我国工业和信息化部也发布了相关绿色节能政策。

在学术界方面，电气和电子工程师协会（IEEE）对绿色无线网络关注密切。在近几年国际会议上，IEEE多次召开与绿色无线网络相关的专题会议，并建立了802.3az工作组来对能量有效性进行标准的定义。IEEE在ICC 2009、GLOBECOM 2009、GLOBECOM 2010连续举办了3届以“绿色通信”为主题的国际会议。同时，在2010年和2011年策划了3期以绿色通信为主题的专刊，并陆续策划了相关征稿活动。

在企业方面，许多无线通信企业均投入到绿色网络的相关研究和服务中。美国Version电信公司制定了环保采购规范，新购置的节能产品相比以前产品能节省20%的能源。日本NTT电信公司采用能源系统绿色设计，提出了“绿色一体化”概念，形成了绿色数据中心、绿色咨询、绿色能源、绿色监控等一系列的节能解决方案。中国移动等运营商积极开展绿色节能行动，在2007年便签订了“绿色行动计划”合作协议。中国电信集团也推进节能工程，开展了空调管理、自适应节能技术和供电节能系统。华为提供了时隙级关断功能，成功解决了馈电损耗这个难题，实现了40%以上的基站功耗节约[10]。

1.4　绿色无线网络关键技术

如今，绿色无线通信的研究从网络构架方面出发可分为绿色物理级、绿色链路级和绿色网络级三方面。绿色物理级以无线网络的物理设备以及物理层优化为切入点，通过优化基站、无线节点等物理设施的部署和提高能效性以及对无线资源效率的优化来达到节能的目的。绿色链路级则着重研究如何采用高效率的传输技术以及资源调度策略来达到提升资源使用效率的目的。绿色网络级从无线资源管理和网络拓扑的方向切入，研究通过调整如传感器网络、Mesh网络等网络的拓扑结构来使网络的能量效率达到最大。下面分别从这三方面详细描述相关绿色无线网络技术。

1.4.1 绿色物理级

如图 1-2 所示，在无线接入网络中，基站是能源消耗的主要来源。据估计，接入网基站的能耗超过整个网络能耗的 60%。全球大约有 300 万个基站，总共消耗 4.5GW 的能量[11]。因此，如何在保证服务质量的前提下提高基站的能量有效性，降低基站的功率需求必然是当今研究的重点。

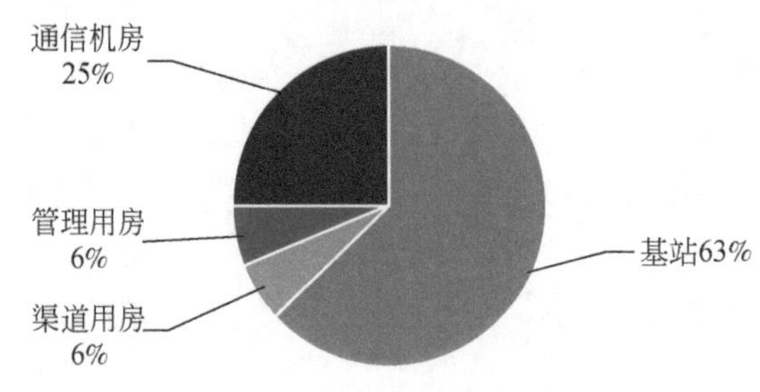

图 1-2 无线通信能耗模型

基站系统的构成主要分两部分：基站收发台和基站控制器。其中基站 50%~70% 的能量都消耗在功率放大器(power amplifier，PA) 中。而这其中，80%~90% 的 PA 能量是以热能的形式浪费的，并且为了降温，空调的消耗又增加了更多的能源成本。因此，如何增大功率放大器的效率一直是研究的重点之一。文献 [12] 提出了基于基波以及二次谐波调谐的 J 类放大器，能实现较高的功放效率。文献 [13] 提出了基于数字预失真的多尔蒂架构和 GaN 架构的放大器，能有效地将能效提升 50% 以上。另外，采用开关模式的功放器也能很大程度上提高能效。与标准功放器相比，开关模式功放器更容易冷却，且仅需要较小的电流。

由于用户的流动性等因素，蜂窝网络中的流量负载在空间和时间上有明显的波动，这会导致部分基站处于高负荷状态而另一部分处于低负荷状态的情况。因此，静态的基站部署在流量波动的情况下效率是比较低的，特别是在基于微蜂窝和微微蜂窝等网络中。采用合理的睡眠节电模式周期性地关断系统部分模块能有效降低系统能耗[14]。伴随着 LTE (long term evolution) 发展出的自组织网络(self-organizing network，SON) 技术，通过添加网络管理和智能系统使网络能够优化配置和自我修复，同时降低成本，提高网络的性能和灵活性[15]。文献 [16] 提出一个相似但更灵活的概念“蜂窝缩放(cell zooming)”。基站可以根据网络或流量情况调整单元格大小来达到平衡流量负载，同时减少能源消耗的目的。无法缩放的细胞甚至可以进入睡眠模式，以减少能源消耗。

小基站(small cell) 是低功率的无线接入节点，覆盖 10~200m 的范围。由于其拥有体积小、安装灵活、功耗低、快速部署等特点，从而可以有效提高频谱分配效率和服务质量。与宏基站相比，小基站可更加有效地改善室内深度覆盖，增加网络容量，提升用户感知，因而近年来受到了广泛的关注。文献 [17] 提出小基站周期性开启机制，解决了双层异构蜂窝网络中系统无法获取用户与关断小基站之间信道信息的问题，仿真证明该机制能够有效节约86%的小基站总能耗。文献［18］分析了目前异构网络中宏基站与小基站的部署特点，并根据异构网的立体组网特性着重研究城市密集区域和偏远稀疏区域两种特殊场景来探讨异构网的覆盖组网技术，对现有宏基站-小基站异构网节能覆盖方案作出了评价。

大规模多输入多输出技术(massive MIMO)[19]通过在基站端安装数百根天线，使信号通过发射端与接收端的多个天线传送和接收，从而改善通信质量，同时使线性检测器的性能达到最佳并提高频谱效率，达到减小基站部署密度与减轻频谱受限的压力，提高系统信道容量，减低功率的目的。所以也被称为下一代移动通信的核心技术。

1.4.2　绿色链路级

测量表明，以太网处于空闲和100%链路利用率的情况下功耗几乎是相同的，即以太网功耗与链路利用率无关。在实践中，即使在没有帧发送的空闲时段，链接为了保持同步也需要连续发送无意义的数据。因此，在链路处于低利用率时，根据信道条件来选择不同的调制方案，通过降低链路速率能有效地降低链路能耗。

目前，链路自适应速率调节主要从两方面研究：①空闲时段关闭链路，也称为睡眠-唤醒机制；②在低利用率期间降低链路速率，也称为动态速率调节机制。两种方法均是根据不同数量级的网络流量选择对应数量级的链路，自适应地调整链路速率，从而有效避免网络流量和链路等级不对等情况，节省了不必要的能耗。

睡眠-唤醒机制只包含两种链路状态：睡眠状态和唤醒状态。该机制的困难之处在于在系统的反应性和节能之间找到合适的折中。在文献［20］中，作者通过测量数据包到达的间隔时间来让节点决定它们的接口状态，并且考虑这个间隔是否足够长来证明在连续两帧有明显的能量节省。文献［21］中，作者提出了双状态睡眠模式策略，第一状态对应于常规操作模型，第二状态为节能模型。从节能模型转换到操作模型时，会消耗部分时间且产生能量消耗巅峰。而反向转换时则恰恰相反。目前，低功耗休眠机制已经被IEEE 802.3az标准采用，作为IP网络的重要节能技术。

相比只有两种状态的睡眠-唤醒机制，动态速率调节机制通过使用不同的传输速率来实现更广泛的调节可能，而在今日被更多地使用。动态速率调节的难点在于转换状态时的成本花销。以太网定义了从10Mbit/s到10Gbit/s的数个传输速率，在不同状态之间的转换所需要的能耗与时间均不同，过长的转换时间则会造成系统性能的损失，如延迟增加、报文丢失等。例如，对PC端系统的网络接口卡(network interface card，NIC)的数据速率从10Mbit/s增加到1Gbit/s，结果增加了约3W能耗。而对于普通转换，相同的吞吐量只会增加约1.5W的能耗[22]。文献［23］表明进行速率转换所消耗的时间是不可忽略的，并且时间不仅与起始状态和终止状态有关，而且是不对称的。所以在进行成本计算时还需考虑转换的方向。自适应调节结构如图1-3所示。

其次，无线频谱作为我国重要的战略性资源，是非常宝贵的。但研究发现，当前频谱资源的管理中，频谱资源的使用与分配上已经产生了较大的矛盾。一方面，随着通信需求

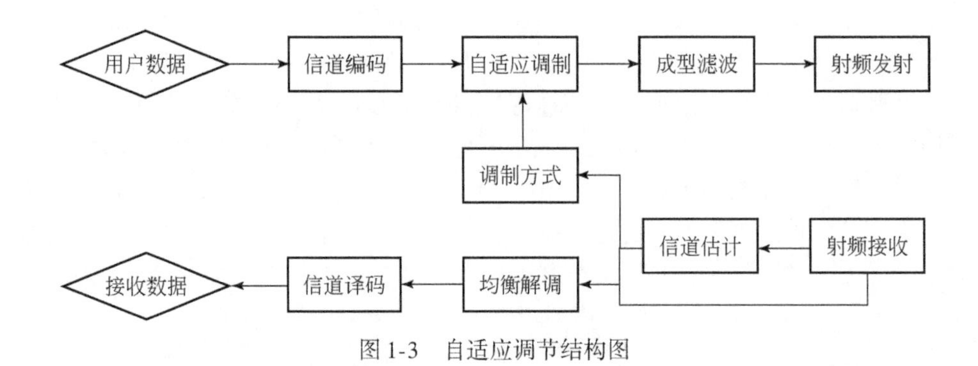

图 1-3　自适应调节结构图

的膨胀以及业务量的增长，频谱资源的分配已所剩无几；另一方面，当前频谱分配的分配方式使得频谱的利用率很低。美国国家无线电网络研究实验台项目的一份测量报告表明，3GHz 以下频段的平均频谱利用率仅有 5.2%。所以，如何提高频谱资源的利用率也是无线绿色网络的关键技术之一。

正交频分多址接入(orthogonal frequency division multiple access，OFDMA）技术由于具有较高的频谱利用率，支持灵活的带宽扩展性，易于与多天线技术结合，易于与链路自适应技术结合的特点，已经成为新一代无线网络标准广泛采用的物理层标准。文献［24］最先提出 OFDMA 能效优化的资源分配方法。文章通过对电路能耗以及射频能耗对系统能效影响的研究，提出了通过调整发射总功率以及子载波功率的网络优化方案，并证明该方案能够实现 20% 的能量节能优化。文献［25］对 OFDMA 网络上、下行链路调度问题进行了研究。文章通过建立相应分配模型，对链路最优功率和最优子载波分配进行分析，提出了上、下行信道资源分配的次优算法。

终端通信技术(device to device，D2D）是一种新型的设备到设备间通过复用小区资源直接传输的通信技术。D2D 技术在宏蜂窝基站的控制下获得通信所需的频率资源和传输功率，这使得用户除了能够通过基站进行通信，还可以通过 D2D 链路进行直接通信或者转发数据。D2D 技术能够在保证了服务质量(quality of service，QoS）及通信鲁棒性的前提下有效提高频谱利用率，同时降低基站负荷。D2D 通信在如车载通信、就近通信等领域非常受欢迎。同时可将其运用到公共安全和灾难场景中，以解决网络容量过载、网络连接受限等难题[26]。作为 5G 关键技术之一，D2D 可采用广播、多播、单播等模式，未来将发展其增强技术(advanced D2D)，如多天线技术和联合编码技术等，必将在未来有很大的应用前景[27]。

1.4.3　绿色网络级

传统的网络部署一般着重考虑网络性能及资金花销。但近年来，随着对绿色通信认识的逐步加强，关注网络能效与能耗的网络部署渐渐受到人们的关注。基站作为能耗大户，对其部署进行优化势在必行。分布式基站技术使用光纤替代馈线将基站射频部分延迟，从而缩短了连接设备的电缆长度。文献［28］通过研究宏蜂窝内微蜂窝个数对网络性能的影响，证明在合理部署微小区的情况下，能够有效提高网络能效，降低无线通信的能耗。

3GPP(generation partnership project) Release 10 提出宏蜂窝、微蜂窝、微微蜂窝和家庭基站共同组网的层叠型网络，其中宏基站仍发挥其广覆盖的特点，而微蜂窝及微微蜂窝则着重服务高速业务的热点区域，家庭基站为室内提供服务。不同基站发挥特长、互相弥补，节省了不必要的资源开销[29]。文献［30］通过在基站与核心网络之间增加协同服务器，提出了一种新型网络架构，实现逻辑结构可变的常规通信以及基于基站控制的多播和短距离通信。实验表明，该结构实现功率资源与业务的优化匹配，提高了网络的功率效率。

中继网络通过在基站与用户间建立廉价的中继节点而成为一种经济、新颖的网络构建方案。中继技术通过把多跳技术融入现有蜂窝网络，网络信号经历不同的衰落信道得到分集增益而提高频谱效率，从而提高信号可靠性以及降低基站的发射功率。如图 1-4 所示，在该小区内部署若干中继节点并采用中继技术，这使得相距较近的基站与用户之间可以采用直接通信方式，而距离较远的通信则可以采用多跳方式，即通过中继节点进行转发。

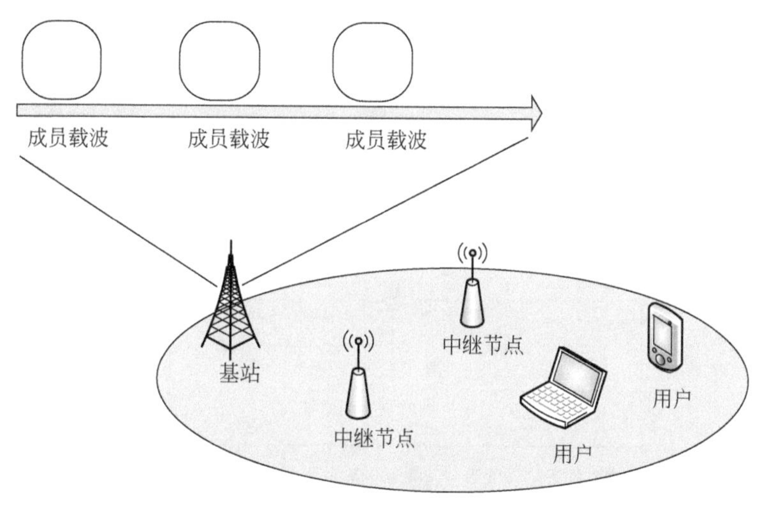

图 1-4　小区内部署中继节点

基于传统蜂窝网络，其他无线网络技术也在近年发展迅速，无线局域网、广播网、无线传感网、卫星网、移动互联网、Ad hoc 网等都为追求绿色节能，提高能效而在网络拓扑结构、路由算法等方面进行了优化。

在无线传感器网络中，大部分能量消耗均来自于节点间通信，且由于难以进行电池更换，如何节约通信能耗、延长网络生命周期是目前绿色传感器网络的主要研究方向。在无线传感器网络拓扑研究中，文献［31］提出一种分布式能量有效性无线传感器拓扑算法。网络通过拓扑构建和拓扑维持两个阶段使得节点传输范围内的其他节点均接收到数据包，以减少数据包重传次数。同时算法设定多个不同阈值来动态调节节点能耗使用率，以此平衡网络能耗，延长网络周期。文献［32］通过节点移动来均衡网络节点的密度，使得网络的能量分布变得均衡，另外以每跳通信的时延大小为标准确定参与通信的节点，用能量等级高的节点取代能量快耗尽的节点，使能量等级低的节点处于唤醒状态，而能量等级高的节点处于休眠状态，也平衡了网络的能量负载。通过减少通信时的数据传输量来节约能耗是另一项研究热点。其中，通过数据融合方法对来自不同数据源的数据进行网内处理，去除冗余信息，以形成高质量的融合数据被广泛运用于传感器网络中。目前使用较多的融合算法包括 D-S 证据理论、神经网络、模糊逻辑、遗传算法和卡尔曼滤波等。文献［33］针对大规模传感器网络，在保证数据可靠、准确的前提下，运用卡尔曼滤波对收集的数据进行预测，将状态估计相似的节点转换为睡眠模式，以此减少活跃节点的个数，以达到节约能耗、增加传感器网络生命周期的目的。文献［34］基于加权平均法思想，提出了最小能量可靠聚集算法(minimum energy reliable information gathering，MERIG)。针对无线传感器中由于环境等因素引起的数据包出错率(包括包丢失和数据比特错误）问题，对数据包可靠传输进行了优化。文章提出信息权重的概念，以此表示数据包中包含的信息量或融合后的数据包的重要性/准确性。如在测量房间温度的传感器网络中，传感器可分为房间融合节点、角落融合节点以及普通节点，如图 1-5 所示。通过动态地设定每个数据包的重传次数，在满足足够的传输可靠率的前提下，降低了数据的传输总量，达到了降低能耗的效果。

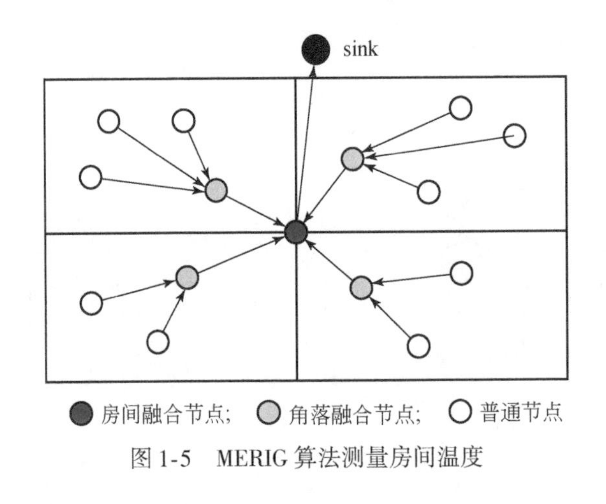

图 1-5　MERIG 算法测量房间温度

1.5　绿色无线网络新能源技术

随着化石资源的日益枯竭以及人们对自然环境的日益重视，通过利用新能源来降低碳排放量被广泛地运用在无线通信行业中。新能源是指除了煤炭、石油之外的具有可持续性的资源，如风能、太阳能、燃料电池等，其特点包括具备可再生特性、对环境影响小、分布广等。新能源产业的发展既能弥补现阶段化石能源供应的日益减少，也是环境保护和减少碳排放量的重要措施，满足人类社会可持续发展的需要。

目前，使用新能源供电主要以风力发电和太阳能发电系统为主，或者是风光互补系统，主要形式包括新能源独立供电系统、新能源与柴油发电机互补供电系统、新能源与市电互补供电系统等。风力发电的特点是获取容易且功率密度大，成本低廉，但存在稳定性差等问题。故为了保证系统的供电安全，系统需配备较大的风机容量和蓄电池容量。相较之，太阳能供电则更为稳定，但其供电成本非常高，且占地面积比较大，系统功率密度和转换效率相比风力发电均较低[35]。

燃料电池是一种将存在于燃料与氧化剂中的化学能直接转化为电能的发电装置。与一般的电池不同，燃料电池只需要不断提供燃料源供给，便能依靠电极持续发电。由于燃料电池不需要燃烧燃料，这使得化学反应过程变得安静、无污染，同时电池效率高达45%~60%。燃料电池还具备很多其他优势，如减少污染排放，噪声低；具有高度的可靠性，模块化，便于维护；适用能力强，可以使用多种多样的初级燃料等，具有很强的过负载能力[28]。

1.6　未来绿色无线网络展望

传统的无线网络建设主要围绕如何提升容量、增加覆盖等方面进行。而为了实现绿色无线网络需求，能量效率和频谱效率将成为未来移动通信网络发展的两大关键因素。基于此，未来绿色无线网络技术可能的几个研究方向包括：

1. 高能效认知无线电技术

认知无线电技术通过实时感知四周的无线网络环境并及时自主地调节各工作参数，使网络能够通过对频谱的感知和分析以“机会方式”让次级用户动态接入空闲频谱，提高频谱资源的利用率。目前，国内外认知无线电技术的研究大都集中在物理层、MAC（medium access control）层、网络层的功能方面，如频谱感知、功率控制、频谱共享、频谱移动性管理、跨层设计等技术。未来，更多的研究可以关注设备的功耗问题，以及如何减少功耗和提高能效性来延长设备续航时间。同时，认知无线电技术MAC协议的吞吐量研究及其所带来的认知容量增益的研究也将是未来研究的主要方向。

2. 异构网络优化

随着多种接入制式共存、部署密度加强异构网络的逐渐增多，无线网络将受到更多的传输干扰，节点分流、网络容量等均会大幅度降低。由此，在部署前对网络站点的选址以及密度进行规划是极其重要的。同时，频谱资源的分配也会极大地影响无线通信效率，如何尽量减少同频干扰、减少频谱空洞现象将是研究重点。为了降低基站能耗，可以构建唤醒-睡眠异构网络，根据用户业务量动态变化而适当地关断唤醒部分节点，以此来降低基站能耗，实现绿色通信理念。

3. 无线网络虚拟化技术

早期网络虚拟化主要集中在核心网部分，如虚拟局域网（virtual local area network，VLAN）、软件定义网络（software defined network，SDN）、网络功能虚拟化等。但随着5G网络的临近，无线网络虚拟化也得到越来越多的关注。目前的无线网络技术尚不成熟，由于是多种类型的物理网络垂直独立共存，使得网络协议各不相同，节点属性亦不同。同时，无线网络需要考虑噪声干扰、信道不确定性、信令开销、回传网络容量、设备移动性和时延等问题。这使得与有线网络相比，无线网络虚拟化挑战更大，过程更复杂。另外，对于虚拟化的网络资源，如何进行业务驱动的虚拟资源高效分配，使其既满足多用户多业务的 QoS 需求和有效适配，又能最大限度地提高资源利用率，是另一个有待解决的关键问题[6]。

1.7 小　　结

本章首先指出推行绿色无线网络的必要性并介绍相关绿色通信的概念。其次介绍了绿色无线网络在政界、学术界以及业界的发展与研究现状。然后从绿色物理级、绿色链路级和绿色网络级三方面介绍了现阶段国内外绿色网络的关键技术，从基站性能优化、链路自适应调节、频谱资源高效利用等方面分析了相关绿色技术。最后对未来绿色节能无线网络技术进行了展望。

1.8 本书结构介绍

第 2 章将介绍绿色无线 Mesh 网络相关路由协议，将其分为单射频路由协议、多射频路由协议和分级路由协议三类，并对现有路由技术进行比较分析。同时基于动态规划建模提出基于动态规划的无线 Mesh 路由协议，并通过仿真验证其性能。第 3 章介绍绿色认知无线电路由协议相关技术，对具有代表性的路由协议从路由建立主动性、跨层路由、网络性能指标三方面进行分类，从路由协议的特点等方面对其进行比较。同时，针对目前相关路由存在的问题，提出基于时延约束的认知无线电网络备份路由算法。第 4 章介绍绿色认知无线电频谱分配技术，从网络架构、频谱分配行为、频谱分配方式及共享接入方式四个角度将频谱分配技术分为九种，并对国内外认知无线电中频谱分配的相关研究进行深入的分析，提出了基于进化博弈论的认知无线电频谱分配算法。第 5 章介绍绿色认知无线电频谱接入技术，对其中两大研究领域，即 MAC 协议和频谱分配技术进行详细介绍。此外，重点阐述采用博弈论模型来研究 CR 中的频谱接入问题，并设计两种基于双寡头博弈模型的 CR 频谱接入算法。第 6 章介绍绿色认知无线传感器网络（cognitive wireless sensor network，CWSN）相关研究，并着重分析协作频谱感知技术。根据次要用户的行为方式将 CWSN 中的协作频谱感知技术分为非协作和协作两种模型。最后，从审查和两次检测两个角度分别提出基于决策传输的协作频谱感知算法和基于两次感知的协作频谱感知算法。

参 考 文 献

[1] 张武雄，胡宏林，杨旸．基于协同覆盖的绿色无线网络技术．中兴通讯技术，2010，16(16)：4-7.

[2] ITU. ICTs and climate change. ITU-T Technology watch Report #3. Geneva：s. n. ，2007.

[3] Webb M. Smart 2020：Enabling the low carbon economy in the information age. Climate Group，2008，1：1-1.

[4] SuarezL，Nuaymi L，Bonnin J M. An overview and classification of research approaches in green wireless networks. EURASIP Journal on Wireless Communications and Networking，2012(1)：1-18.

[5]林闯,田源,姚敏. 绿色网络和绿色评价:节能机制、模型和评价. 计算机学报,2011,34(4):593-612.
[6]张平,崔琪楣. 大数据驱动的绿色通信网络. 深圳大学学报(理工版),2013,30(6):557-564.
[7]ITU. Assessment of the global mobile broadband deployments and forecasts for international mobile telecommunications. http://www. itu. int/pub/R-REP-M. 2243-2011[2016-9-5].
[8]Chen Y,Zhang S,Xu S,et al. Fundamental trade-offs on green wireless networks. Communications Magazine IEEE,2011,49(6):30-37.
[9]Meo M,Zhang Y,Hu Y,et al. The TREND experimental activities on green communication networks. Proceedings of the Tyrrhenian International Workshop on Digital Communications,Genoa,2013:1-6.
[10]王磊. 绿色无线通信技术概述. 无线通信技术,2013,22(3):34-38.
[11]Wright P,Lees J,Benedikt J,et al. A methodology for realizing high efficiency class-J in a linear and broadband PA. IEEE Transactions on Microwave Theory & Techniques,2010,57(12):3196-3204.
[12]Bogucka H,Conti A. Degrees of freedom for energy savings in practical adaptive wirelesssystems. Communications Magazine IEEE,2011,49(6):38-45.
[13]Claussen H,Ho L T,Pivit F. Effects of joint macrocell and residential picocell deployment on the network energy efficiency. Proceedings of the IEEE 19th International Symposium on Personal,Indoor and Mobile Radio Communications(PIMRC),Cannes,2008:1-6.
[14]Gong J,Zhou S,Niu Z,et al. Traff-aware base station cooperative sleeping in dense cellular networks. Proceedings of the 18th International Workshop on Quality of Service(IWQoS),Beijing,2010.
[15]Willemen P,Laselva D,Wang Y,et al. SON for LTE-WLAN access network selection:Design and performance. Eurasip Journal on Wireless Communications & Networking,2016(1):230.
[16]Niu Z S,Wu Y Q,Gong J,et al. Cell zooming for cost-efficient green cellular networks. Communications Magazine IEEE,2010,48(11):74-79.
[17]蔡世杰,肖立民,王京,等. 以节能为目标的小基站周期性开启研究. 清华大学学报(自然科学版),2016(1):111-116.
[18]段亚林,谢永斌. 基于LTE的绿色小基站研究. 信息通信,2015(3):168-170.
[19]尤肖虎,潘志文,高西奇. 5G移动通信发展趋势与若干关键技术. 中国科学:信息科学,2014,44(5):551-563.
[20]Gupta M,Singh S. Greening of the internet. Proceedings of the ACM Conference on Applications,Technologies,Architectures and Protocols for Computer Communications(SIGCOMM 2003),Karlsruhe,2003,33(4):19-26.
[21]Gupta M,Grover S,Singh S. A feasibility study for power management in LAN switches. Proceedings of the 12th IEEE International Conference on Network Protocols(ICNP 2004),Berlin,2004:361-371.
[22]Bianzino A P,Chaudet C,Rossi D,et al. A survey of green networking research. IEEE Communications Surveys & Tutorials,2010,14(1):3-20.
[23]Zhang B,Sabhanatarajan K,Gordon-Ross A,et al. Real-time performance analysis of adaptive link rate. Proceedings of the 33th IEEE Conference on Local Computer Networks(LCN'08),Montreal,2008:282-288.
[24]Miao G,Himayat N,Li Y,et al. Energy efficient design in wireless OFDMA. Proceedings of the IEEE International Conference on Communications(ICC),Beijing,2008:3307-3312.
[25]Xiong C,Li G,Zhang S,et al. Energy-efficient resource allocation in OFDMA networks. IEEE Transactions on Communications,2012,60(12):3767-3778.
[26]申敏,毛文俊,向东南. 绿色5G网络. 广东通信技术,2016,36(3):23-27.

[27]焦岩,高月红,杨鸿文. D2D技术研究现状及发展前景. 电信工程技术与标准化,2014(6):83-87.

[28]Ge X H,Cao C Q,Jo M H,et al. Energy efficiency modeling and analyzing based on multi-cell and multi-antenna cellular networks. KSII Transactions on Internet and Information Systems,2012,4(4):560-574.

[29]Hasan Z,Boostanimehr H,Bhargava V K. Green cellular networks: A survey,some research issues and challenges. IEEE Communications Surveys & Tutorials,2011,13(4):524-540.

[30]陶晓明,邓卉,邢腾飞,等. 面向绿色无线通信的网络构架. 清华大学学报(自然科学版),2011(7):1004-1009.

[31]Shiu L C,Lin F T,Lee C Y,et al. A distributed reliable and energy-efficient topology control algorithm in wireless sensor network. Proceedings of the International Conference on Information Science and Technology, Wuhan,2012:1-6.

[32]Deng Y P,Lin C,Wu D P,et al. Relocation routing for energy balancing in mobile sensor networks. Wireless Communications & Mobile Computing,2013,15(10):1418-1432.

[33]Soltani M,Hempel M,Sharif H. Data fusion utilization for optimizing large-scale wireless sensor networks. IEEE ICC 2014-Ad-hoc and Sensor Networking Symposium,Sydney,2014:367-372.

[34]Luo H,Tao H,Ma H,et al. 2011. Data fusion with desired reliability in wireless sensor networks. IEEE transaction on parallel and distributed system,22(3):501-513.

[35]崔志刚,吕宇欣,郝颖,等. 新能源供电系统在通信基站中应用的关键技术研究. 通信电源技术,2011,28(4):5-8.

第2章　无线 Mesh 网络动态规划路由协议

2.1　无线 Mesh 网络中的路由技术

2.1.1　无线 Mesh 网络

无线 Mesh 网络是应一些特定的应用需求而发展起来的一种新型无线技术，同时其低传输功率和高覆盖率等优势为实现下一代无线通信系统数据速率超过 1Gbit/s 的发展目标提供了一种无缝宽带接入技术[1]，近年来，一直得到 IEEE 802.16、IEEE 802.15、IEEE 802.11s 和 IEEE 802.20 等工作组的支持，备受国内外广大学者的关注。无线 Mesh 网络由两种类型的节点组成：Mesh 路由器和 Mesh 客户机。其中 Mesh 路由器相对传统无线路由器除了提升多跳环境下的路由功能之外，在其他很多地方也作了增强，除了具备网关、网桥的功能之外，还兼具支持网状网的路由转发功能。通过中间节点的多跳传输，Mesh 路由器可以实现以低传输功率达到高覆盖范围的目的。

1. 无线 Mesh 网络的架构及特点

1）无线 Mesh 网络的拓扑结构

无线 Mesh 网络的网络拓扑和传统无线网络完全不同，传统无线网络中的节点间通信需要首先通过集中的接入点，致使相距很近的节点间的连接也必须绕路至接入点。而在无线 Mesh 网络中，每个节点无论是终端还是基站通过多跳与其他对等节点进行直接通信。

实际上，Internet 的网络架构就是一个网状网的结构，需要通信的两个用户节点通过网络内部路由器及其他节点建立连接，当任意一条链路失效后，路由器会经由其他路由器再找到替代路径，这就体现了网状网的思想。在无线 Mesh 网络中，若从节点具有不同功能这个角度出发，其拓扑结构可以分为以下三种[2]。

（1）基础设施的网络结构。

基础设施的网络结构体现了无线 Mesh 网络分层的特点，也可以称作多级网络结构。逻辑上整个网络分为上、下两层，但是这种拓扑结构的无线 Mesh 网络内的节点只有 Mesh 路由器。如图 2-1 所示，Mesh 路由器位于网络的上层，构成了传统客户终端的电信基础设施，也是下层客户终端的骨干网络。而这些路由器之间自身形成一个自组织和自愈合的网络。另外，部分具备网关、网桥功能的边缘路由器可以使无线 Mesh 网络连接到 Internet 和其他无线网络，如 WiFi、WiMAX、蜂窝网络、传感器网络等。Mesh 路由器作为桥梁使底层的客户机节点接入上层的骨干网络结构中，从而实现 Mesh 网络节点之间的互通。由于无线 Mesh 网络中使用了多种无线电技术，对于使用与 Mesh 路由器相同无线电技术的客户机可以直接与其进行通信；而使用不同无线电技术的客户机则需要借助以太网连接到上层结构的基站通信。这样的结构具有建设成本低、网络覆盖率高、可靠性高以及可以兼容多种网络设备等优点，其缺点是网络中任意两个终端节点间不能够进行直接通信。

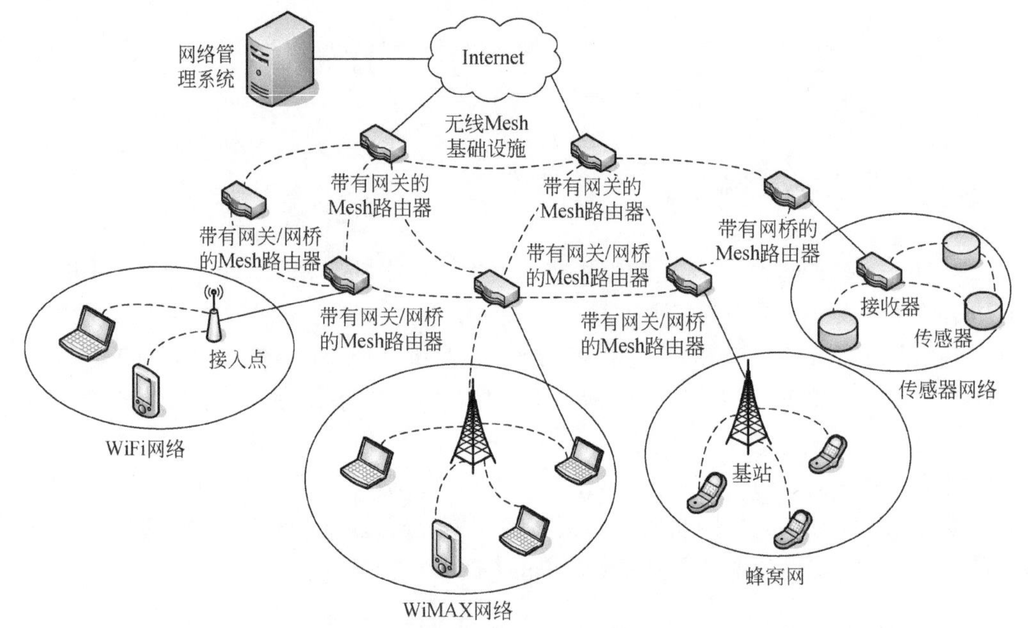

图 2-1　基础设施的无线 Mesh 网络结构

（2）终端设备的网络结构。

终端设备的网络结构是无线 Mesh 网络中较简单的一种结构，也称为平面结构，如图 2-2所示，这种结构的网状网只由 Mesh 客户机组成，且这些客户机节点在网络中形成对

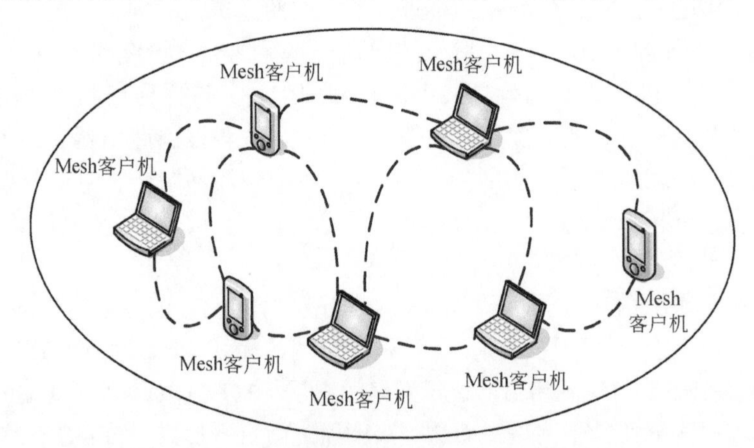

图 2-2　终端设备的无线 Mesh 网络结构

等结构，它们内部包含的 MAC、路由等通信协议具有完全一致性。网络中的每个节点相当于一个具有 Mesh 路由器功能的增强型终端设备，它们自身除了可以向客户提供终端应用之外，还具有路由和自配置功能。因此，此结构不需要 Mesh 路由器。实际上，这种结构的无线 Mesh 网络就是一种 Ad hoc 网络结构模式。

(3) 混合网络结构。

混合网络结构如图 2-3 所示，它是基础设施结构和客户端结构的组合，集中了上述两种结构的优势。其中，下层终端节点彼此之间可以以 Ad hoc 模式互连，同时能够通过 Mesh 路由器接入网络；而上层的骨干网负责提供到 Internet 以及现有的其他无线网络的连接，实现无线宽带接入。因此，无线 Mesh 网络也可以看做 WLAN (wireless local area network)[3] 与移动 Ad hoc 网络的融合。

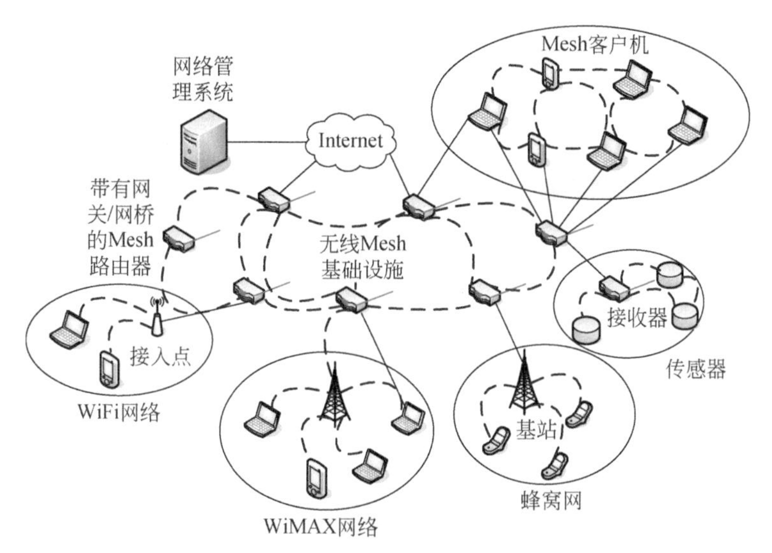

图 2-3　混合式的无线 Mesh 网络结构

2) 无线 Mesh 网络的特点

相比传统的蜂窝网络，结构上，无线 Mesh 网络的无线链路为网状结构，蜂窝网络系统为星型结构；传输速率上，无线 Mesh 网络技术可以同其他无线网络或技术融合，其传输速率大大得到提高，比目前的 3G 技术的传输速率要高很多。此外，无线 Mesh 网络的骨干网中的基础设备(无线路由器、智能路由器等) 的成本要比蜂窝移动通信系统中的基站小很多，且设备轻巧，配置方便，易于安装和维护。由此，相比蜂窝网络，无线 Mesh 网络投资成本大大降低，网络配置及维护更简便快捷。

WLAN 是典型的单跳，点对多点(point to multiple points，P2MP) 网络，其接入点的覆盖范围被限制在几百米内，若想大规模使用 WLAN 这种服务模式，需要付出昂贵的成本。而无线 Mesh 网络通过多跳智能节点的数据转发功能，将接入点的服务延伸至几千米远，其显著优势就是可以在大范围内实现高速通信。

无线 Mesh 网络和移动 Ad hoc 网络类似，它们都是点对点的多跳网络。然而，它们各自仍存在一些特性。无线 Mesh 网络节点的移动性弱，拓扑结构相对静态，而 Ad hoc 网络则更强调节点随机移动，拓扑结构动态变化。另外，两者的业务模式不同，对于无线 Mesh 网络，因特网的业务是其节点的主要业务来源，而 Ad hoc 网络节点的主要业务来自网络中任意一对节点之间的业务流[4]。

总体来说，无线 Mesh 网络与传统的无线网络有很大差异，其独特的优异性受到学术界和产业界的青睐，概括起来有如下几点。

覆盖范围广：在无线 Mesh 网络中，由于无线路由器及智能接入点的引入，网络节点间距缩短，使得终端用户的加入不再受发射功率的限制和障碍物的影响。

具有自形成、自组织和自愈合的能力：无线 Mesh 网络的网状结构使其具有很好的连通性、容错能力和灵活性，大大提高了网络的性能。

移动性与功耗限制取决于节点类型：如前所述，Mesh 路由器基本是固定节点或移动性很低，且不需电池供电，受功耗限制较小，而 Mesh 客户机既可以是静态节点也可以是移动节点，需要一定的节能机制。

具有兼容性及互操作性：无线 Mesh 网络与现有的其他无线网络或技术（如 WiFi、UWB 等）融合，与现有的网络技术或标准兼容。

投资成本低，组网灵活，易于维护：无线 Mesh 网络的初建成本低，用户的加入只需要加入无线路由器等少量设备，同时，链路的局部中断不影响整个网络的运行，具有更好的柔韧性和可行性。

2. 无线 Mesh 网络的应用及发展

1）无线 Mesh 网络的应用

无线 Mesh 网络在很多领域都具有广阔的应用前景。

（1）军事应用。

军事方面的应用仍是无线 Mesh 网络技术的主要应用领域。成熟的 Ad hoc 网络技术由于其动态随机移动的特性被应用于军事领域，相对于 Ad hoc 网络，无线 Mesh 网络技术在军事领域也有其特有的优势，如易扩展、抗毁性强等。在现代数字化战场通信环境下，无线 Mesh 网络大有用武之地，它可以成功地满足战术网的要求，为其实现提供切实可行的方案。

（2）家庭应用。

无线 Mesh 网络技术在家庭无线网络应用中也有其广阔的应用前景。由于家庭式无线 Mesh 网络具有易安装、不需要复杂的布线等特点，家庭的很多电子设备，如笔记本电脑、台式电脑、iPad、DVD 播放器甚至各种家用电器，都可以很方便地进行互连。无线 Mesh 网络为家庭应用提供了一种大容量、广覆盖的组网方式。

（3）教育行业应用。

以校园网为例，校园无线网应用有其自身的特点及要求。首先，校园网的学生用户多、范围广、通信量大；其次，对网络覆盖率有较高的要求，需要使校内各个教学楼、学生宿舍、图书馆、办公楼及室外等彼此之间实现无缝漫游；另外，学生的活动时间、场所集中，使得网络的负载均衡显得尤为重要。无线 Mesh 网络技术易于调整和升级网络结构，并且可以实现各个教育场所间的无缝漫游，如北电网络早已有其校园应用方案[5]。

（4）企业应用。

无线 Mesh 组网方式提供多跳传输，消除了传统的蜂窝网单跳方式的瓶颈，且允许网络上多个用户共享传输带宽。另外，对于那些无线接入点经常处于移动状态的企业，需要使用安装成本低、配置灵活、易于扩展等特点的组网方式，而无线 Mesh 网络技术是各企业的理想选择。

（5）临时安装和快速部署的应用。

对于一些应急或临时应用的场所，必然需要易于安装、组网和配置灵活的组网技术。那么，无线 Mesh 网络便是能满足这些要求的最有效的组网方法，并且可以将成本降到最低。Mesh Networks 公司和 Firetide 公司已经将无线 Mesh 网络技术应用于警察局的应急通信中，取得了很好的成效，并被认为是最好的方案。

2）无线 Mesh 网络的发展现状

移动 Ad hoc 网络最初是为满足美国军方战场上通信的需要而研发的，后来随着这一军方保密技术被公开，渐渐转为民用。但是 Ad hoc 网络技术自身的特性及应用环境等因素使其向民用通信领域的转型遇到很多问题。民用通信领域与军事通信领域在节点的移动性和通信业务等方面有很大差异。此时，一个在 20 世纪 90 年代中期被提出的概念再次引起人们的特别关注——无线 Mesh 网络。

无线 Mesh 网络作为因特网“最后一公里”接入方案，实现了无线网络中无处不在的通信目标[6]。无线 Mesh 网络结合了星型和网状网络结构的优势，呈现出含有多跳无线链路的无线网状网络结构，能够与多种宽带无线接入技术并存，被称为 Internet 的无线版本，是一种很有发展潜力的宽带无线接入技术。近几年，这种新型无线接入技术应用于民用、商用、军事等多个领域，备受业界关注。

我国于 2006 年发布的《国家中长期科学和技术发展规划纲要》中提出，把无线移动通信技术、物联网技术等作为我国信息化发展的重要战略领域。在 2015 年召开的国际互联网大会上，我国再一次把无线网络的发展作为互联网技术的一个重要支撑部分纳入网络的发展规划中。无线 Mesh 网络正是在这种大趋势下逐渐发展起来的一种新型无线网络接入技术[7]。

在学术方面，IEEE 首先制定了相关 Mesh 网络工业标准，以支持 WMN（wireless mesh network）进行通信。包括 IEEE 802.11a/b/g 协议标准、IEEE 802.11s 协议标准、IEEE 802.15.5 协议标准和 IEEE 802.16 协议标准等[8]。无线 Mesh 网络骨干网的部署方式以及拓扑结构将直接影响网络链路的传输质量和性能与容量，文献［9］通过研究定向天线和 Delaunay 图形的特性，提出了基于 Delaunay 三角图形的无线 Mesh 骨干网络拓扑优化算法，减少了天线间的干扰，提高了网络性能。针对链路的动态性以及多跳网络的负载不均衡性，文献［10］提出了一种新的路由判断方法 EPBW（expected path bandwidth），通过考虑链路多速率以及负载的动态性来准确评估链路的可用状态，从而提高网络的吞吐量，提高无线资源利用率。对于认知无线 Mesh 网络，文献［11］从其安全性出发，研究了认知无线 Mesh 网络中安全路由与频谱分配问题，提出满足 QoS 的高吞吐量安全路由协议，建立了能抵御黑洞、灰洞、虫洞等攻击的安全路由，同时提高网络吞吐量，满足网络 QoS 约束。针对路由器部署优化方面，文献［12］从用户需求的角度出发，提出无线 Mesh 网络部署优化方法，在满足用户 QoS、保障接入宽带需求的前提下，减少不必要的 AP(access point）天线数量，来达到优化 AP 节点的天线部署、降低天线自身干扰、减少成本的目的；文献［13］从网络的覆盖与连通的角度出发，提出基于网络流的路由器部署贪心算法，以分层的形式优化路由器部署。在降低了网络部署成本的同时还兼顾到接入容量对路由器的约束。

近些年，一些处于世界前沿地位的企业针对某些特定应用提出自己的私有解决方案，并投入建设。2000 年年初，Mesh Networks 公司向美国军方购买了战术移动通信系统的一部分专利技术，此后，一系列无线 Mesh 网络民用产品相继问世，并针对美国俄勒冈州梅德福市的警察局系统和英格兰朴茨茅斯市的 Portal 智能交通系统提出无线 Mesh 网络方案，并获得很好的评价。2005 年摩托罗拉公司收购了 Mesh Networks 公司，掌握了无线 Mesh 网络相关的技术和解决方案，并对其进行进一步研究。除此之外，微软、北电网络、美国阿德里亚、Tropos、诺基亚等多家公司也纷纷开发自己的无线 Mesh 网络产品，提出自己的解决方案并相继推入市场。2014 年，CSR 公司推出 CSR Mesh 解决方案，通过将大量的蓝牙智能设备经过智能手机、平板电脑以及 PC 进行互连或直接操控，从而构建整体家居自动化，实现智能家居的目的。在中国，天津技术开发区采用无线 Mesh 解决方案在全区范围内部署，完成后将实现多达 200 个监控点，覆盖 30 平方千米范围的无线视频监控。北京也进行了无线 Mesh 网络的实验。此外，一些高校的实验室也相继搭建测试台投入到网状网技术的研究中。由此，无线 Mesh 网络正处于飞速发展的时期。

3. 无线 Mesh 网络中的主要研究问题

1）无线 Mesh 网络的设计要点

在无线 Mesh 网络的设计过程中需要注意以下影响无线 Mesh 网络性能的关键因素。

（1）无线射频技术。

无线电技术对无线通信的发展起着至关重要的作用。近年来，研究者提出了很多先进的无线射频技术，以提高无线 Mesh 网络的容量和系统灵活性。然而，它们过于复杂且成本过高致使不能得到广泛应用。另外，我们还需要对高层协议进行修订，尤其是 MAC 和路由协议，以此来支持新的无线射频技术的应用。

（2）Mesh 连通性。

无线 Mesh 网络的网状结构使其具有很好的连通性，很多优势也是源于此特点。但是，我们仍需要智能的拓扑感知算法及路由协议来加强无线 Mesh 网络的连通性。

（3）可扩展性。

可扩展性是各种无线多跳网络技术的一个关键因素，也是它们共同面临的挑战之一。想要实现网络性能不会随着网络规模的增大而急剧下降，在无线 Mesh 网络中，从 MAC 层到应用层的通信协议都需要具备可扩展性。

（4）安全性。

无线 Mesh 网络的分布式系统结构使其没有一个集中的信任机制来分配公钥。因此，无线 Mesh 网络安全机制的设计不同于无线局域网，即便是与之类似的 Ad hoc 网络的安全机制也大多不适用于无线 Mesh 网络。目前，我们的紧要任务便是设计新的无线 Mesh 网络的安全方案。

（5）带宽和服务质量需求。

与经典的 Ad hoc 网络不同，无线 Mesh 网络的应用主要是 Internet 或宽带多媒体通信业务的接入，对带宽和通信延迟都有很高的要求。所以，在设计通信协议的过程中，除了端到端时延和公平性，还要考虑更多的性能参数，如时延抖动、聚合度及每个节点的吞吐量和丢包率等。

（6）兼容性和互操作性。

为了使无线 Mesh 网络能更好地兼容现有的网络技术，使不同网络设备商的产品之间具有更好的互操作性，必须提高无线 Mesh 网络中 Mesh 路由器和 Mesh 客户机的性能，使其多个网络接口具有很强的集成性能和相应的网关/网桥的性能。

2）无线 Mesh 网络面临的技术挑战

无线 Mesh 网络结构与技术上的特点及以上所述的网络设计要点，使得网络各层通信协议的设计面临很多挑战性的问题。尽管目前无线 Mesh 网络技术正处于飞速发展阶段且已取得很多新的研究成果，但仍有很多技术上的挑战有待进一步研究：无线 Mesh 网络理论上的网络容量仍是未知的；从物理层到应用层的通信协议的性能有待提高；网络管理上缺乏高效的管理机制；以及缺乏网络安全机制等。

（1）网络容量。

考虑到无线 Mesh 网络与 Ad hoc 网络的相似性，无线 Mesh 网络关于网络容量的研究可以采用或借鉴 Ad hoc 网络关于这个课题的研究成果。

Ad hoc 网络容量的上下界最早在文献［14］中给出，它还提出增加 Ad hoc 网络吞吐量的两个模式：①通过部署转发节点；②将节点分组形成簇的结构。换言之，节点与其他非邻节点的通信一定是在转发节点或簇的指导下完成的。但它的缺点是，在分布式网络系统中设置簇节点或分配转发节点是很困难的。文献［15］提出了一种利用节点移动性来增加网络容量的模式：节点仅与它相邻节点进行通信，且源节点在目的节点离它越来越近时才会发送它的数据。此模式也有它的局限性：传输时延和每个节点需要的缓冲区将会非常大。

文献［14］和文献［15］中的分析方法无疑推动了无线网络容量研究的进程，对提高网络容量具有很重要的指导意义。然而，这些分析方法理论上的网络容量分界是基于渐进分析得出来的，渐进分析中对网络大小和节点密度的假设与无线 Mesh 网络实际的规模不匹配：不论怎样部署无线 Mesh 网络，网络的大小和节点密度都会趋向无穷大。因此，对无线 Mesh 网络容量的分析需要新的方法。

（2）分层的通信协议。

①物理层。为了进一步增加系统容量，并减少由于衰退、时延扩散及信道间的干扰所造成的信号损伤，多天线系统被应用于无线通信中，如多天线技术、智能天线和 MIMO 系统等。虽然这些技术可以满足很多现有无线网络技术的需要，但对于复杂的无线网状网系统，仍面临很多问题。

首先，为了使无线 Mesh 网络在更大范围内实现高传输速率，必须进一步提高物理层的传输速率和物理层技术的性能。虽然多天线系统已经被研究多年，但是它的复杂性和高成本使得该系统一直不能被广泛应用。目前，频率敏感技术仍处于早期阶段，在它可以广泛应用于商业领域之前还需要付出很多努力。

其次，为了更好地将高层协议一些改进的新特质发挥出来，物理层需要进行很好的交互，因此，物理层一些组成部分的设计必须满足高层接入和控制的需求。这就使得硬件设计更具挑战性，同时激励低成本的软件无线电技术发展。

②MAC 层。无线 Mesh 网络与传统无线网络的 MAC 层存在很多不同点：首先，网状网的 MAC 层是分布式的结构，在多跳传输过程中需要互相协作，且更多地关注单跳的传输；其次，无线 Mesh 网络的节点虽然移动性较低，但仍会影响 MAC 层的性能。无线 Mesh 网络的 MAC 层协议设计必须可以支持单信道和多信道同时工作。

目前，MAC 层面临的问题中最关键的是扩展性，必须提出新的分布式的合作模式来确保网络性能不会随着网络规模的增加而减小。此外，MAC 层与物理层的跨层设计也需要进一步研究，对于新的改进的物理层技术需要有新的 MAC 层协议与之匹配，以便更好地利用物理层提供的优势。

③路由层。尽管 Ad hoc 网络的很多路由协议在无线 Mesh 网络中具有可用性，但是无线 Mesh 网络路由协议的设计仍是很热门的研究课题。在无线 Mesh 网络中，路由层的很多问题仍未得到解决。

对于路由协议的设计来说，首要问题仍是可扩展性：现有的分级路由协议和地理位置路由协议仅能解决这个问题的一部分，且增加了无线 Mesh 网络的网络开销和复杂性。为了使网络的整体性能达到最优，需要提出新的性能参数，或者将多个性能参数结合起来。此外，如果将第二层的多个性能参数引入到路由协议中，将会很大程度上使路由协议的性能得到改善，而目前它们之间的交互参数是不够的，因此，路由层与 MAC 层的跨层设计将会是一种很有前途的设计方法。

④传输层。到目前为止，还没有专门针对无线 Mesh 网络的传输层协议被提出来。对于成熟的 Ad hoc 网络技术，有很多传输协议可以应用于无线 Mesh 网络中，然而，在任何情况下，无线 Mesh 网络都需要有针对自身特征的高效率传输层协议，以保证实时和非实时传输的不同需求。

⑤应用层。无线 Mesh 网络支持的应用大概可以分为三类：Internet 接入、分布式信息存储和共享、多个无线网络间的信息交流。在无线网络中，一直存在低层协议不能够为应用层提供良好支持的问题，对于多跳的无线 Mesh 网络，这些问题显得更加严重。尽管很多点对点协议被用于因特网实现信息共享，然而，这些协议在无线 Mesh 网络中不具备较好的性能。

因此，对于无线 Mesh 网络来说，需要制定创新的应用层来满足用户的各种需求。

（3）网络管理。

无线 Mesh 网络中需要很多管理功能来维持网络的正常运行，如移动性管理、功耗管理、网络监控等。

在无线 Mesh 网络中需要一个分布式移动管理模式。然而，网状网中骨干网的存在使其分布式模式比 Ad hoc 网络简单得多。那么，如何利用无线 Mesh 网络骨干网的特点来设计一个适用于无线 Mesh 网络的轻量型分布式移动管理模式需要进一步研究。

无线 Mesh 网络中功耗管理的目标要视节点类型的不同来设定。一般来说，Mesh 路由器对功耗没有限制，功耗管理的目的是控制网络连接性、拓扑结构及频谱空间复用等。相对于 Mesh 路由器，Mesh 客户机更希望有节能机制。因此，一个可以优化功耗与连接性的功耗管理机制对于无线 Mesh 网络来说是非常必要的。

在网络监控中存在两个研究课题：首先，为了减小网络开销，需要一个高效的传输机制来传送 Mesh 网络拓扑结构的监测信息；其次，为了精确地监测到异常情况，并快速获取网络拓扑结构，需要新的数据处理算法。

（4）安全性。

无线 Mesh 网络的分布式结构、无线信道的脆弱性以及网络拓扑的动态变化等特征使它的安全性更容易受到威胁。由于没有一种中心机构充当被信任的第三方或安全密钥管理服务器来管理公共密钥，无线 Mesh 网络的安全管理比无线局域网要困难得多。在无线 Mesh 网络中，密钥管理需要使用分布式且能保证安全的方法实现。因此，无线 Mesh 网络需要一种负责安全密钥管理的分布式认证和授权模式。

为了进一步确保网状网系统的安全性，还需要考虑两个策略：一是将安全机制嵌入到网络协议中，如安全路由协议和 MAC 协议，或者开发一个安全侦测系统来检测攻击，以此来侦听服务中断，并对攻击作出快速响应；二是由于攻击可能会同时发生在不同的协议层，对于一个安全的网络协议来说，需要一个多协议层安全模式或跨层安全网络协议。

2.1.2 无线 Mesh 网络中的路由技术

路由技术的主要任务是将数据流从源节点指引至目的节点，即为需要通信的两个节点寻找最佳路径。无线 Mesh 网络与 Ad hoc 网络均是多跳分布式网络结构，其路由协议设计的核心包括路径产生、路径选择和路径维护三大功能。其中，路径产生功能主要负责在网络中收集和传递网络拓扑信息及应用需求信息，并根据收集的有用信息建立路径；路径选择是根据网络的结构和技术特点、业务需求特点及其他特定信息对路径进行合理选择，在很多路由协议中，路径产生与路径选择已经被合并为路由发现；路径维护是对已选定的路径进行维护工作，在拓扑结构动态变化、无线信道不稳定的网络中，路径维护在整个路由过程中具有很重要的作用。

目前，对 Ad hoc 网络路由技术的研究已经相对成熟，总体来说分为两大类：表驱动路由协议和反应式路由协议。以上这些 Ad hoc 网络的路由技术也可以应用于无线 Mesh 网络中，然而，无线 Mesh 网络自身的结构和技术特点也需要开发更高效的路由协议。

1. 无线 Mesh 网络路由的特点与设计思路

无线 Mesh 网络与有线网络相比，首先，二者的传输信道特性完全不同，无线传输信道的信号易衰减，易发生干扰，不能像有线传输信道那样稳定。其次，拓扑结构的特点不同，有线网络具有更加稳定、静态的拓扑结构。因此，传统的基于有线网络的路由技术完全不适用于无线 Mesh 网络。

相比之下，无线 Mesh 网络与 Ad hoc 网络具有更多相似性，但是，无线 Mesh 网络的路由协议设计仍需要考虑其自身的特点。在对比分析了无线 Mesh 网络与 Ad hoc 网络之后，从路由技术的角度出发，无线 Mesh 网络路由具有以下特点。

（1）移动性。

Ad hoc 网络的节点可以随意移动，拓扑结构也时刻发生变化。无线 Mesh 网络的节点移动性视节点类型的不同而不同。

（2）功耗限制。

无线 Mesh 网络中不同类型的节点具有不同的功耗限制，Mesh 路由器可以不考虑功耗限制这一因素，而 Mesh 客户机多数是以电池供电，因此，需要为其考虑节能机制。

（3）业务模式。

Ad hoc 网络起源于军事应用，它的主要业务是网络中任意一对节点之间的业务流。而无线 Mesh 网络中节点的主要业务来往于因特网网关，需要通信的两端通常是终端用户节点和最终将其接入 Internet 的有线网网关。因此，无线 Mesh 网络的路由技术需要对网关的访问进行特殊考虑。

现有的无线 Mesh 网络路由协议主要有以下几个设计思路。

（1）多判据路由。

路由判据的作用是度量链路及所组成的路径上的传输代价，也可以说是路径好坏的评价标准，一个好的路由判据能够更准确地捕捉到链路或路径的更多信息。针对不同的网络结构和业务需求，传输距离、延迟、费用或传输带宽等性能参数均可被称为链路的传输代价。

最经典的路由判据就是最小跳数，在传统的路由协议中经常被采用。然而，研究表明该路由判据在很多情况下并不是很有效[16,17]。源节点到目的节点的一条路径具有最小跳数，但仍会因为信道间的干扰冲突与实际通信距离等各种其他因素的影响导致链路性能很差，网络吞吐量也随之下降。可见，这种具有最小跳数的路由不是最优的。文献［16］研究了链路状态源路由(link quality source routing，LQSR）协议路由性能参数在路由协议的作用。LQSR 根据链路质量参数来选择路由，其中涉及期望传输次数(expected transmission count，ETX)、每跳往返时间(round-trip time，RTT）及节点间的分组传输时延三个性能参数，将它们在路由协议中分开实现，并分别与以最小跳数为路由判据的路由协议进行对比分析。实验证明，对于无线 Mesh 网络中的固定节点来说，ETX 使路由协议的性能最佳，而对于移动节点，最小跳数的性能反而超过了另外三个链路质量路由参数。这个结果说明，在节点移动的时候，单个的链路质量状态路由参数对于无线 Mesh 网络结构仍是不够的。

由此可见，往往链路状态和各个性能参数之间的相互作用不能从单一的路由判据中被准确反映出来，致使最终所选的路径不一定最优。所以，我们应该使用多判据路由来解决这个问题。

（2）多路径路由。

在无线 Mesh 网络中，所有节点通过运行路由协议实现相互通信和资源共享。但是由于无线网络环境信道资源有限，传统的单路径路由协议限制了路由协议性能的提升。单路径路由机制易配置，算法简单，容易实施，但不能充分利用网络的带宽资源和避免链路拥塞，在负载均衡方面存在不足。显然，随着对网络性能要求的不断提高，单路径路由已无法满足网络负载均衡和可靠性等方面的要求。

负载均衡对无线 Mesh 网络路由协议是个很重要的性能指标。当网络中发生拥塞的链路或节点又恰好成为整个网络的瓶颈链路或节点时，路由协议会立刻寻找新的路径来传送新的业务流。此时，可以通过两种方法来解决这个问题：一是路由发现机制在路径建立过程中避开网络中的拥塞区；二是路由维护机制在发现网络拥塞时能够另辟蹊径，自动选择其他路径。其实，路由判据 RTT 的设计在一定程度上实现了负载均衡的效果，然而，在很多情况下，由于链路质量的影响，RTT 的性能不能达到预期效果。总之，路由判据的改进仅能在一定程度上缓解这些问题，若要更好地避免单路径路由的网络振荡现象，路由发现机制应该在源节点和目的节点之间建立多条路径，即使用多路径技术。当所选路径因为信道质量不佳或节点的移动性而发生中断时，可以从已建立的多条路径中选择另外一条，无须等待新的路由建立。由此可见，多路由技术使端到端的时延、网络吞吐量及容错能力都能得到很大改善，同时可以充分利用带宽资源，实现负载均衡。

（3）分级路由。

当网络规模逐渐增大时，路由协议的设计通常会采用分级的思想。在文献［18］介绍的分级路由机制中建立一个新的自组织模式将网络节点组织成簇。而每个簇中拥有一个或多个簇头，其他节点和簇头有一跳或多跳的距离，并且有一些节点作为网关，可以和其他多个簇进行连接。当节点密度很高时，分级路由协议可以以较小的开销在更快的时间内建立路由，使网络具有更好的性能。

（4）地理位置路由。

与基于拓扑结构的路由机制不同，基于地理位置信息的路由模式中，所转发的数据包中只包括邻节点和目的节点的地理位置信息[19]，路由协议几乎不会受拓扑结构的影响。一般情况下，基于地理位置信息的路由机制需要一些类似 GPS 的定位系统和设备，所以，这种路由协议存在成本高、算法复杂，且路由运行开销大等缺陷。

2. 无线 Mesh 网络路由协议综述

本节依据无线电射频技术将无线 Mesh 网络路由协议分为单射频路由、多射频路由和分级路由三类。

1）单射频路由协议

（1）单射频单信道路由协议。

DSR(dynamic source routing)、AODV(ad hoc on-demand distance vector routing)、DSDV(destination-sequenced distance-vector routing）等经典的路由协议都是专为单射频单信道环境下的 Ad hoc 网络而设计的。同时它们可应用于单射频无线 Mesh 网络中，尤其可以应用于类似 Ad hoc 的终端网络结构中。它们都是以寻找最短路径为最终目标的单信道协议。文献［20］提出的基于关联性的路由(associativity-based routing，ABR）协议则新定义了一种标准——关联稳定度，旨在寻找一个最大的可靠性路由。与 ABR 类似，文献［21］中提出的基于信号稳定性路由(signal stability-based routing，SSR）协议则趋向于选择拥有更强连接时间周期的路由。鉴于传统 DSR 与 ETX 判据相结合的路由协议带来的吞吐量十分有限，文献［22］中提出了高吞吐率路由(a high throughput routing，SrcRR）协议，在分析了 DSR+ETX 协议弊端的基础上，运用自适应传输速率控制算法等几种新技术，使得 SrcRR 的吞吐率比传统的 DSR+ETX 增加 5 倍。

上述路由协议都借鉴了 Ad hoc 网络的路由协议，因此适合应用于终端设备网络结构。而 AODV-ST(AODV-spanning tree)[23]则是专为基础设施网络结构所设计的混合路由协议。为了实现将 Mesh 客户端接入 Internet，AODV-ST 设置多个网关。在上层网络的 Mesh 路由器与和网关节点之间，AODV-ST 采用表驱动路由方案来进行路由发现，而在 Mesh 路由器之间则采用按需路由策略来寻找路由。在表驱动路由情况下，网关节点周期性地广播路由请求分组(route request，RREQ）进行生成树的建立。所有接收到 RREQ 分组的节点会立刻建立到网关的反向路由，同时这些节点会回应一个路由回复分组(route reply，RREP）给网关，以便建立前向路由。随后，在网关节点重新广播 RREQ 消息之前，所有的带有更优路由判据的 RREQ 分组用于更新现存的到网关节点的路径。对于 Mesh 路由器之间的通信，每个 RREQ 消息均带有相应目的节点的唯一标识，在路由发现过程中只有见到 RREQ 分组中带有自己的标识才可以对此 RREQ 作出响应。其他进行转发 RREQ 的中间节点一律禁止对分组作出响应。AODV-ST 采用期望传输时间(expected transmission time，ETT)[24]作为路由判据，在协议中很好地反映了链路状态。但是 AODV-ST 不能区分混合结构网络中不同类型的节点，因此不能应用于混合结构的无线 Mesh 网络中，同时 AODV-ST 最初是为单射频无线网络而设计的，在多射频环境中不能充分发挥多射频节点的优势。因此，AODV-ST 不能应用于多射频网络环境中。

（2）单射频多信道路由协议。

无线 Mesh 网络的性能通常会因用户的增加而迅速降级，信道共享是造成这种情况的主要原因之一。为了进一步提升无线 Mesh 网络路由性能，IEEE 802. 11 标准规定了互不重叠的多信道，通过使用多信道机制充分利用频谱。伊利诺伊大学厄巴纳–香槟分校的 So 等[25]提出的一种单射频环境下的多信道路由协议(multi-channel routing protocol，MCRP)在不对 IEEE 802. 11 MAC 协议进行任何更改的同时，在同一区域中使用互不干扰的多信道资源，使网络性能得到了很大的提升。MCRP 中每个射频规定了多个互不重叠的信道，并且可以利用信道转换机制从干扰信道切换到非干扰信道。在进行数据通信时，MCRP 会分配不同的信道给不同的数据流，允许这些数据流在同一区域同时传送，且互不干扰。看上去 MCRP 似乎将同一区域分成了多个互不干扰的区域。因此，MCRP 使同时进行数据通信的干扰程度降到了最低。但是，该协议多信道的优势并非在任何情况下都能充分发挥，最差情况的性能类似于 AODV 单信道情况。另外，MCRP 在多射频多信道环境下，每个节点存储的信息过于复杂，以致性能下降，因此这种解决方案同样不能应用于多射频的环境下。

2）多射频路由协议

相对于单射频网络，使用多射频无线 Mesh 网络能够有效提升系统容量、可扩展性、可靠性及健壮性，因此每个节点多射频是无线 Mesh 网络的首选结构。但如何设计一个高效的多射频路由协议现在仍面临很多难题。下面分别讨论设计多射频路由协议必须考虑的几个要点。

（1）路由判据的设计。

路由判据的设计对于多射频环境下的路由协议尤其重要，它是路由算法用来选择路由路径的标准。在多射频无线 Mesh 网络环境中，由于无线信道不可靠，加上射频接口之间的干扰、数据流之间的干扰、信道不定性以及不可预知性等影响，导致系统不稳定，信道间相互影响的频率增高，以及数据的误码率高。因此，要慎重对待路由判据的设计，这样路由算法也会具有更加准确的参考和判断依据。

在文献［26］中作者提出了 AODV-MR（multi-radio AODV），可以使 AODV 工作在多射频多信道无线 Mesh 网络中。AODV-MR 假设每个节点与相邻节点之间至少拥有一个公用信道，协议会在所有接口上广播 RREQ 消息，工作在公用信道的中间节点接收到 RREQ，则会创建一个指向源节点的反向路由。如果收到重复的 RREQ 则丢弃。目的节点或中间节点一般会选择第一次接收到的 RREQ，所有属于同一次路由发现的重复的 RREQ 会被丢弃。与此同时，收到 RREQ 的节点会通过之前建立的反向路由回应 RREP 消息。AODV-MR 在路由表中记录了接口数量，通过它可以知道与下一跳节点的哪个接口进行通信，从而保证了 RREP 及数据包发送到正确的接口。AODV-MR 能够有效地利用增加的频谱，减少了信号干扰，且缓解了争用资源的现象，使得系统容量明显增加。仿真结果证明 AODV-MR 在吞吐量、包丢失率、延时等方面明显优于单射频 AODV。然而 AODV-MR 仍使用最小跳数作为路由判据，仅仅考虑了路径长度，忽略了链路质量和信道之间干扰等其他因素，同时路由判据也没能体现骨干网节点和客户端节点的不同。因此 AODV-MR 寻找的路径不是最优的。针对此缺陷，Le 等在文献［27］中提出了适用于多射频无线 Mesh 网络环境的新路由判据 LARM（load-aware routing metric）。它考虑了多射频无线 Mesh 网络中数据传输速率、包丢失率、通信负载等因素，寻找的路径在负载均衡以及减少数据流内和数据流间干扰等方面优于其他路由判据。同时将 LARM 与 AODV-MR 协议相结合，仿真结果表明用 LARM 代替最小跳数路由判据使得 AODV-MR 的总体性能优化很多。另外，AODV-HM（hybrid mesh AODV）[28]也对 AODV-MR 进行了改进，一是将最小跳数路由判据更改为最小 Mesh 路由器的跳数，也就是说选择具有最少 Mesh 路由器的路径。这样便克服了 AODV-MR 不能区分骨干网节点和客户端节点的缺点；二是 AODV-HM 将同一路径上使用的信道数量最大化。相比 AODV-MR，AODV-HM 能够准确地感知多射频 Mesh 路由器和单射频 Mesh 客户机。因此，更适合应用于基础设施网络结构中。

另有多射频链路质量源路由(multi radio link quality source routing，MR-LQSR)[24]协议是对 DSR 的扩展，用来与多射频无线 Mesh 网络一起工作。MR-LQSR 的主要贡献是使用了一种称为加权累计传输时间(weighted cumulative expected transmission time，WCETT)的新路由判据。WCETT 试图在多射频环境中避免选择最短路由，它综合考虑了带宽等链路性能参数以及最小跳数等因素。测试表明，在多信道环境下该路由判据具有很好的性能。

(2) 不同的拓扑结构。

除了设计路由判据之外，多射频路由协议的设计依赖于无线 Mesh 网络的拓扑结构，在某些情况下还依赖于网络的应用和部署场景。例如，对于终端设备网络结构和基础设施网络结构，路由系统没有任何层次，所有节点都是平等的，都需要承担寻找到目的地路径的工作并参与其他节点寻找路径的过程，途中的路径可能会经过网络中的任何一个节点，没有层次分别。而混合结构网络，Mesh 客户机也具有路由功能。路由协议的设计需要考虑到这种分层结构，另外还需要能够区分 Mesh 路由器和 Mesh 客户机，相对来说复杂很多。

文献 [29] 的 Hyacinth 结构提出了适用于多射频多信道的基于生成树的路由协议。Hyacinth 路由协议利用无线频谱技术进行信道分配管理，通过降低共享信道成员的数量来实现单信道碰撞区域变成多碰撞区域这一思想。同时为了充分利用多信道资源，它动态分配信道给接口并且整合分配的信道以配合路由协议。然而，Hyacinth 拓扑结构是基于以网关为根节点的生成树。它假设所有节点都直接与网关进行通信。而在混合结构网络中节点可能直接同其他节点进行通信。因此，Hyacinth 路由协议对于混合网络结构是不适用的，它只适用于类似 Hyacinth 拓扑结构的网络。文献 [30] 中 Kyasanur 等提出的多信道协议(multi-channel routing，MCR) 是一种综合考虑了链路层协议和路由协议的路由机制，与 Hyacinth 路由协议类似。不同的是它不但考虑节点直接与网关通信，还考虑了节点与节点之间直接通信的情况。因此，MCR 可以应用的网络场景将更广泛。然而，当有多个数据流同时传输时，MCR 会频繁地转换，造成负荷过重，以致 MCR 不能工作。

(3) 路由策略。

为了进一步实现多射频无线 Mesh 网络路由协议的高吞吐量、负载均衡等目标。多径、跨层等路由策略被应用于多射频路由协议中，文献 [31] 提出了一种多射频多信道无线 Mesh 网络中的多路径传输策略，协议创建并维护了两条或更多具有信道维数的不相交路径，每个数据流被分配到多个路径传输，从总体上增加了端到端的吞吐量。另外，协议还采用了动态信道分配机制，以避免信道之间的相互干扰。相比经典的 AODV 及其他相关路由协议，其提出的基于多路径传输策略的路由协议端到端的吞吐量有了很大的提高。文献 [32] 提出了新的路由判据 EED(end-to-end delay) 不但考虑了数据在链路上的传输时延，还加入了在缓冲区内的排队时延，体现了跨层思想。另外，对于多信道环境，还提出了 WEED(weighted end-to-end delay) 路由判据，结合了 EED 与 MRAB(multi-radio achievable bandwidth)。其中 MRAB 反映了信道多样性。与此同时，文献 [33] 提出了适用于多射频多信道无线 Mesh 网络的一种新的跨层结构，它将分布式信道分配机制与路由协议结合在一起，为多射频无线 Mesh 网络提供了有效的端到端的通信。

3）分级路由协议

在 MANET(mobile ad hoc network) 网络路由协议的设计中，很多研究者提出了基于分级思想的路由协议，这些协议采用一种自组织的机制将网络中的节点形成簇，在每个簇中有一个或多个簇头。簇间与簇内分别采用不同的路由协议。基于分级的路由协议在节点密度较大时，由于额外开销较小、平均路由路径较短以及较快的路由路径建立过程，可获得较好的性能。典型的分级路由协议有 HWMP(hybrid wireless mesh protocol)[34]、ZRP(zone routing protocol)[35]、CGSR (clusterhead gatenay switch routing)[36] 等。在文献 [34] 中，HWMP 中，每个网络会设有自己的根节点 Portal，同时也是网络出口。此 Portal 节点充当本网络与外网连接的桥梁，同时各个 Portal 节点也都维护着与其他 Portal 的路由表。而网间节点通信则采用按需路由协议 AODV。而 ZRP 中，网络内的所有节点都维护一个自己的区域，在区内使用表驱动路由算法，区外节点则采用按需路由。它结合了表驱动路由协议和按需路由协议，拥有二者的优点。但是 ZRP 在实际的实施过程中面临很多困难，如区的选择和维护、两种协议模式的应用以及无线 Mesh 网络的高流量问题。文献 [36] 中的 CGSR 也融合了分级的思想，当一个节点要通信时，信息包首先转发给本簇的簇首，接着以网关为桥梁传到其他簇首，通过一些中间的分簇到达目的节点所在簇的簇首，继而转发给目的节点。这种分簇机制的优势是减轻了路由表的负担，且使其具有很好的扩展性，不足的地方是路由算法相对复杂，需要一定的执行代价。

3. 无线 Mesh 网络路由协议衡量标准

路由协议的性能对无线 Mesh 网络至关重要，那么如何判断路由协议的好坏呢？在 RFC 2501 中给出了具体的衡量标准。

（1）网络吞吐量和端到端时延：这是评判路由协议的两个重要指标。它们的统计数据反映了路由策略的效率。本章就是以吞吐量和时延为优化目标来设计路由协议的。

（2）效率：路由协议实现过程中需要增加数据分组的控制字段或额外需要特定的控制分组，这些控制分组平均占用信道的时间越长，路由协议的开销越大，效率也越低。

（3）路由建立时间：无线 Mesh 网络中，多数路由协议都属于按需路由。从发出路由建立请求到路由成功建立的时间为路由建立时间。

（4）递交顺序错误分组的百分比：源节点发往目的节点的分组经过中间的多跳路由后，最后的分组顺序可能会发生变化。递交顺序错误分组的百分比也可以作为衡量路由协议的一个参数。

2.2 动态规划路由建模

2.2.1 相关工作

近年来，对无线 Mesh 网络路由协议的研究大都比较有针对性，重点考虑无线 Mesh 网络结构的特性和不同应用业务的需求。为了避免无线 Mesh 网络中接入点(access point, AP) 间通信的瓶颈问题, 文献 [37] 将 AP 间的通信看做路由树问题, 并且提出了一种启发式贪婪算法依次选择链路, 使得预测树上节点间的端到端时延最小。为了有效地支持无线 Mesh 网络中的不同应用需求, 文献 [38] 提出了一种基于服务的路由算法, 此解决方案类似于域名解析系统(domain name system, DNS), 能够为无线 Mesh 网络提供高效的分布式服务。文献 [39] 介绍了一种动态的遗传算法来解决无线 Mesh 网络中具有 QoS 限制的路由问题, 与此同时, 文献 [40] 也提出了一种基于遗传算法的动态路由机制, 旨在减少网络负载。这些算法在其特定的应用环境下都取得了很好的成效。

除此之外, 路由算法的设计还应考虑无线 Mesh 网络相对静态的拓扑结构和能耗限制小等特点。那么, 线性规划或动态规划算法不失为很好的选择。在文献 [41] 中将路由过程看做网络优化问题, 基于此建立模型, 并采用线性规划算法来寻找最优路径, 可以满足负载均衡的要求。文献 [42] 提出了基于动态规划的 QoS 路由机制, 解决了本是 NPC 问题的多参数路由选择问题。此外, Crichino 等采用动态规划的路由算法计算满足时延要求的高容量路径[43]。

动态规划算法是解决多阶段决策问题的一种最基本也是最有效的方法。20 世纪 50 年代初, 美国著名数学家 Bellman 等提出了著名的最优性原理, 为动态规划算法奠定了理论基础。动态规划算法充分体现了分而治之的思想, 将一个复杂的问题合理划分为若干相互联系的子阶段, 然后通过对一系列单阶段问题逐一求解, 最后得到复杂问题的全局最优解。由此可见, 对于解决一些复杂、难处理的优化问题, 尤其是某些离散最优化问题, 动态规划算法能够取得很好的成效。

动态规划体现了一个多阶段决策过程, 其中核心部分是将一个复杂的问题按时间或空间适当地划分为若干相互联系的阶段, 接着在每个阶段都需要作出决策, 且每个阶段所采取的决策通常和时间有关, 它取决于前一阶段的决策, 不但决定着该阶段的效益, 还影响到以后各阶段的效益。可见, 它是一个动态的规划问题, 也因此称为动态规划。

动态规划的基本原理——最优化原理: 一个过程的最优策略具有这样的性质, 即无论其初始状态和初始决策如何, 其今后诸决策对以第一个决策所形成的状态作为初始状态而言, 必须构成最优策略[44]。简而言之, 如果整个策略最优, 那么其任一子策略也必是最优的。其数学描述如下。

最优性定理[44]: 设多阶段决策过程的阶段数为 N, 阶段编号为 $k=1, 2, \cdots, N$, 对于初始状态 $x_1 \in X_1$, 策略 $P_{1,N}^* = \{u_1^*, \cdots, u_N^*\}$ 是最优策略的充要条件是对于任意的 k, $1 < k \leqslant N$, 有

$$V_{1,N}(x_1, P_{1,N}^*) = \underset{p_{1,k-1} \in P_{1,k-1}(x_1)}{\text{opt}} \varphi\left[V_{1,k-1}(x_1, p_{1,k-1}), \underset{p_{k,N} \in P_{k,N}(x_k)}{\text{opt}} V_{k,N}(x_k, p_{k,N})\right] \tag{2-1}$$

式中, $V_{k,N}(x_k, p_{k,N}(x_k))$ 表示从阶段 k 到阶段 N 的指标(目标) 函数; φ 是关于变量 V 的单调递增函数; opt 表示取极值。

多阶段决策问题用动态规划来描述时涉及的基本概念有阶段、状态、决策、策略、状态转移、目标函数等。

阶段：将原问题看做一个过程，被分解为多个小问题后，每个小问题就是这个过程的一个子过程，即阶段。这是为了表示决策和过程的发展顺序而引入的概念。一般情况下，根据待解决问题的特点，将全过程按时间或空间恰当地划分为多个相互有区别又有联系的阶段，每个阶段就是需要作出决策的子问题部分。

状态：状态表示每个阶段开始所处的自然状态或客观条件，体现了过程演变的一个参数。状态既可以是当前阶段的起点，又是前一阶段的终点。运用动态规划算法时，状态必须满足无后效性，即某阶段以后过程的发展不受这个阶段以前的各阶段状态的影响。

决策：在某个阶段的某个状态下，不同的选择决定了下一阶段的状态，这种选择称为决策。

策略：决策按顺序排列所组成的集合称为策略，也称为决策序列。

状态转移：当过程由前一状态变化到后一状态时，称为状态转移，而用来描述这一转移过程的数学表达式称为状态转移方程。

目标函数：用来衡量所采取策略优劣的数量指标。

2.2.2 无线 Mesh 网络动态规划路由模型

1. 问题描述

无线 Mesh 网络中通过多跳方式进行通信，路由的过程在源节点与目的节点中间若干节点的相互协作下完成，且通过运行相应的路由协议来获得中间各链路的传输带宽、端到端时延、丢包率等链路性能参数，最终基于这些路由准则选择最优路径进行数据传输。整个路由过程可以看做多阶段决策问题，每个阶段所作的决策都影响着未来过程的决策，最终各个阶段的决策按顺序组合在一起的决策序列就是原问题的最优路径。这样一个前后关联具有链状结构的多阶段过程就称为多阶段决策过程，也称为序贯决策过程（图 2-4）。

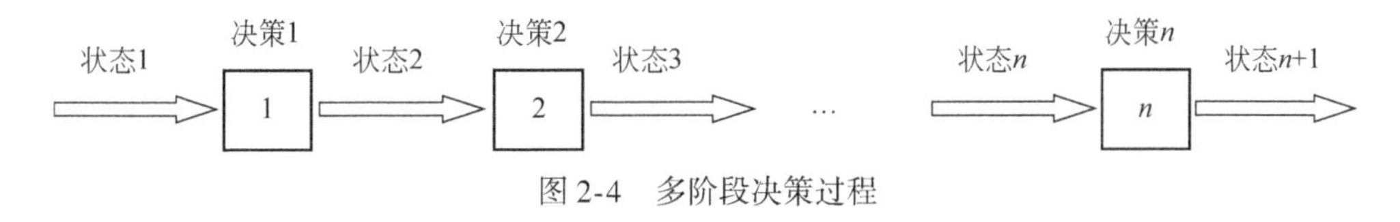

图 2-4　多阶段决策过程

定理 2.1　网络中的最优路径问题满足最优子结构性质。所谓最优子结构性质，简要地说，当问题的最优解包含了其子问题的最优解时，称该问题具有最优子结构性质。对于网络的最优路径问题，如果源节点 X 到目的节点 Y 的最优路径为 $L_{X,Y}$，且最优路径经过节点 A，即 $L_{X,Y}=L_{X,A}+L_{A,Y}$，则 $L_{X,A}$为以 X 为源节点，A 为目的节点的最优路径。

证明：用反证法，若 $L_{X,A}$不是节点 X 到节点 A 的最优路径，则 X 与 A 之间必存在一条最优路径 $l_{X,A}$，则路径 $l_{X,A}+L_{A,X}$将优于 $L_{X,A}+L_{A,Y}$。那么，与 $L_{X,Y}$是最优路径相矛盾。因此，$L_{X,A}$是以 X 为源节点，A 为目的节点的最优路径。即满足最优子结构性质。

此外，无线 Mesh 网络相比 Ad hoc 网络具有较低的节点移动性和相对静态的拓扑结构，保障了动态规划算法实施的稳定性。本节基于此建立无线 Mesh 网络动态规划模型，并引入动态规划算法解决最优路径问题。虽然此算法相比传统的分治算法要略微复杂，但是它的线性时间复杂度更易被实际应用所接受，即 $O(n \cdot k)$，其中 k 为被分解的所有子问题的个数，n 为需要求解问题的规模。由此可见，在问题规模确定的情况下，算法的时间复杂度取决于阶段的划分。最坏情况下，时间复杂度为 $O(n^2)$。因此，理论上引用动态规划算法解决无线 Mesh 网络的最优路径问题能够获得较好的性能。

2. 模型建立

在无线 Mesh 网络结构中，假设节点的移动性相对较低或为固定节点，物理层能够支持双向链路。这里将无线 Mesh 网络抽象成加权无向图 $G(V,\ E)$，其中 V 是将无线 Mesh 网络中节点抽象后的无向图 G 的顶点序列，E 代表无线 Mesh 网络中无线链路，即无向图 G 的边集合。$n=|V|$ 代表网络中节点的个数，即求解最优路径问题的问题规模。

将无线 Mesh 网络中求解任意一对节点之间的最优路径问题看做多阶段决策问题，无线 Mesh 网络多跳结构路由问题被分解为若干单跳路由问题，然后采用动态规划算法进行求解。即将相邻节点之间的单跳路由划分为动态规划解决方案中的一个阶段，这样的划分从源节点开始，将与之相邻的节点间的链路选择作为一个子过程，依次划分直至到达目的节点。在建立的数学模型中，需要用到的数学符号如下。

k：状态变量，$k=1$ 代表第 1 阶段。

S_k：第 k 阶段中有效状态的集合，显然有 $S_k \subset V$，且 $|S_k|$ 为阶段 k 中节点的个数，即待选决策的数目。

$L_k(i,\ j) \in E$：在第 k 阶段中，从节点 i 到节点 j 的链路权值大小。

x_k^i：第 k 阶段的节点 i，显然，i 值的范围为 $[1,\ |S_k|]$，并且 $S_k=\{x_k^i\}$。

$u_k(x_k^i)$：在阶段 k 节点 x_k^i 所作出的决策，显然，$u_k(x_k^i) \in S$。

$Q_{k,n}(x_k^i)$：从阶段 k 的节点 x_k^i 起到节点 n 的决策序列集合，即节点 x_k^i 到节点 n 的路由策略。

在这个网络模型中，显然有 $u_k(x_k^i) \in S_{k-1}$。当处于第 k 阶段，且作出的决策为 $u_k(x_k^i)$ 时，我们用 $L_k(u(x_k^i),\ x_k^i)$ 代表子过程的路径权值，则 k 子过程的目标函数定义为

$$\phi_{k,\ n}(x_k,\ u_k,\ \cdots,\ x_{n+1}) = \sum_{j=k}^{n} L_j(u_j(x_j^i),\ x_j^i) \tag{2-2}$$

然后取式(2-2) 的最小值，公式如下

$$\begin{aligned} F_k(S_k) &= \min_{(u_k,\ \cdots,\ u_n)} \phi_{k,\ n}(x_k,\ u_k,\ \cdots,\ x_{n+1}) \\ &= \min\nolimits_{X_k \in S_k}[L_k(S_{k-1},\ x_k) + F_{k-1}(S_{k-1})] \end{aligned} \tag{2-3}$$

式中，$F_k(S_k)$ 为 k 子过程的最优目标函数，如式(2-3) 所示，路由策略依赖于当前链路状态和之前的各子过程的链路权值累计和。

在式(2-3) 中，当 $k=1$ 时，有

$$F_k(S_k) = \min_{(u_1, \cdots, u_n)} \phi_{1,n}(x_1, u_1, \cdots, x_{n+1}) \tag{2-4}$$

此时，$F_k(S_k)$ 为原问题的最优策略，即从源节点到目的节点的最优路径。

在图 2-5 的网络拓扑中，已经给定各链路的权值，若节点 u 需要同节点 w 通信，且路由表中没有到节点 w 的路径，因此，需要路由机制建立节点 u 与节点 w 之间的最优路径，假设权值和最小的路径为最优路径，则采用反向的动态规划算法如下。

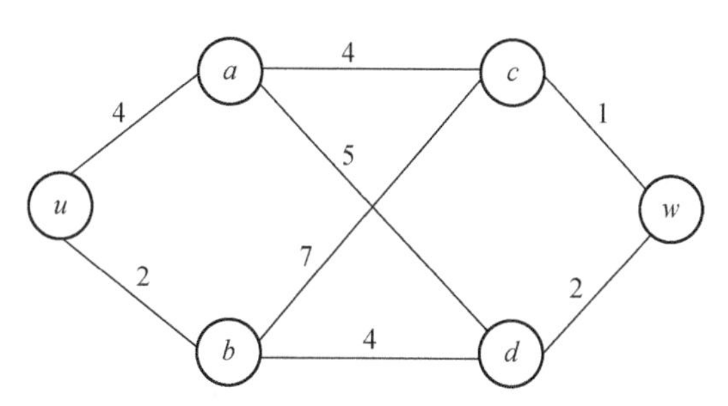

图 2-5　给定链路权值的网络拓扑结构

如图，$S_1 = \{c, d\}$，$F_1(c) = 1$，$F_1(d) = 2$。则在第 2 阶段，需要计算

$$F_2(a) = \min\begin{Bmatrix}\text{link}(a, c) + F_1(c) \\ \text{link}(a, d) + F_1(d)\end{Bmatrix} \tag{2-5}$$

$$F_2(b) = \min\begin{Bmatrix}\text{link}(b, c) + F_1(c) \\ \text{link}(b, d) + F_1(d)\end{Bmatrix} \tag{2-6}$$

以此类推，在最后一个阶段时

$$F_3(u) = \min\begin{Bmatrix}\text{link}(s, a) + F_2(a) \\ \text{link}(s, b) + F_2(b)\end{Bmatrix} \tag{2-7}$$

那么，在算法结束时，我们会得出最优路径 $u \to b \to d \to w$。

2.3　基于动态规划的路由协议

2.3.1　相关工作

鉴于对时延敏感的多媒体业务和网络吞吐量的考虑，本节将解决多跳无线网络(无线 Mesh 网络）中的最佳路径选择问题，这里的最佳路径是指不仅可以满足单个数据传输速率要求，而且能够提高网络吞吐量，减少端到端时延的传输路径。

1. 无线 Mesh 网络典型路由判据研究

有线网络中的路由判据不能很好地体现无线链路的特点，因此，很多学者投入到无线 Mesh 网络路由判据的研究。本节针对当前应用于无线 Mesh 网络的几种典型路由判据进行了研究。

1）跳数(hop count)

跳数是最简单的一种路由判据，在传统的 Ad hoc 网络中的传统路由策略中应用较多。对于移动性要求较高的网络来说，该路由度量标准的简单性表现出其特有的优势。在移动网络中，很多路由判据都需要参考底层的参数，这样的测试过程会耗费一定的时间，而在这段时间内，该链路状态很可能早已发生变化，而此时跳数作为度量标准需要的测量时间最短。

然而，对于不同的网络链路，如无线 Mesh 网络相对静态的拓扑结构及链路状态的动态性，此时，该路由判据忽略了重要的链路状态信息，具有最小跳数的路径却不一定是最优的。

2）期望传输次数(expected transmission count，ETX)

在文献［45］中，De Couto 等介绍了期望传输次数 ETX，该路由判据主要应用于 IEEE 802.11 网络中，是指在无线链路上成功传输一个分组时所需的平均｛数据帧，ACK 帧｝的预计传输次数。

ETX 路由判据具有组合性。在速率自适应调制方式中，只需要将 ETX 重新修订为预期传输时间，就可以度量其路由成本了，这是因为随着信道使用时间的增长，该信道的比特率会增高。

ETX 具有方向敏感的特性，其计算过程基于链路双向丢包率的测量。在该度量标准中，每个节点都会在一段时间内对发送给每个相邻节点的数据分组帧的丢失率进行评估，进而得出链路的前向递交成功率 d_f。同时，节点会从其相邻节点获得反向评估值 d_r，称为反向递交成功率。在这里 d_f 和 d_r 分别表示数据包被成功发送到接收端的概率和 ACK 包成功到达发送端的概率。因此，一个数据包成功传输的概率为 $d_f \cdot d_r$，则一条链路的期望传输次数定义为

$$\mathrm{ETX} = \frac{1}{d_f \cdot d_r} \tag{2-8}$$

若直接考虑链路的丢包率，假设链路的前向丢包率为 P_f，反向丢包率为 P_r，则得出前向和反向递送成功率与丢包率的关系式为

$$d_f = 1 - P_f, \quad d_r = 1 - P_r \tag{2-9}$$

另外，假设 P 为数据在链路上传输失败的概率，$s(m)$ 为数据包在第 m 次重传之后成功传输的概率，则有

$$P = 1 - d_f \cdot d_r = 1 - (1 - P_f) \cdot (1 - P_r) \tag{2-10}$$

$$s(m) = P^{m-1} \cdot (1 - m) \tag{2-11}$$

$$\mathrm{ETX} = \sum_{m=1}^{\infty} m \cdot s(m) = \frac{1}{d_f \cdot d_r} = \frac{1}{(1 - P_f) \cdot (1 - P_r)} = \frac{1}{1 - P} \tag{2-12}$$

对于无线链路来说，传输过程中的丢包率是一个重要的参数，因此，将 ETX 作为路由成本度量标准不仅可以最大限度地降低链路上的总传输数量，还可以实现链路吞吐性能

的最优化。

3）期望传输时间(expected transmission time，ETT)

ETT 可以视为自适应带宽调整的 ETX 准则，是针对 ETX 的一种改进，定义如下

$$\mathrm{ETT} = \mathrm{ETX} \cdot \frac{S}{B} \tag{2-13}$$

式中，S 为数据包的大小；B 表示数据速率，可以用包对的方法来估计。在探测过程中，节点向其邻节点周期性地发送两个连续的探测包，并记录两个探测包被接收的时间间隔。多次测量后取抽样中的最小值来估计数据传输速率。由此可知，ETT 判据充分反映了链路容量对路径性能的影响。

4）加权累计期望传输时间(weighted cumulative expected transmission time，WCETT)

WCETT 是一种应用于多射频多信道环境下的路由判据，同时考虑了链路质量、信道变化及最小跳数，试图均衡吞吐量和时延。MR-LQSR 是基于 WCETT 判据的，在 MR-LQSR 中，每条链路都被分配有权值 ETT，即该链路上成功传输固定长度 S 的数据包所花费的期望传输时间，假设 ETT_i 表示链路 i 上的数据期望传输时间，则路径的期望传输时间为所有链路的 ETT 之和。

另外，链路的传输时间还与可用带宽有关，带宽又进一步取决于信道干扰，若考虑一个含有 n 跳的路径，假设 n 跳中的任意两跳共享同一信道，则它们之间就会相互干扰，此时，定义 X_j 为

$$X_j = \sum_{\text{Hop is on channel } j} \mathrm{ETT}_i \tag{2-14}$$

式中，X_j 代表信道 j 上每跳的传输时间之和，X_j 的值同信道 j 上的每条链路可用带宽成反比。而整条路径的吞吐量将取决于瓶颈信道，即 X_j 取最大值时的可用带宽。

WCETT 综合考虑了端到端时延和信道变化等因素，定义为

$$\mathrm{WCETT} = (1-\beta) \cdot \sum_{i=1}^{n} \mathrm{ETT}_i + \beta \cdot \max_{1 \leqslant j \leqslant k} X_j \tag{2-15}$$

式中，前一项代表路径的时延，后一项反映了路径的吞吐量，将其加权平均是为了均衡两者。

2. 典型路由判据分析与比较

最小跳数判据不需要任何测量操作，实现简单。然而，在无线 Mesh 网络中，具有最小跳数的路径很可能不是最优的[24,46]。从另一个角度说，某条路径上的跳数最小意味着该路径上每一跳链路的长度最大，而对于无线链路的长度最大化等同于链路丢包率的增加。尤其是对于节点密度较大的网络来说，最小跳数的路径是不能保障丢包率的。

如图 2-6 所示，R_a 与 R_b 为无线 Mesh 网络路由器，C_a 与 C_b 为 Mesh 客户机，源节点 S 与目的节点 D 之间需要建立路径来传输数据。若以最小跳数为路由判据，路径 $S \to C_a \to C_b \to D$ 与 $S \to R_a \to R_b \to D$ 具有同样的跳数，则路由协议可能会选择 $S \to C_a \to C_b \to D$。但是，

很明显 Mesh 路由器 R_a 与 R_b 是稳定的且具有较小的移动性，它们之间的链路质量明显优于 Mesh 客户机间的链路质量。由此可见，最小跳数路由判据对于无线 Mesh 网络不是很有效。

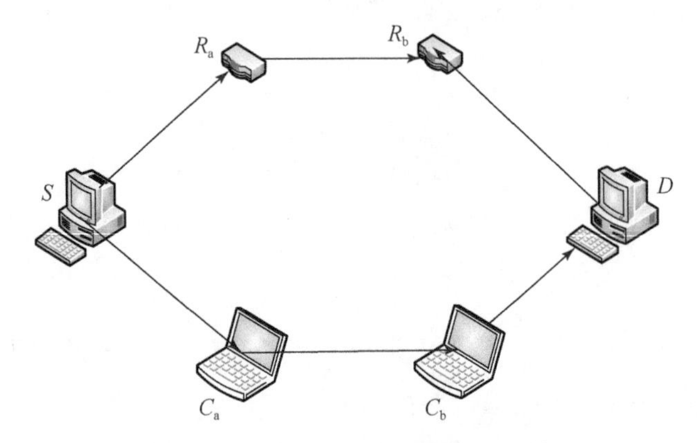

图 2-6　给定链路权值的网络拓扑结构

ETX 路由判据的提出对无线 Mesh 网络路由判据的研究具有重要意义，后面的路由判据大多都是基于此而进行的改进。ETX 有着很多优点，它考虑了丢包率对链路质量的影响，可以大幅度减小网络开销，提高无线 Mesh 网络的吞吐性能。实验结果表明，在相对静态的网络环境中，ETX 相比传统的最短路径路由度量标准性能更好。然而，由于该判据并未直接考虑链路负载和数据传输速率，在信道条件快速变化和突发分组丢失的情况下，ETX 就不一定能表现出较高的性能。

ETT 是对 ETX 的一种改进，在 ETX 的基础上考虑了链路带宽 B。但是，同一路径上同信道间的链路影响在 ETT 中没有被考虑，同时忽略了路径上信道的多样性，因此，ETT 路由判据不适合应用于多信道无线 Mesh 网络中。

WCETT 路由判据是对上述判据的一个重大改进，同时考虑了端到端时延和网络吞吐量，二者的权重通过系数 β 进行调节，从而网络的路径质量被更灵活准确地反映出来。但是该路由判据不足的地方是忽略了流间干扰的情况，尤其在网络规模较大时，WCETT 不能够捕捉到邻居链路的数据流对路由路径的干扰等信息。以上几种路由判据所捕获的路径特征如表 2-1 所示。

表 2-1　无线 Mesh 网络中各种路由判据对比

路由判据	捕获的路径特征						保序性
	路径长度	丢包率	链路容量	流内干扰	流间干扰	负载平衡	
跳数	是	否	否	否	否	否	是
ETX	是	是	否	否	否	否	是
ETT	是	是	是	否	否	否	是
WCETT	是	是	是	是	否	否	否

2.3.2 新路由判据 EEDT

1. 路由判据设计的关键问题

在无线 Mesh 网络中，选择最佳路径过程中首先要做的就是确定链路和路径的成本。所谓链路成本即发送数据时该链路上消耗的成本。无线网络中的成本相对有线网络来说更加难以定义，首先，节点之间的无线信道特性不稳定，且各节点的有效通信范围通常也无法预知；其次，无线信道的通信质量还与很多其他因素有关。因此，无线网络的链路成本需要充分考虑影响无线信道的各种因素，并且一条路径上的各条链路的成本必须具有组合性，以便利用各条链路的成本来计算该路径上的端到端成本。

路由判据可以有多种，对于具有某些特殊性质的网状网可能还需要某种特殊的路由判据，如使用多信道或多接口的网络。并且一些路由判据可能并不适用于所有的路由协议。然而，总体来说，对于无线 Mesh 网络的路由判据的设计需要重点考虑以下几个因素。

首先，路由判据应该能够确保路由的稳定性，即不会引起频繁的路径切换；其次，影响路径性能的相关因素能够被准确捕获，同时网络结构的特点也能够很好地体现；再次，路由判据必须确保可以通过有效的算法来找到最小权值路径。对于判定路径好坏的标准，必须能够保证存在有效的算法来进行求解，否则该路由判据便不能应用于实际中。

2. 路由判据 EEDT 简介

性能较优的路由判据必然能够根据应用需求和网络结构不同，准确地捕捉链路质量和影响链路性能的相关因素，并且合理地组合这些参数来获得最优路径[47]。针对时延敏感的多媒体业务来说，路由判据的设计应该更多地考虑端到端时延和网络吞吐量。

然而，要使端到端时延最小的同时吞吐量最大，本章采用了 WCETT 的设计思路，目标函数 $F=\beta_1$(时延)$+\beta_2$(吞吐量)，通过对两个参数进行加权累加最终得出目标函数。因此，路由判据 EEDT（end to end delay and throughput）的定义如下

$$\mathrm{EEDT}=(1-\beta)\cdot\frac{1}{\mathrm{TBT}}+\beta\cdot\mathrm{PTT} \tag{2-16}$$

式中，TBT 为链路的数据传输带宽可用平均时间(bandwidth transmission time，TBT)[42]，反映了该路由总吞吐率情况。在确定此参数的过程中，采用 IEEE 802.11 标准中的虚拟载波侦听机制来判定无线介质的占用状态，然后利用移动加权平均算法进行估计。虚拟侦听是属于 MAC 子层的功能，IEEE 802.11 标准中采用网络分配向量(network allocation vector，NAV）实现虚拟侦听[42]。当 NAV 的值小于当前时间值(分配的 NAV 时刻未到）且接收状态和发送状态均空闲时，MAC 层认为节点传输信道空闲。相应地，MAC 层判定传输信道忙则只需满足下面条件中的任何一个：NAV 被赋予了一个新值；接收状态从空闲状态转为任何其他状态；发送状态从空闲状态转为任何其他状态。

PTT 为实际传输时间(practical transmission time，PTT)，顾名思义，是在路由发现阶

段，路由请求分组 RREQ 在某条链路上实际通信的时间[48]，一定程度上反映了 RREQ 传输的相应路径上的信道传输速率和时延。

β 是一个可调整的系统参数，β 的值越大，越侧重选择高传输速率和小时延路径；β 的值越小，则侧重选择高吞吐量的网络路由。然而，对于第一个参数来说，它要求选择 TBT 最大的路径；而从路径的实际传输时间来说，它要求选择 PTT 最小的路径。因此，将 TBT 取倒数，并通过可调系数 β 将这两者很好地结合。EEDT 以时延和吞吐量为优化目标，且实现了二者的折中，相比最小跳数路由判据更能反映无线链路的实际情况。

2.3.3 基于决策序列的路由算法 MDSR

对无线 Mesh 网络中应用较多的经典路由协议 AODV 进行深入研究发现，通过 AODV 协议路由发现过程(图 2-7) 寻找的路径有可能不是最优的，此外，AODV 还存在以下几个缺点[49]：①当节点需要与某目的节点通信而当前又不存在有效的路径时，必须等待一定的时间，直到建立起一条适合的路由才能发送数据，因此，AODV 存在较大的路由时延；②在建立路由的过程中，邻居节点依次向周围节点广播路由请求分组，直到分组被送到一个知道目的节点路由信息的中间节点，但此时通过这个中间节点找到的路径却不一定是最优的；③在链路失效时，AODV 的处理方法有可能导致数据包的丢失。为了解决这些问题，本节在 AODV 协议中采用动态规划算法，且将 EEDT 作为路由判据，形成基于决策序列的路由算法(multi-decision sequential routing algorithm，MDSR)。

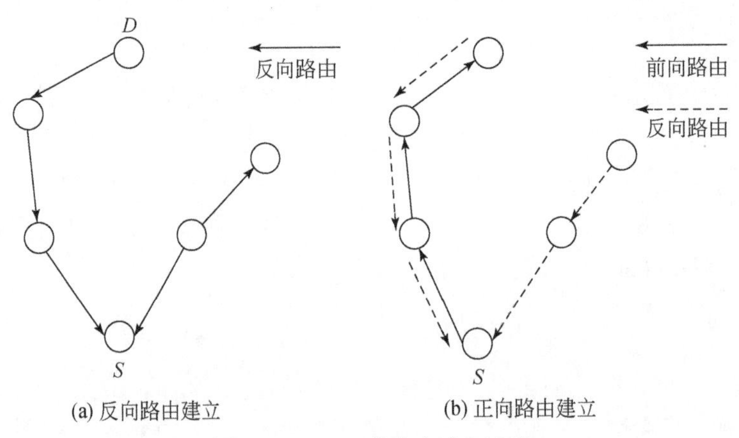

图 2-7 AODV 的路由建立过程

1. 路由表的建立

MDSR 算法不再使用最小跳数作为路由判据，而是采用 EEDT 路由判据，由于 EEDT 中涉及链路的数据传输带宽可用平均时间(TBT) 和实际传输时间(PTT)，所以 RREQ 报文格式中的保留字段将被占用来形成新的路由表。在 RREQ 报文中新增加的字段包括：链路的数据传输带宽可用平均时间、RREQ 报文的发送时间(T)、阶段变量值(K) 和路由判据 EEDT 的值，总共占用了四个字段的位置。相应的 RREP 分组的格式也需要作相应的改变。修正后的 RREQ 报文格式如图 2-8 所示。

类型	J	R	G	D	U	TBT	T	K	EEDT
RREQ ID									
目的 IP 地址									
目的序列号									
源 IP 地址									
源序列号									

图 2-8　RREQ 报文格式

在具体的操作过程中，节点首先要通过 MAC 子层的虚拟载波监听机制周期性地感知与前向邻居节点间传输信道的忙闲状态，进而利用移动加权平均算法估计得出 TBT 的值，并将这些信息存储在节点的数据表中。当源节点发送 RREQ 分组时，需要将前向链路的数据传输带宽可用平均时间、RREQ 发送的时间点和动态规划算法模型中所处的阶段值分别写入 RREQ 分组的 TBT、T 和 K 字段中。在 RREQ 的发送初始，K 字段和 EEDT 字段均被初始化为 0，随着 RREQ 依次被传向下一邻节点，K 的值依次加 1，而 EEDT 字段则根据计算得出的结果依次累加。收到 RREQ 分组的节点会立刻记录 RREQ 的到达时间点，并减去 RREQ 分组中 T 的值，这样便得出实际传输时间 PTT，此时再结合 TBT 字段的值便完成了完整的 EEDT 路由尺度表的建立。当邻居节点继续向下一节点转发 RREQ 分组时，TBT 的值将被不断地更新为当前链路的数据传输带宽可用平均时间，同时 T 会被更新为当前发送时间。

2. 路由建立过程

与 AODV 协议有所不同，在 MDSR 算法中，路由发现过程由目的节点唤起。当源节点需要发送数据至某一目的节点，而此时没有到这一目的节点的路径或现有的路径无效时，源节点会以广播的方式通知目的节点。目的节点收到通知后则会立刻启动路由发现过程，发送路由请求分组 RREQ。当源节点收到 RREQ 分组时，一条由源节点到目的节点的前向路由已经建立起来，源节点可沿此路径直接发送数据。

由此可见，MDSR 算法是在目的节点向源节点方向上寻找二者之间的最优路径。相应地，采用反向的动态规划算法来求解此问题。即由目的节点向源节点的方向运用动态规划算法，通过依次寻找各子路径的最优解来求解整个过程的最优路径。RREQ 报文由目的节点依次发向节点所有的邻居节点，并不断更新报文中部分参数值，以准确获取链路的 EEDT 值，并以此映射为动态规划模型的链路权值。以图 2-5 的网络拓扑结构为例，MDSR 算法的前向路径建立过程如图 2-9 所示(其中实线代表被选中的链路，虚线代表未被选中的链路)。

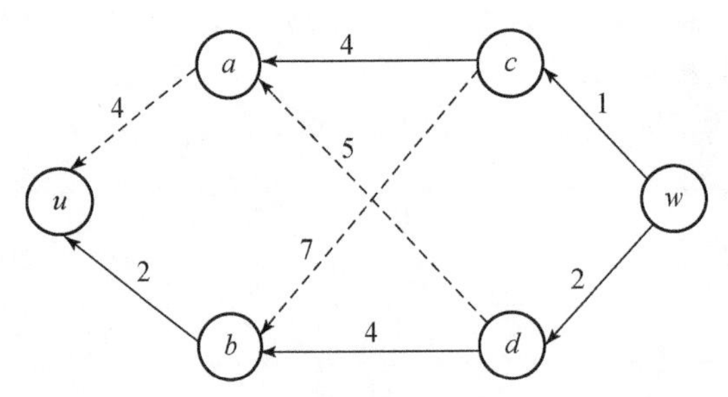

图 2-9 前向路由建立过程(MDSR)

收到 RREQ 的中间节点首先根据 RREQ 报文中的信息计算链路的 EEDT 值，并计算当前阶段所处子过程的目标函数［式(2-1)］，然后，由式(2-2) 求解 k 子过程的最优解。之后，更新 RREQ 分组中的部分信息，继续发送至邻居节点。直至源节点收到 RREQ 分组，便得出整个过程的最优解。MDSR 算法的过程如图 2-10 所示。

```
路由算法 MDSR
输入：源节点 S，目的节点 D。
输出：最优决策 u(S)。
1. 目的节点被通知发起路由请求过程
2. /* 目的节点初始化 RREQ 报文* /
3. K=0, T=当前时间点，TBT=NAV 统计值，EEDT=0
4. 发送 RREQ 分组至邻居节点
5. /* 算法主要循环部分* /
6. for(每个收到 RREQ 的邻居节点) do
7.   if <IP address, RREQ ID> 存在于当前节点的路由列表中 then
8.     丢弃 RREQ 报文
9.     end if
10.    if RREQ 报文中 K 字段的值≥节点所处阶段值 then
11.      弃 RREQ 报文
12.    end if
13.    If RREQ 报文中 EEDT 的值≤节点路由表中相应表项中 EEDT 的值 then
14.      接收 RREQ 报文，并记录上一跳节点的 IP 地址
15.    else
16.      丢弃 RREQ 分组
17.    end if
18.    节点更新 RREQ 报文的相应参数：K=K+1, T=当前时间，TBT=当前测试值
19.    节点继续向邻居节点转发 RREQ 分组
20.    until <节点==源节点>
21.    if 源节点收到 RREQ 分组 then
22.      选择 EEDT 的累加和最小值，并记录相应的上一跳节点
23.    end if
24.    return 最优决策 u ( S )
```

图 2-10 MDSR 算法描述

由最优化原理可知，动态规划算法中最优路径上的任意子路径也是最优的。在基于决策序列的 MDSR 算法的前向路径建立过程中，中间节点不断地更新到本节点的最优路径的上一跳节点。然而，在源节点建立最优路径的同时，所有的中间节点也都随之建立了到达目的节点的最优路径，并将其保存在自己的路由表中，需要时便可以直接使用，这样便减少了网络中路由发现的次数。此外，若数据传输过程中某条链路失效，节点可以暂时将数据传至与其具有相同阶段值的相邻节点，继而通过此邻节点到目的节点的最优路径来传送数据，降低了数据包的丢失率。

2.3.4 仿真与性能分析

本节采用著名的网络仿真软件 OPNET 14.5 对无线 Mesh 网络环境下的路由协议 MDSR 进行仿真，利用其提供的完备的网络模型系统和协议支持搭建无线网络平台，建立无线 Mesh 网络路由协议的仿真模型，并基于此平台与 AODV 路由协议进行比较，以验证 MDSR 算法的优越性。

1. 仿真环境

OPNET 最早是由麻省理工学院的两个博士创建的，近年被广泛应用于各种不同领域，是一种很受欢迎的网络仿真和建模工具。它采用面向对象的建模方式，并为用户提供图形化的编辑界面，所创建的系统由一系列属性可配置的对象组成，通过模块化的设计和数学分析的方法建模，几乎能实现对任何网络设备、通信链路和各层网络协议的精确建模，具有完备的网络建模和协议支持系统。OPNET 的三层模型与实际的网络、设备和协议完全对应，全面反映了网络的相关特性。图 2-11 所示为以太网中服务器的节点模型。

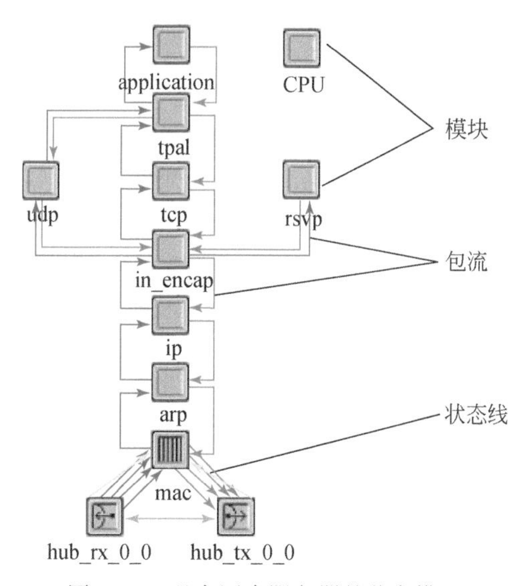

图 2-11　以太网中服务器的节点模型

在此，利用 OPNET 仿真平台对无线 Mesh 网络中的 MDSR 路由协议进行建模、仿真和分析。对无线自组织网络的路由协议性能的评估可以从下面几个测评指标来考察：协议开销(控制信息传输率)、丢包率、因找不到路径而丢失的数据报文个数、端到端平均时延、吞吐量、路由发现时间等。其中最具代表性的是端到端平均时延和网络吞吐量，本节便以此为优化目标进行路由协议的仿真。

2. 仿真实验与性能分析

1）场景一

本节的仿真实验中路由判据 EEDT 的系统参数 β 取值为 0.5，即吞吐量与时延占有相同的比例。场景一中，无线 Mesh 网络规模为 10 个固定节点，依次为 0，1，2，…，9，随机分布在 1000m×1000m 区域内的校园网环境中，所建立的网络模型如图 2-12 所示。每个网络节点的行为通过其内部的进程模型来实现，由 C 语言代码和 OPNET 提供的核心函数在有限状态机的机制下共同完成。无线 Mesh 网络的节点模型如图 2-13 所示。在物理层上，OPNET 采用 14 个首尾相接的管道(pipeline) 阶段来尽量接近真实的模仿数据帧在信道中的传输，分别为：①接收主询(收信机组)；②传输时延；③物理可达性(链路闭锁)；④信道匹配；⑤发射机天线增益；⑥传播时延；⑦接收机天线增益；⑧接收机功率；⑨背景噪声；⑩干扰噪声；⑪信噪比；⑫误比特率；⑬错误分布；⑭纠错。

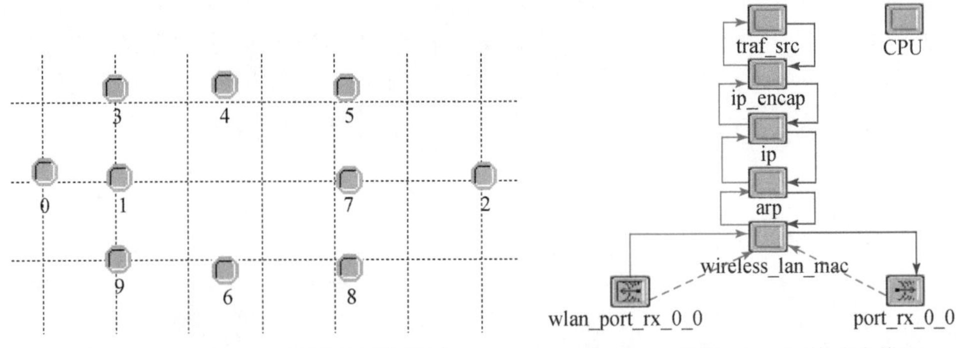

图 2-12　无线 Mesh 网络的网络模型　　图 2-13　无线 Mesh 网络节点模型

在此场景中，首先收集的统计量是网络吞吐量，即网络中收到的数据报文总数。仿真环境的参数设置如下。

（1）Physical Characteristics：Direct Sequence。

（2）Data Rate(bps)：11Mbit/s。

（3）Simulation duration：12050s。

（4）Seed：128。

（5）Traffic load：200。

（6）Communication range of each node：50。

（7）Interval time of packet：exponential(0.5，0.3，0.2，0.1，0.05，0.01，…) and

11runs in total。

仿真结果如图 2-14 所示。

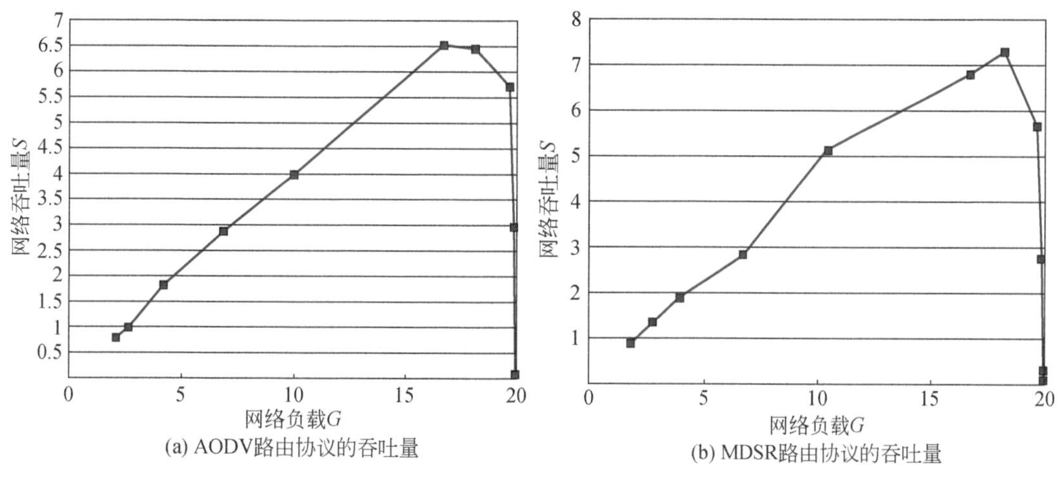

图 2-14　路由协议的吞吐量对比（情景一）

在图 2-14 中，横坐标代表网络负载 G，纵坐标表示网络吞吐量 S。由曲线的走势可以看出，在无线 Mesh 网络负载还未达到饱和时，网络吞吐量随负载增加而逐渐增加，不同的是 AODV 协议使得网络吞吐量随负载稳步增加，而 MDSR 协议中吞吐量增加速率会发生改变。当网络负载达到一定数值时，二者的吞吐量反而随负载增加急剧下降。曲线的最高拐点处的纵坐标便是路由协议所能达到的最大吞吐量。由图 2-14(a) 得知，AODV 协议在 $G=17$ 处达到最大吞吐量 6.5 左右，而图 2-14(b) 中 MDSR 路由协议在 $G=18$ 处的最大吞吐量接近 7.5。在此场景中，MDSR 协议的最大吞吐量明显大于 AODV 协议。实验结果表明，在相对静止的网络环境下，MDSR 算法的网络吞吐量优于 AODV 协议。

实验中收集的第二个统计量为端到端时延，即源节点向目的节点发送数据的时间，包括路由发现时间、队列排队时间、数据发送和传播时间等(网络中所有数据报文从源节点路由层到达目的节点路由层经过的时间总和/网络中成功到达目的节点的数据报文总数)。仿真环境的参数设置如下。

(1) Physical Characteristics：Direct Sequence。

(2) Data Rate(bps)：11Mbit/s。

(3) Simulation duration：300s。

(4) Seed：128。

(5) Traffic load：100。

(6) Communication range of each node：50。

(7) Interval time of packet：constant(2) and 11runs in total。

仿真结果如图 2-15 所示。

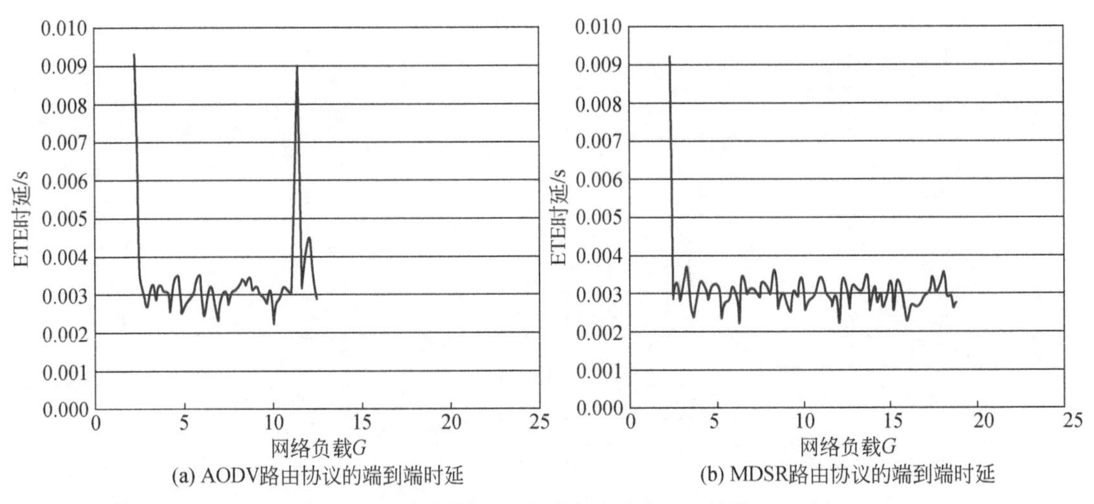

图 2-15　路由协议的端到端时延对比（情景一）

图 2-15 中，AODV 协议与 MDSR 协议的端到端时延曲线均在 0.003 上下浮动，因此二者的端到端平均时延几乎可以认为是相同的。然而，若观察两条曲线的波动幅度，MDSR 协议上下波动较小且稳定，而 AODV 波动明显不稳定。也就是说，MDSR 协议的时延抖动小于 AODV。时延抖动在 QoS 路由中是一个很重要的参数，由此可见，在相对静止的网络环境中，针对时延敏感的多媒体业务，MDSR 性能优于 AODV 协议。

2）场景二

在场景二中，网络拓扑结构同场景一(图 2-12)，不同的是，本实验从 10 个节点中随机选取 4 个节点，并将这 4 个节点设置为随机移动状态。目的是在移动的网络环境中对网络吞吐量(图 2-16) 和端到端时延(图 2-17) 进行仿真，其仿真参数设置与第一场景中相应的设置相同。

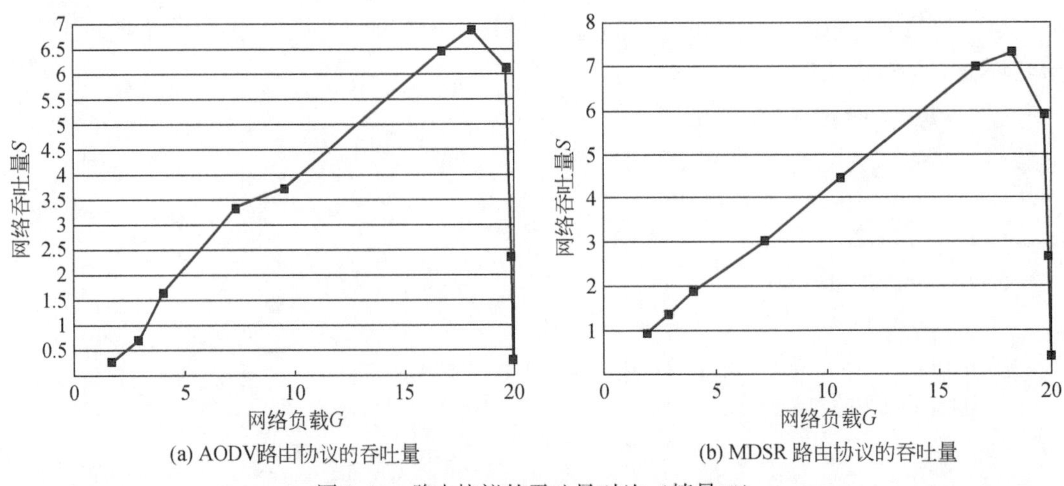

图 2-16　路由协议的吞吐量对比（情景二）

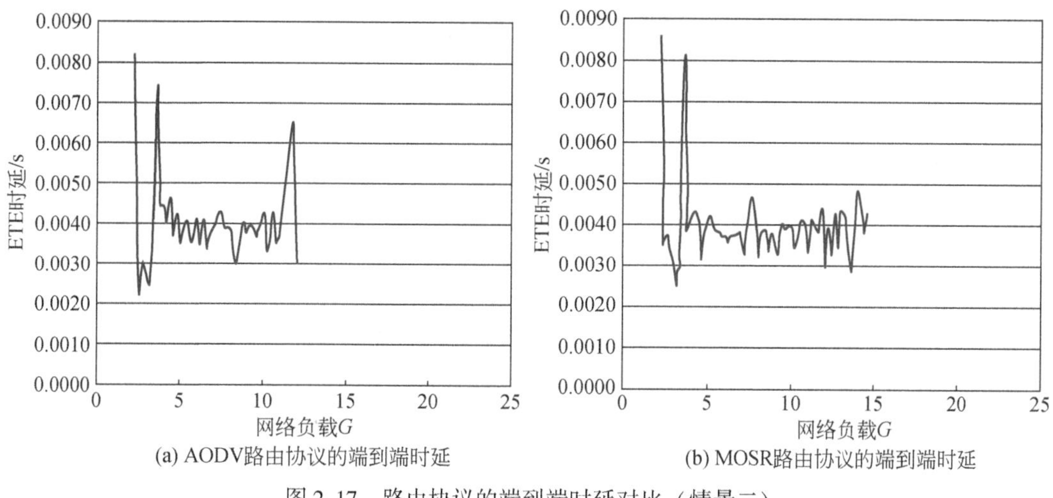

图 2-17　路由协议的端到端时延对比（情景二）

如图 2-16 和图 2-17 所示，MDSR 在无线 Mesh 网络相对移动的环境获得的最大吞吐量（$S=7.5$，$G=18$）仍大于 AODV 协议的吞吐量（$S=7$，$G=18$），且二者在平均端到端时延几乎相等(0.004）的情况下，MDSR 协议的时延抖动参数仍优于 AODV 协议。由此说明，在这样小规模的无线 Mesh 网络环境中，无论静态还是动态，MDSR 算法均能取得很好的性能。

3）场景三

在场景三中，网络规模扩大至 50 个节点，随机分布在 220m×140m 区域的校园网内。除网络负载被设置为 800 之外，其余仿真参数设置与场景一相同，并对网络吞吐量统计量进行收集，仿真结果如图 2-18 所示。

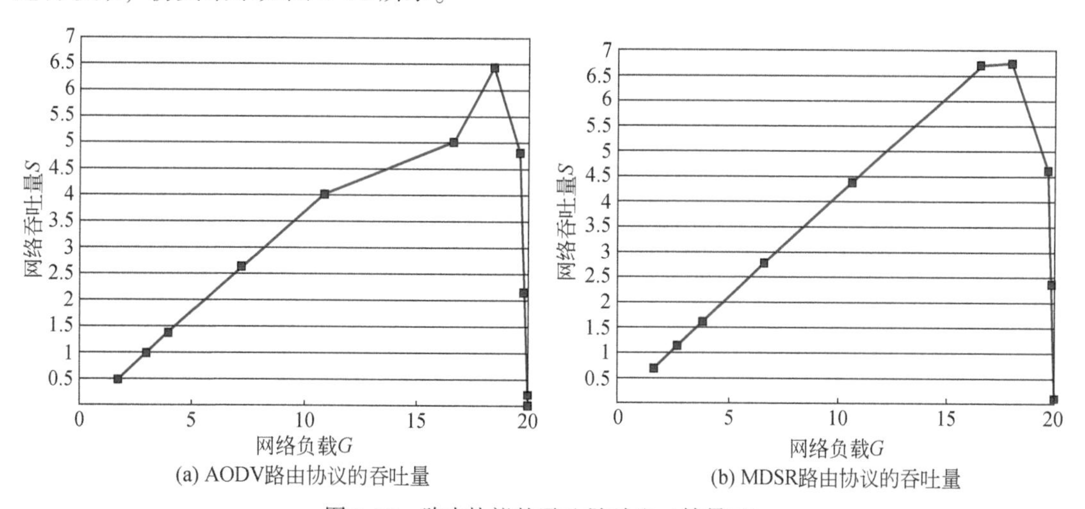

图 2-18　路由协议的吞吐量对比（情景三）

实验数据显示，AODV 协议的吞吐量在 $G=18$ 处接近 6.5，而 MDSR 协议最大吞吐量接近 7。由此可见，较大规模的无线 Mesh 网络中，MDSR 的性能仍优于 AODV。

上述几个场景的仿真实验表明，在无线 Mesh 网络中，无论规模大小，节点静止或移动，MDSR 路由协议性能明显优于 AODV 协议。就吞吐量而言，实验结果说明 MDSR 协议明显大于 AODV 协议；而对于端到端平均时延，虽然二者平均时延几乎相同，但是 MDSR 总是具有相对小的时延抖动，更能满足 QoS 路由需求，尤其是在时延敏感的多媒体业务中更显其良好的性能。

2.4 总结与展望

在无线 Mesh 网络中，路由协议是核心技术之一，针对无线 Mesh 网络自身的特点研究具有服务质量保证、高吞吐量、负载均衡与公平等特性的高性能路由协议，具有十分重要的理论意义与使用价值。

本章以实现高吞吐量及低时延的高性能路由协议为研究目标，将无线 Mesh 网络最优路径的问题转化为多阶段决策问题，采用动态规划算法进行求解，同时采用目的节点发起路由发现的机制来建立路由。研究内容主要包括两方面：一方面对如何正确建立动态规划模型和使用动态规划算法解决网络优化问题进行研究；另一方面以吞吐量和时延为优化目标对路由判据进行研究，提出 EEDT。最终，路由判据与动态规划算法结合形成新的路由协议 MDSR，多次仿真实验证明，本章提出的路由算法的性能优于 AODV 路由协议，尤其是在时延敏感的多媒体业务中，MDSR 协议更显其优势。

然而，本章算法也存在一些不足之处：①为了准确计算路由判据 EEDT 中的 PTT 参数，每个节点都需记录发送和接收 RREQ 的本地时间，然而，在大规模网络中，网络中各节点的时间有可能不同步，因此，得到的 PTT 值存在误差；②由于实验条件限制，本章对路由协议的实施均是在网络仿真平台的特定环境下完成的，若将其在实际网络中实施可能还会出现一些不能预知的问题；③本章的路由算法仅适用于单射频单信道的无线 Mesh 网络，今后将进一步完善此算法，使其适用于多射频多信道环境下的无线 Mesh 网络。

参 考 文 献

[1] Wireless mesh networking. http://www. meshnetworks. com[2011-3-4].

[2]方旭明. 下一代无线因特网技术:无线 Mesh 网络. 北京:人民邮电大学出版社,2006:10-50.

[3]刘乃安. 无线局域网——原理、技术与应用. 西安:西安电子科技大学出版社,2004:23-78.

[4]Murthy C S R,Manoj B S. Ad Hoc Wireless Networks: Architectures and Protocols. New Jersey: Prentice Hall PTR,2004:635-821.

[5]北电网络. 无线网状网——全新的广域宽带无线接入解决方案. 2005 中国无线技术大会,北京,2005.

[6]钟成琦,陈钧,张展翔. 无线 Mesh 网络发展. 科教导刊-电子版(中旬),2016(9):57.

[7]张春飞. 无线 Mesh 网络负载均衡技术研究. 长春:吉林大学博士学位论文,2016.

[8]王继红,石文孝,李玉信,等. 无线 Mesh 网络部分重叠信道分配综述. 通信学报,2014,35(5):141-154.

[9]李陶深,郭诚欣,葛志辉,等. 无线 Mesh 骨干网络拓扑优化算法研究. 小型微型计算机系统,2015,36(12):2680-2684.
[10]邓晓衡,刘强,李旭,等. 链路质量与负载敏感的无线 Mesh 网络路由协议,计算机学报,2013,36(10):2109-2119
[11]邝祝芳,陈志刚,王国军,等. 认知无线 Mesh 网络中满足 QoS 的高吞吐量安全路由协议. 通信学报,2014,35(11):69-80.
[12]谢玉城,李陶深,葛志辉. 基于用户 QoS 分析的无线 Mesh 网络部署优化. 计算机技术与发展,2014(1):54-56.
[13]吴文甲,杨明,罗军舟,等. 无线 Mesh 网络中满足带宽需求的路由器部署方法. 计算机学报,2014,37(2):344-355.
[14]Weber S,Andrews J G,Jindal N,et al. An overview of the transmission capacity of wireless networks. IEEE Transactions on Communications,2010,58(12):3593-3604.
[15]Hemmes J,Fisher M,Hopkinson K. Predictive routing in mobile ad-hoc networks. Proceedings of the 2011 5th International Conference on Next Generation Mobile Applications,Services and Technologies(NGMAST),Cardiff,2011:117-122.
[16]Draves R,Padhye J,Zill B. Comparisons of routing metrics for static multi-hop wireless networks. Proceedings of the ACM Annual Conference of the Special Interest Group on Data Communication(SIGCOMM),Portland,2004:133-144.
[17]Brian R,Michael L,Wade T,et al. Integrating machine learning in ad Hoc routing: A wireless adaptive routing protocol. International Journal of Communication Systems,2011,24(7): 950-966.
[18]Belding-Royer E M. Multi-level hierarchies for scalable ad hoc routing. ACM Wireless Networks(WINET),2003,9(5):461-478.
[19]Frey H. Scalable geographic routing algorithms for wireless ad hoc networks. IEEE Network Mag,2004,18(4):18-22.
[20]Torkestani J A,Meybodi M R. Mobility-based multicast routing algorithm for wireless mobile ad-hoc networks: A learning automata approach. Computer Communications,2010,33(6):721-735.
[21]Toh C K. Ad-hoc Mobile Wireless Networks: Protocols and Systems. New Jersey: Prentice Hall PTR,2001.
[22]Aguayo D, Bicket J, Morris R. SrcRR: A high throughput routing protocol for 802.11 mesh networks(DRAFT). http://pdos. csail. mit. edu/ ~ rtm/srcrr-draft. pdf[2015-2-4].
[23]Ramachandran K N, Buddhikot M M, Chandranmenon G, et al. On the design and implementation of infrastructure mesh networks. Proceedings of the IEEE Works on Wireless Mesh Networks(WiMesh),Santa Clara,2005:4-15.
[24]Draves R,Padhye J,Zill B. Routing in multi-radio multi-hop wireless mesh networks. Proceedings of the ACM Annual Internationl Conference on Mobile Computing and Networking(MOBICOM),Philadelphia, 2004: 114-128.
[25]So J M,Vaidya N H. A routing protocol for utilizing multiple channels in multi-hop wireless networks with a single transceiver. Technical Report,2004.
[26]Pirzada A A,Portmann M,Indulska J. Evaluation of multi-radio extensions to AODV for wireless mesh networks. Proceedings of the ACM International Workshop on Mobility Management and Wireless Access(MobiWac),Torremolinos,2006:45-51.
[27]Le A,Kum D W,Cho Y Z,et al. LARM: A load-aware routing metric for multi-radio wireless mesh networks.

Proceedings of the IEEE Workshop on International Conference Advanced Technologies for Communications, Sydney, 2008: 166-169.

[28] Pirzada A A, Portmann M, Indulska J. Hybrid mesh ad-hoc on-demand distance vector routing protocol. Proceedings of the Thirtieth Australasian Computer Science Conference (ACSC'07), Victoria, 2007: 49-58.

[29] Raniwala A, Chiueh T. Architecture and algorithms for an IEEE 802.11 based multi-channel wireless mesh networks. Proceedings of the IEEE Infocom, Miami, 2005: 2223-2234.

[30] Kyasanur P, Vaidya N H. Routing and link-layer protocols for multi-channel multi-interface ad hoc wireless networks. ACM Mobile Computing and Communications Review, 2006, 10(1): 31-34.

[31] Wang X F, Cai W, Yan Y, et al. A framwork of distributed dynamic multi-radio multi-channel multi-path routing protocol in wireless mesh networks. Proceedings of the International Conference on Information Networking, Beijing, 2009: 1-5.

[32] Li H K, Cheng Y, Zhou C, et al. Minimizing end to end delay: A novel routing metric for multi-radio wireless mesh networks. Proceedings of the IEEE INFOCOM, Rio De Janeiro, 2009: 46-54.

[33] Bononi L, Felice M D, Molinaro A, et al. A cross-layer architecture for efficient multi-hop communication in multi-channel multi-radio wireless mesh networks. Proceedings of the IEEE Communications Society Conference on Sensor, Piscataway, 2009: 1-6.

[34] 肖晓丽,张卫平,康忠毅,等. HWMP协议的路径选择参数的研究与改进. 计算机工程与应用,2008, 44(23): 107-109.

[35] 李林,武穆清. ZRP区域路由协议分析. 数字通信世界,2007(11): 52-55.

[36] 李娟,冯德民. 基于层次管理的按需路由协议研究. 计算机工程,2009,35(19): 120-122.

[37] Funabiki N, Uemura K, Nakanishi T, et al. A minimum-delay routing tree algorithm for access-point communicaitons in wireless mesh networks. Proceedings of the IEEE International Conference on Research, Innovation & Vision for the Future, Ho Chi Minh City, 2008: 161-166.

[38] Lugo-Cordero H M, Kejie L, Rodriguez D, et al. A novel service-oriented routing algorithm for wireless mesh networks. Proceedings of the Military Communications Conference, California, 2008: 1-6.

[39] Sun X, Lv X. Novel dynamic ant genetic algorithm for QoS routing in wireless mesh networks. Proceedings of the WiCom'09, 5th International Conference, Beijing, 2009: 1-4.

[40] Yoon C, Hwang-Bin R. A genetic algorithm for the routing protocol design of wireless mesh networks. Information Science and Application (ICISA), 2011(2011): 1-6.

[41] Gupta B K, Acharya B M, Mishra M K. Optimization of routing algorithm in wireless mesh networks. Nature & Biologically Inspired Computing (NaBIC), 2010, 32(4): 1150-1155.

[42] Song W, Fang X. QoS routing algorithm and performance evaluation based on dynamic programming method in wireless mesh network. Journal of Electronics and Information Technology, 2007, 29(12): 3001-3005.

[43] Crichino J, Khoury J, Wu M Y. A dynamic programming approach for routing in wireless mesh networks. Proceedings of the Global Telecommunications Conference, New Orleans, 2008: 528-532.

[44] Papadimitriou C H, Steiglitz K. Combinatorial Optimization Algorithms and Complexity. New Jersey: Prentice Hall PTR, 1982.

[45] De Couto D, Aguayo D, Bicket J, et al. A high-throughput path metric for multi-hop wireless routing. Proceeding of the 9th Annual International Conference on Mobile Computing and Networking, California, 2003: 134-136.

[46] Hassen A M, Mohamed O. Review of routing protocols and it's metric for wireless mesh networks// Proceedings

of the IEEE Workshop on International Association of Computer Science and Information Technology, Crete, 2009:62-70.

[47] Addagada B K, Ksiara V, Desai K. A survey: Routing metrics for wireless mesh networks. http://bit.ly/aeiezH[2011-9-3].

[48] 马婉秋. 无线 Mesh 网络的路由算法研究. 成都:电子科技大学硕士学位论文,2005.

[49] Perkins C, Belding-Royer E, Das S. Ad hoc on demand distance vector(AODV) routing. RFC, 2003, 6(7):90.

第3章 认知无线电网络备份路由算法

路由研究在认知无线电网络研究中占据重要的地位。由于节点的可用信道会随着频谱动态而随时间和空间产生变化，使得认知无线电网络路由问题与传统网络有着很大的不同，在研究方法上也有重要的区别[1]。在认知无线电网络传输过程中，由于主要用户的抢占或节点失效导致次要用户使用的频段被意外终止，此时就会重新发起路由发现过程[2,3]，这种现象可能频繁发生，不仅给可靠通信带来了巨大影响，而且会影响网络性能。

最近几年有许多工作对 CRN(cognitive radio network) 路由进行了深入研究，通常这些研究集中在降低数据传输时延、减少数据包丢失、提高网络吞吐量等方面[4,5]。文献［6］针对目前认知无线电网络路由算法缺少综合考虑主要用户到达频率和认知用户对信道竞争而产生的网络性能的影响，提出基于信道分配的多跳认知无线电网络路由算法。算法计算相邻认知用户间公共信道的可用概率和传输时延，通过 Dijkstra 算法选择最优路径，以此达到减少时延、提高网络吞吐量的目的。文献［7］研究了 CRN 中多信道特征与频谱分布不均的问题，提出了一种基于链路质量的多信道路由协议。协议同时考虑 CRN 中信道选择与路由选择两方面，根据链路质量，以时延约束作为主要目标，通过在路由中加入频谱信息，提高网络适应性与吞吐量。文献［8］通过对 CRN 路由中节点易受选择性转发攻击特点的研究，提出一种基于信任的安全路由模型。模型引入信任评价来监控节点的行为，采取奖惩机制以实现节点的诚实转发与路由合作，抵御恶意节点的选择性转发攻击。

与传统无线网络不同，认知无线电网络因其动态的频谱环境使得时延会随网络连通状态变化而受到极大的影响，对时延的分析需与频谱特征紧密联系。目前影响认知无线电网络时延的主要因素分为两类，即动态频谱资源的影响与节点密度的影响[9]。文献［10］研究了分布式认知无线电网络多路径路由，对分布式 CRN 多路径路由协议进行了分类总结。相较单播路由，多路径路由具有有效降低传输时延、提高网络吞吐量的特点。文献［11］考虑主要用户与认知用户之间的相互干扰，将链路传输时延作为链路的权值，并以此对节点间的信道容量进行估计，从而找到传输时延最小的路由，以降低网络整体时延。文献［12］考虑了 CRN 中频谱动态性变化对网络性能的影响，通过及时更新认知用户的路由表，引入比例因子与切换触发时间来调整最佳路由选择，以此充分利用网络优质资源，有效降低网络时延。

3.1 CRN 中的路由技术

针对近期研究的 CRN 路由协议，本章从隐藏终端、暴露终端、“耳聋”、跨层设计、拓扑结构等五方面就研究 CRN 路由所面对的挑战以及困难作了详细的分析和研究。对具有代表性的路由协议从路由建立主动性、跨层路由、网络性能指标三方面来分类，接着重点分析了典型的路由协议，并且从路由协议特点等方面对其进行了比较，最后对全章进行总结和归纳。

3.1.1 CRN 路由研究面临的挑战

1. 隐藏终端问题

节点在同一个信道上会形成隐藏终端问题，如图 3-1 所示。A 向 B 发送信息，但是 C 并没有侦测到 A 向 B 发送消息，同一时刻 C 向 B 传送消息，最终导致在 B 处信号碰撞，造成传送至 B 的信号丢失，此时 A 为 C 的隐藏终端。

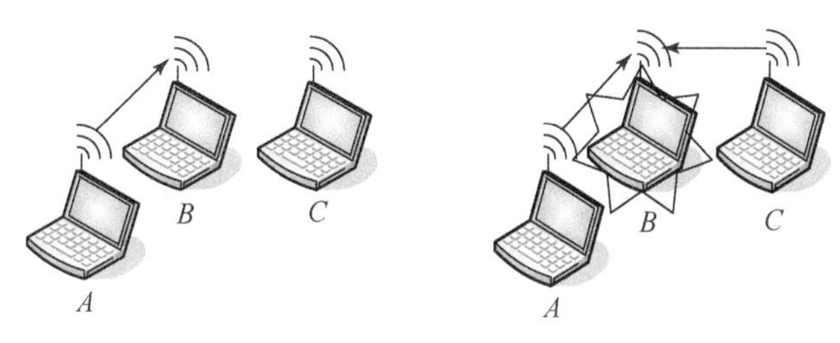

图 3-1　隐藏终端

2. 暴露终端问题

如图 3-2 所示，当 B 向 A 传送数据的同时，C 也向 D 传输请求的信号，但是 D 的应答信号与 B 的数据信号会在 C 产生碰撞。此时 C 听不到 D，其会一直重复不断地发送 RTS，这个时候的 C 就是暴露发送终端。当 B 向 A 发送数据的同时，D 也向 C 发送数据。但是这个信号会和 B 传送的信号在 C 处冲突，C 就会接收不到 D 的请求，因此不会作出回应。D 因为没有得到相应的响应，就会重新发送信号。这时 C 称为暴露接收终端。

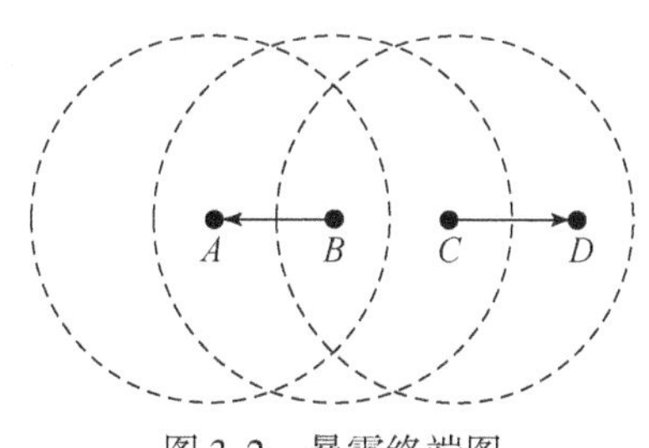

图 3-2　暴露终端图

3. “耳聋” 问题

“耳聋” 问题(deafness problem)[13]的产生是因为交换节点之间的信道引起的，如图 3-3 所示。Y 为交换节点，X 和 M 通过 Y 分别向 Z 和 N 发送数据包，图 3-3 中节点后面的数字为每个节点此时的工作信道。

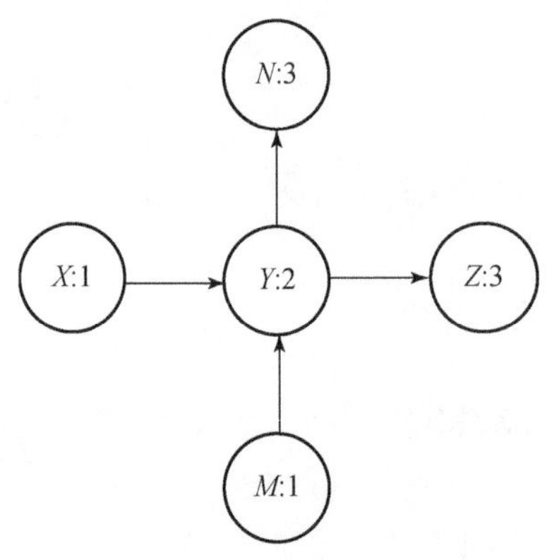

图 3-3 “耳聋”问题

X 通过信道 2 向 Y 发送数据包，当 Y 收到 X 发来的数据包后，Y 就会切换到信道 3，然后把数据包转发给 Z。若在 Y 切换到信道 2 之前，M 在信道 2 上向 Y 发送了信号，但是 Y 工作在信道 3 从而没有办法接收到，导致信号的丢失，造成“耳聋”问题。

4. 跨层设计问题

跨层设计方法一直备受关注，研究者对其在 CRN 中的应用进行了深入研究。从文献［14］和文献［15］的研究来看，使用跨层设计在路由设计过程中会有比较好的性能表现。但是因为系统原来的结构会被跨层设计所打破，所以可能带来诸多麻烦，例如，系统移植性差，通用性也差，且不利于系统的更新和系统的维护等问题。另外，当前研究的很多跨层设计的方法大多都是注重某些层来进行优化，却不注重整个系统的各个层面[16]。从此意义上而言，跨层设计方法并不完全适合于整个网络，相对适合于系统的单一层次[17]。

5. 拓扑结构

网络拓扑结构的动态变化是因可用频谱的时变特点造成的，这也是 CRN 路由面临的一个新挑战[18]。

3.1.2 CRN 路由协议分类

根据目前对认知无线电网络路由协议的研究，主动路由所采取的表驱动方法，网络上不同的路由表格需要不同的节点来进行维护，虽然不存在反应时延，但是开销比较大；文献［19］提出的稳定 CRN 路由协议具有较高的稳定路由和较少的信令开销，可以实现近距离终端到终端的延迟，且比现存的方法具有更好的吞吐量；文献［20］提出的按需路由协议[21,22]降低了数据流间的干扰和频谱切换时延，不但丢包率低，而且降低了主要用户引入的干扰。

文献［23］的研究表明，在路由设计中，使用跨层设计[24,25]方法同时考虑频谱和路由选择，与两者的解耦研究相对比，在性能上有较好的表现。但是，跨层设计的缺点是打破了系统本来的结构，这导致系统通用性差，移植性差，并且不利于系统的维护和系统更新等问题[26,27]。因此，跨层路由协议研究还不够成熟，是未来研究的主要领域之一；QoS 和路由都是 CRN 的重要研究领域，QoS 指标问题结合路由研究，通过对特定 QoS 指标的抽象和优化实现特定的研究和设计目标。例如，CQRP（optimal QoS routing for cognitive radio ad-hoc networks）路由协议[28]虽然可以满足不同的业务服务质量需求，优化网络资源的使用，减少数据包丢失，提高网络吞吐量；但是没有考虑频谱移动所造成的路由维护问题。下面对 CRN 路由协议的不同分类（图 3-4）进行分析。

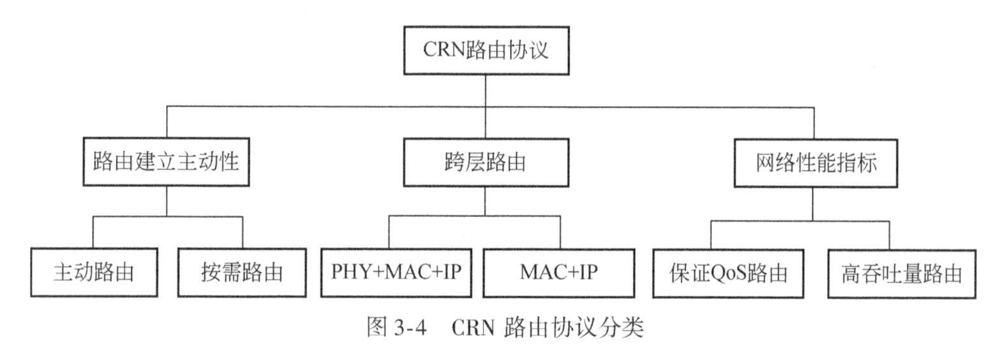

图 3-4　CRN 路由协议分类

1. 按路由建立主动性分类

按路由建立主动性分类，可将 CRN 路由协议划分为主动路由和按需路由两种情况。主动路由中有代表性的协议有 SRP[29] 和 BioStaR[30]，按需路由中比较有代表性的有 MSCRP[13] 和 DORP[20]。

1）主动路由

（1）稳定路由协议。

稳定路由协议（stable routing protocol，SRP）[29]：考虑到次要用户和主要用户距离的变化会影响可用的连接，稳定路由协议考虑了连接可用时间、连接质量和某个节点上的负载。连接可用时间是指次要用户能依赖多久在次要用户移动到主要用户影响区域。连接可用时间越小，节点离目的地越近。考虑到限制资源和移动设备的能力，为了避免电池电量即将耗尽和大幅缩减性能，限制负载是必不可少的。对于转发器，成功的包依赖意味着比发送者接收的包具有更高的优先权。

每个发送节点选择均匀随机的一组代码系数和形成当前批报文的组合，这可以是原始数据包的源或编码的数据包转发。当目的地接收到足够的包数时，该方法能够通过高斯消元法解码报文。稳定路由协议通过 OR 利用在无限网络中的广播特性和通过使用连接预测机制获得稳定的路由。此外，稳定路由协议也为每个节点考虑交通负荷来缓解排队延迟和使用网络编码来提高吞吐量性能。实验结果表明，稳定路由协议可以实现近距离终端到终端的延迟，且比现存的方法具有更好的吞吐量。

(2) 生物启发稳定路由。

文献［30］中，研究者设计了一个名为生物启发稳定路由算法(bio-inspired stable, BioStaR)，通过最大化频谱机会增加路由稳定性和最大限度地减少信道切换延迟、信令开销。实验结果表明，该协议在频谱敏感的认知无线电网络环境中具有较多的稳定路由和较少的信令开销。BioStaR 流程图如图 3-5 所示。

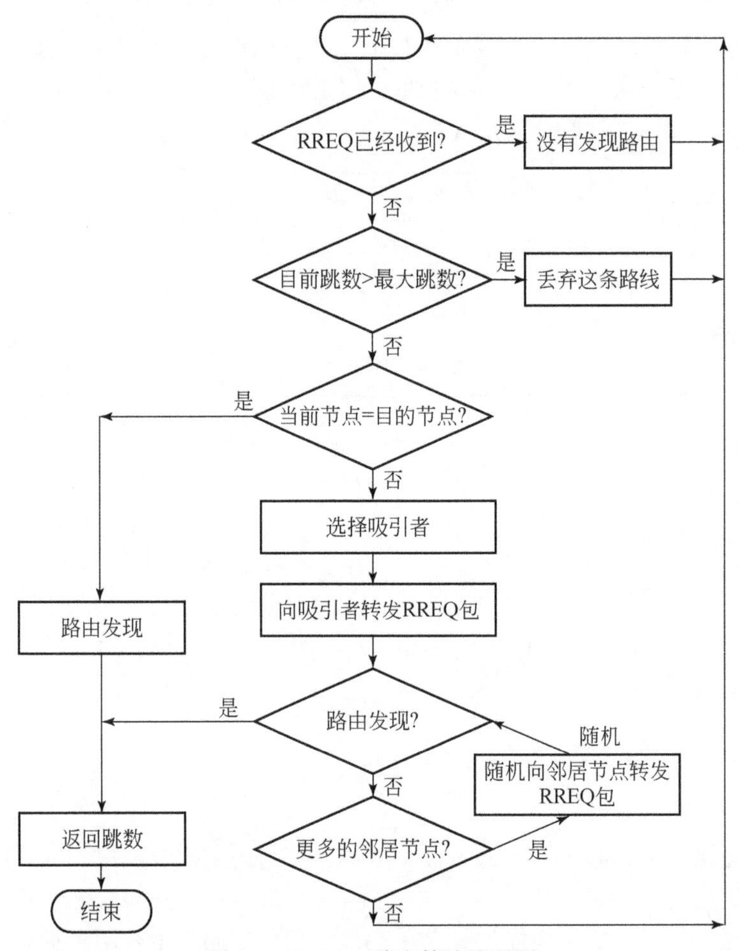

图 3-5　BioStaR 路由算法流程图

在此路由协议中，每跳随后的一跳是由吸引选择模型决定的。当目前系统条件适合环境时，即系统稳定接近于一个可能的 Attractor，确定行为驱动系统到 Attractor。系统条件很差时(突然被主要用户干扰)，随机行为主导确定性的行为。当系统条件恢复时，确定性的行为再次控制系统，以这种方式，Attractor 选择模型通过选择 Attractor 采用随机和确定性行为自适应周围挑战。该路由协议的主要步骤如下。

节点发现：为了接收信标消息，节点的任何一个潜在的邻近节点在可用信道和感知媒体之间定期切换。位于传输范围内的节点共享至少一个公共信道来接收 Beacon 信息，通过一个 Beacon 消息，每个节点通知它的邻近节点所有可用的信道。因此，用这种方式每个节点获得保持和邻近频谱联系的机会。

路由请求消息：该协议和其他被动协议主要的不同是，该算法仅仅发送路由请求到邻近节点中的一个，它只作为 Attractor 出现而不是广播给每个节点。RREQ 包将会传播节点到节点以单播方式而不是传统的广播或是泛洪方式。采用这种方式的好处是，路由算法会以平均高于 95% 的概率成功发现一个路由。即使没有随后的 Attractor 导致广播风暴到目的地。一旦 Attractor 路径没有带到目的地，算法会转发 RREQ 到一个随机选择的邻近节点并继续转发直到找到一个路由。

2）按需路由

（1）MSCRP。

MSCRP(multi-hop single transcener cognitive radio protocol)[13] 即单收发信机多跳按需路由协议。协议栈如图 3-6 所示，此协议对 AODV 协议进行了改进，实现了在不同节点间的不同信道信息的相互交换。此协议对于存在的“耳聋”问题采用节点状态来解决，同一数据流的两个连续节点，为了避免“耳聋”问题，要求不允许同一个时刻处在相同的切换情况下，其中必须有某个节点是非自由的状态。使用该算法时，一个节点可以决定是否给一个数据流分配一个新的信道以及可以选择分配被需要的信道。

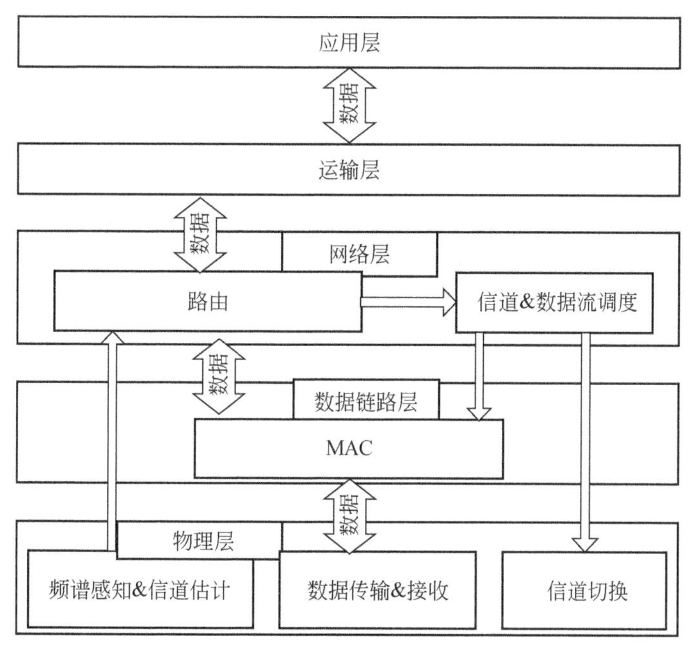

图 3-6　协议栈

（2）DORP。

DORP[20] 是一种基于时延度量标准的按需路由协议(delay motivated on-demand routing protocol，DORP)，采用的策略是按需路由和频谱调度相互结合，依据反应式路由协议向 SOP 信息进行不同节点间的相互交换。在 NAM 自适应地选择合适的频段，另外，路由消息携带 SOP 信息，基于 SOP 可以建立排队系统穿越流。如此，沿该路径的节点时延作为反馈被收集和利用来计算路径长时延。

DORP 的贡献包括以下两方面：①提出以时延为度量标准来鉴定候选路由的有效性不但可行而且很实用；②在路线计算和频段选择之间提出了一种路由选择和频谱分配的联合方式，它在排队时延、退避开销、切换时延之间平衡了性能。实验结果分析表明，该协议在频谱分布变化的环境和多相交流环境中都具有良好的性能和适应性。

2. 按跨层路由分类

按跨层路由进行分类，可以将认知无线电网络路由协议分为在物理层、MAC 层、网络层合作和只在 MAC 层、网络层合作两种。在 PHY+MAC+IP 这三层上合作的有代表性的协议有 SORP[18] 和 CCAR[31] 两种；在 MAC + IP 这两层上合作的有代表性的协议有 OSDRP[32] 和 SARP[15] 两种。

1）PHY+MAC+IP

（1）SORP。

文献［18］提出的跨层路由协议（spectrum aware on-demand routing protocol，SORP）如图 3-7 所示。源节点可通过收集关于业务负载和链路延时信息优化路由选择，并将其继承到路由选择度量。然而这个决定是独立地执行单跳传输，尤其是在信道使用的时候。信道的调度[33] 是通过 MAC 层进行单跳传输（频谱）来执行管理任务。无线电传播的特性是，如果使用相同的信道，在接近连接时会产生相互干扰。在动态的频谱系统当中，每个用户观察到多个可用频道。通过分配干扰不同的频道环节，系统可以利用频谱的多样性，以减少干扰，提高性能。特别是发射机和接收器需要彼此协调，同步它们的信道使用量时。在没有用尽通信资源的前提下，为了确保频繁握手，协调协议必不可少。

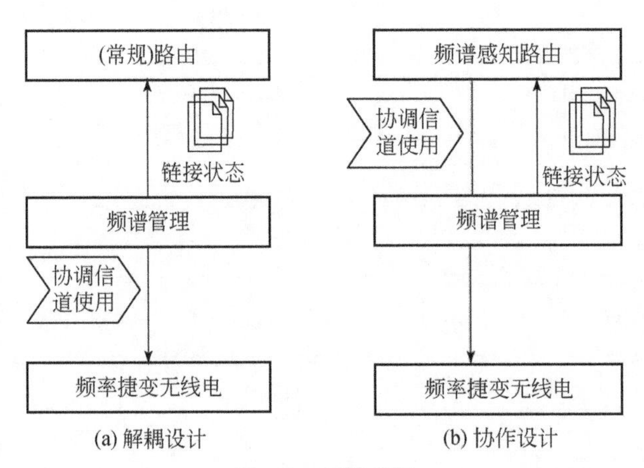

图 3-7　系统设计

（2）CCAR。

CCAR 算法[31] 即跨层信道分配和路由（cross-layer channel assignment and routing,

CCAR）算法。认知无线电通过启用次要用户的方法解决频谱匮乏问题，然而次要用户需要避免干扰主要用户，在路由协议设计中，提高吞吐量是一个新的挑战。跨层信道分配和路由算法旨在当认知无线电网络解决避免干扰问题时使吞吐量最大化。相反，在网络节点通过利用数据流的相关性和路由信息简化了这个优化问题，并开发了一个启发式方式来获得一个最佳的解决方案。

完整的CCAR算法如下。

步骤1：构建图 $G_s(V_S, E_S, C_S)$，先把源节点 S 加入到图中，然后将目的节点 D 也加入到图中。计算 $v_i \in V_s$ 的容量，如果 $(S, v_i) \in E_s$，则 $C_s = c_{ij}^m$，否则 $C_s = 0$。让 $T=\theta$，$R=\{v_1, v_2, v_3, \cdots, v_n\}$，$P$ 表示该组链路数在原始图中使用所有节点。Q 表示在使用所述链路。

步骤2：从 R 中选择符合 $P(i)<\min(\pi, \mathrm{ch}_i)$ 的顶点到 $u_{ij}^m = \max\limits_{v_k \in R} u_k$。如果 $u_{ij}^m = 0$ 则停止，表示没有路径从 S 到 D。

步骤3：让 $T=T\cup\{v_{ij}^m\}$，$R=R/\{v_{ij}^m\}$。若 $R=\theta$ 则转到步骤5，否则转到步骤4。

步骤4：让 $u_{kl}^n = \max\ \{u_{kl}^n,\ \min\ \{u_{ij}^m,\ c_{ij,kl}\}\}$，其中 $u_{kl}^n \in R$，$c_{ij,kl}$ 是 u_{kl}^n 的属性。如果在 u_{kl}^n 和 u_{ij}^m 之间没有边则停止，否则 $c_{ij,kl}$ 由方程式(3-1)计算，转到步骤2。

步骤5：选择被标记的路径和信道，更新 P 和 Q。

$$\mathrm{pf}_{ij}^m = \frac{c_{ij}^m}{c_{ij}^m + \sum\limits_{p \in I(i),\ q \in Nb(p)} c_{pq}^m \cdot x_{pq}^m} \cdot c_{ij}^m \tag{3-1}$$

该算法给出了通过设计不同路由度量来形成路由的方法。各个节点间接收RREQ将会等上一段时间 T 来收集足够的RREQ包，并且用最大的度量来选择信道。接着节点通过信道的选择来转发RREQ分组让其达到它的邻居节点和RREQ中的容量信息。度量设计为

$$\frac{1}{1+\mathrm{prehop}} \cdot \frac{P_m}{(n_f+1)} \tag{3-2}$$

式中，P_m 是信道 m 通过以前的信息计算得出的概率；n_f 是它使用的信道 m 相邻的节点的数量，可以根据载波侦听得到；prehop是一个0~1的变量，如果prehop使用信道 m，则prehop就等于0，否则就是1。路由发现后，目的节点 D 会接收一些RREQ包，然后它通过计算每个环节的容量选择最好的路由和发送RREP包到源节点 S，从而发现最大吞吐量路由。

2）MAC+IP

（1）OSDRP。

针对动态的认知无线电网络提出了一种跨层认知路由协议——机会服务差异化路由协议（opportunistic service differentiation routing protocol，OSDRP）[32]。在主要用户网络机会服务差异化路由协议中，通过考虑认知无线电网络可用频谱机会，发现了最小延迟-最大稳定的路线降低了切换延迟和排队延迟。概括地说，差异化服务通过控制传输功率和机会主义路由相结合来获得成功。仿真结果表明，在不同的场景中，和现有的其他路由协议相比，机会服务差异化路由协议在低延迟方面可以实现更高的性能。

机会服务差异化路由协议的双重目标是对终端到终端交通流选择最小延迟最大稳定路由和对不同的流量优先级提供差异化的服务[34,35]。通过下面的参数定义一个终端到终端的流量，流持续时间表示为 t_{flow}，流量优先级表示为 C_f。其流程图如图 3-8 所示。

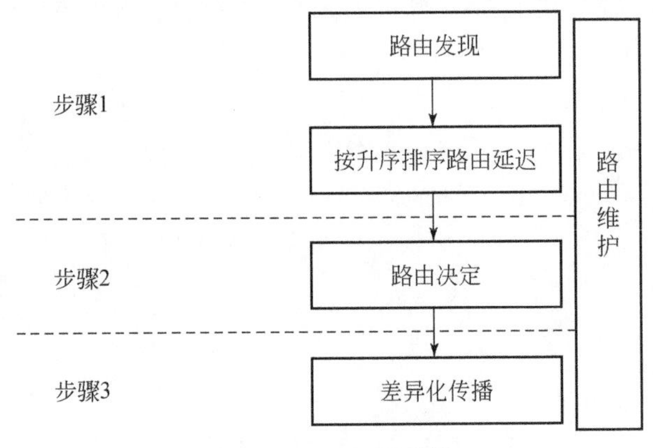

图 3-8　OSDRP 流程图

机会服务差异化路由协议通过实施一套完整的类似 DSR 路由发现机制执行路由发现[36,37]。通过发送“路由请求”或 RREQ 分组，节点在任意目的地的认知无线电网络中都可以发现最小延迟的路由。当最小延迟的路由被发现时，机会服务差异化路由协议就会选择最小延迟-最大稳定路由来填充交通流所需要的流持续时间 t_{flow}，为了评估路由的稳定性，作者定义了路由最低预期可用的传输时间(MEATT)，把 MEATT 作为所选择的路径上的所有节点的最小预期可用的传输时间。因此

$$\text{MEATT}=\frac{\min(\text{EATT}(i,\ j,\ f))}{1\leqslant(i,\ j)\leqslant h} \tag{3-3}$$

式中，i 和 j 代表已经筛选出的路由上的节点；h 代表不同节点的跳数。只有当 $\text{MEATT}\geqslant t_{\text{flow}}$ 时，其路由才会被考虑，从而确保了沿着所选择的路线的 SOP 业务流的传输，以避免昂贵的路由重新发现。最后，在实际传输过程中机会路由发射功率控制(ORTPC)被执行，根据交通优先级提供差异化的服务 C_f。

(2) SARP。

SARP[15]是一个跨层避免自私路由协议(cross-layer selfishness avoidance routing protocol, SARP)。SARP 认为资源分配、频谱感知和管理是认知无线电初步研究的问题，然而在很多现有的协议中都存在很大的安全漏洞。这给认知无线电网络所有存在的认知路由协议(假设每个节点诚实地参与包的转发)带来严重的挑战。为了最大化其利益，QoS 的配置也可能遭受自私节点改变从而倾向于以自我为中心的行为。对存在于动态认知无线电网络的自私节点，提出一种跨层避免自私路由协议。该协议相比其他认知路由协议的协同节点具有低延迟、高吞吐量和更好的投递率等优点。其算法实现如下。

安全进入请求：请求节点 m 用密码安全散列算法(SHA-1)能产生一个消化它的 MAC 地址和通过式子 $S=M^d \bmod n$ 表示它，其中 M 是消化 MAC 地址，S 是相应签署的消化请求者的 MAC 地址，公共秘钥$(n,\ e)$和标记请求 MAC 消化 S 存储在 RTJ 包并且通过公共控

制信道发送。

身份验证：当发起节点接收到 RTJ 后，会使用 SHA-1 结合请求节点的 MAC 地址来进行计算从而得到 M，执行操作 $M' = S^e \bmod n$ 和比较 M' 与 M。如果二者相等，那么消息的发送者会占有需求节点 m 的私人秘钥，这个消息没有被篡改，验证请求节点的身份后，赞助商节点允许请求节点进入认知无线电网络，回应一个明确加入包。加入节点的信息被存入当地存储器上，同时通过控制信道也传播到网络的其余部分。

路由发现：跨层避免自私路由协议通过实施一个和 DSR 相似的完整路由发现机制实现路径发现。路由信息、时延、RREP 包的 Average_CI 和 Minimum_CI 信息将会被用于更新路由缓存的发射机。

路由选择：一旦路由被发现，跨层避免自私路由协议选择满足要求的所有路由。选定的路线根据时延以升序进行排序。

3. 按网络性能指标分类

根据网络的性能指标来进行分类，可将 CRN 路由协议分为保证 QoS 路由和高吞吐量路由两种不同的协议。

1）保证 QoS 路由

根据路由和频谱管理的相互作用关系，提出了频谱自觉地满足不同业务服务质量需求的优化路由协议，即 CQRP(optimal QoS routing for cognitive radio ad-hoc networks，CQRP)。其设计的目标：以不干扰主要用户通信为前提，基于频谱管理来建立优化路由，从而满足不同业务服务质量的需求[28]，通过局部调整该算法稳定路径不变化，从而保证了业务服务质量。路径和子频段的联合优化选择算法思路如下。

（1）选择当前情况下未被主要用户使用的信道。

（2）选择的信道适合业务类型。

（3）选择下一跳节点和优化信道满足业务服务质量需求。对于实时业务，不但要选择满足业务基本需求的子频段，还要最小化带宽抖动和切换时延，即

$$\min\left\{\sum_{i=1}^{s}\frac{J(F_i,\ T)}{W(F_i,\ T)}+S\right\}$$
$$\text{s. t.}\ \sum_{i=1}^{s}J(F_i,\ T)\leqslant J_{\text{req}} \tag{3-4}$$
$$\sum_{i=1}^{s}W(F_i,\ T)\geqslant W_{\text{req}}$$

式中，W_{req}表示业务基本带宽的需求；J_{req}表示业务基本时延抖动；$J(F_i)$ 为第 i 个子频段的带宽抖动。

对于尽力传递业务，不但需要选择满足业务基本需求的子频段，还要把频谱带宽最大化，即

$$\max\left\{\sum_{i=1}^{s}W(F_i,\ T)\right\}$$
$$\text{s.t.}\ \sum_{i=1}^{s}J(F_i,\ T)\leqslant J_{\text{req}} \tag{3-5}$$
$$\sum_{i=1}^{s}W(F_i,\ T)\geqslant W_{\text{req}}$$

CQRP是路由建立和路由维护过程能自适应频谱环境变化的频谱自觉的路由协议，该路由协议能满足业务服务质量需求。

2）高吞吐量路由

SPEAR协议[38]即分布式高吞吐量信道分配路由（spectrum-aware routing，SPEAR）协议，其特点为：此协议解决的主要问题是频谱不规则的情况，根据信道发现以及频谱发现，从而得到基于信道最好的利用率；不同信道进行分配的优化是依据每个不同的数据流来进行的，协调节点间信道利用来使数据流间的相互干扰降到最低[39]；让各个不相同的信道的分配情况在同一个数据流上来实现，从而可以使局部频谱比较乱的问题得到解决，使数据流内的相互干扰降到最低。图3-9所示为SPEAR协议虚电路。

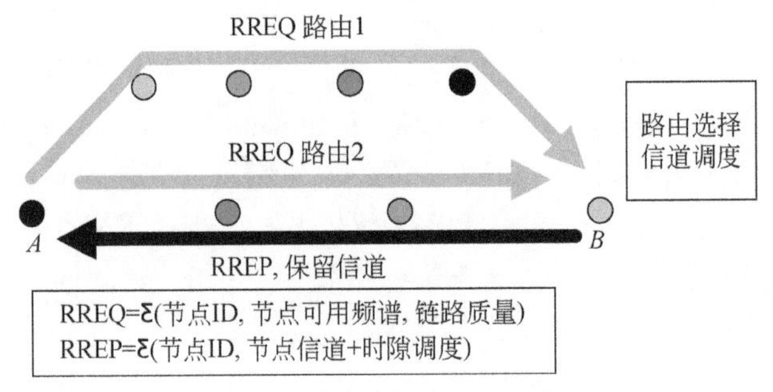

图3-9　SPEAR协议虚电路建立

3.1.3　其他路由协议

文献［40］提出了一个新型灵活的降低时延和节能CRN路由协议。目前大部分路由协议只用短时延和节能来优化，然而在实际应用过程中，并非所有类型的应用层都需要短时延，但是需要时延和节能之间的折中。当需要短时延时，路由协议参数可以被调整来达到时延最短的目的。对于一般的应用，也可以通过妥协达到节能的目的。该协议根据数据传输的实际需要提供不同水平的延迟。在建立路由的过程当中，认知源节点通过每个信道发出路由的控制报文到达目的节点，当目的节点接收到控制报文后构建反馈路由控制报文，并通过同样的方式发送给认知源节点，认知源节点接收到反馈的路由控制报文包后，解析反馈路由控制报文包来构建数据路由路径，并且计算每个路径上的延迟，所有这些都将成为路由路径的边权值[41,42]。

路由优化的步骤如下。

（1）根据公式$\bar{C}_{\text{node}(i,j)} \overset{\Delta}{=} \sum_{k=1}^{m} C_{\text{node}(i,j)}^{k} \partial_{\text{node}(i,j)}^{k}$来计算得到链路有效的信道的容量$\bar{C}_{\text{node}(i,j)}$。

（2）对于一个长度为 S 的给定的数据包，根据公式 $t_{\text{node}(i,j)} = S/\bar{C}_{\text{node}(i,j)}$ 估计所需的每个链路的延迟[43]。

（3）对于一个长度为 S 的数据包，根据公式 $E_i(t) = S \cdot e_{\text{std}} \cdot \theta(\gamma'_k)$ 来估计每个通信链路的 $E_{i\text{-trans}}(t)$。

（4）每个信道路径的权值都可以通过公式 $W_{i,j} = a \cdot t_{\text{node}(i,j)} + b \cdot (E_{j\text{-left}} - E_{j\text{-trans}})$ 计算得出。根据需求，延迟服务划分为 G 级别，G_i 为第 i 个延迟的服务类，i 的值为 1，2，…，G，相关的系数 a，b 通过公式 $a = \frac{G-G_i+1}{G}$，$b = \frac{G_i-1}{G}$计算得出。等同于说，假如用户需要延迟服务水平为 1，则 $b=0$。也就是说，算法不再考虑能源消费的影响，仅考虑路由算法的延迟，延迟的水平是最高的。

（5）寻找从源节点到达目的节点的最小权值的路径，分别形成相应水平的路由表。

此算法充分考虑了上层不同应用需求的延迟特征，对于弱水平延迟应用可以选择低水平延迟路由表，在这种条件下，路由算法旨在考虑全网更多有效的能量节约，对于一般的时延需求，整个算法是考虑延迟特征和能耗特征的一个折中。该路由算法特别适合在应用层对时延有不同的需求的网络。

3.1.4 路由协议比较

以上对各种认知无线电网络路由协议的分析，很难看出哪个路由协议更好，为了对所讨论的认知无线电网络路由协议有全面的认识，表 3-1 从路由度量、无环路由、吞吐量、切换延迟、提供安全机制、路由建立和维护开销、健壮性、QoS 支持等方面进行了比较和总结。

表 3-1　路由协议特点比较

协议	SRP	BioStaR	MSCRP	DORP	SORP	CCAR	OSDRP	SARP	CQRP	SPEAR
路由度量	链路质量	频谱利用率	时延、链路利用率	累积时延	累积时延	频谱利用率	频谱利用率	干扰约束	干扰约束	跳数
无环路由	是	是	是	是	是	是	是	是	是	是
吞吐量	高	无度量	随数据流总数速率增长	无度量	无度量	高	无度量	高	高	高
切换时延	低	低	低	低	低	无度量	低	低	低	低
提供安全机制	否	否	否	否	否	否	否	否	否	否
路由建立和维护开销	无度量	高	低	高	高	高	无度量	无度量	自适应	高
健壮性	好	好	一般	好	一般	好	好	好	好	好
QoS 支持	有	无	无	无	无	无	无	有	有	无

从表 3-1 可以看出，本章提到的协议采用的路由度量有链路质量、频谱利用率、时延、链路利用率、累积时延、干扰约束、跳数。如果存在路由环路[44,45]，则会造成网络中的一部分数据包在网络环境中不停地传输，浪费带宽，如果不加以控制，随着时间的积累，在网络中将会充斥着无数的这种数据，导致网络瘫痪，前面提到的路由都是无环路由。吞吐量是指单位时间内成功地传送数据的数量，SRP、CCAR、SARP、CQRP、SPEAR 都具有很高的吞吐量，而 MSCRP 的吞吐量随着数据流总数和速率而增长。

切换延迟也是路由协议中一个比较重要的参数，当然切换延迟越低越好，前面提到的协议除了 CCAR 没有度量外，其他的切换延迟都比较低。BioStaR、DORP、SORP、CCAR、SPEAR 路由建立和维护开销都比较高，而 MSCRP 的路由建立和维护开销低。前面提到的协议中除了 MSCRP、SORP 两个协议的健壮性一般以外，其他的都有比较好的健壮性。

QoS 路由增加了约束路由的参数，提供了较好的数据传送方面的性能，前面提到的路由协议只有 SRP 支持 QoS 路由。路由协议各自都有优缺点，SRP、CCAR、SARP、SPEAR 的优点都是具有高的吞吐量，但是 SRP 只考虑了近距离终端到终端的延迟，而 CCAR 的移植性比较差，SARP 却只限制在低延迟，SPEAR 的缺点是路由建立和维护开销高。而 DORP、SORP 都有比较强的自适应性，但是考虑的度量标准不全面，如没有考虑到吞吐量参数。BioStaR、CQRP 的缺点都是计算复杂性高，BioStaR 的优点是具有较高的稳定路由，CQRP 的优点是保证了服务质量。MSCRP 具有丢包率低的优点，但是其设计过于复杂。OSDRP 不但缺乏考虑切换时延而且没有考虑排队时延，但其可以提供差异化的服务。

3.1.5 小结

针对 CRN 路由协议的研究，本节就 CRN 路由研究面临的挑战从隐藏终端、暴露终端、“耳聋”、跨层设计、拓扑结构等五方面进行了分析和研究。对具有代表性的路由协议从路由建立主动性、跨层路由、网络性能指标三方面进行了分类，然后重点阐述了比较典型的路由协议的主要机制，并且从路由协议的特点等方面对路由协议进行了比较，在本节的最后对全节进行了总结和归纳。

3.2 基于时延约束的备份路由算法研究

3.2.1 相关工作

本节提出一种计算路径参数的方法，将无关度和时延约束作为选路标准，设计了一种基于时延约束条件的面向可靠路由的 CRN 备份路由算法。该算法主要包括路由发现(route discovery）和路由维护(route maintenance）两部分。为了便于理解，算法中所用到的参数如表 3-2 和表 3-3 所示，其中表 3-3 为算法中参数代表的含义。

表 3-2　参数代表的含义

参数	代表的含义	参数	代表的含义
p_r	表示主路由	del	时延
b_r	备份路由	RID	路由请求标识
c_r	候选路由	SID	源节点的地址
r_b	路由缓存	DID	目的节点的地址
b_{rb}	备份的路由缓存	NIL	中间节点信息列表
p_{rtd}	主路由所传输的数据	NLW	链路权值
b_{rd}	备份路由的数据	Addrs	中间节点的地址
$s(v_i)$	源节点	SOPs	标识频谱机会集合
$d(v_j)$	目标节点	Cs	节点公共可用信道数
$m(v_i)$	中间节点	PT	包的类型
∂	无关度	REID	接收此 RREP 分组的上个邻近节点地址
$d_{s(v_i)}^{d(v_j)}$	时延	RR	路由回复分组所要经过的路由
$\mathrm{dt}_{\mathrm{del}}$	转发节点间的传输时延	NL	节点序列
t_{del}	节点间的传输时延	CC	链路分配信道
$\mathrm{cs}_{\mathrm{del}}$	频谱切换时延	LW	该条链路的权值
WC	该认知节点使用的所有信道	n	包含节点的数量

表 3-3　算法中参数代表的含义

参数	代表的含义
Push(&S, e)	在栈中插入元素 e
Pop(&S, &e)	删除栈顶元素，并用 e 把它的值返回
$f(v_i)$	从该认知节点开始访问
$t(v_j)$	目的节点
visited $[v_i]$	访问标记数组，true 表示正在访问，false 表示未被访问
$\mathrm{temp}_{t(v_j)}^{f(v_i)}$ $[n]$	存储节点序列
$\mathrm{sum}_{t(v_j)}^{f(v_i)}$	存储该条路径的权值
$\mathrm{result}_{t(v_j)}^{f(v_i)}$(temp, sum)	存储每条路径上所有的节点和它相应的权值
$\mathrm{sum}_{\min}$	路径权值最小的路由下标
cr_{β_i}	每个候选路径中对应的 β 值
$\mathrm{cr}_{\min}$	记录 cr_{β_i} 最小的那条路由的下标
nodenumber	认知节点 v_i 的数量
count	包含节点 v_i 的数量
br_β	记录 cr_{β_i} 最小值的变量

1. 无关度参数

把从所有候选路由 c_r 中选出的一条最优替代路由称为备份路由 b_r，考虑到网络拓扑频繁变化对数据传输的影响，针对主路由 p_r 和备份路由 b_r 的不同，为了选择这条备份路由 b_r，提出了无关度的概念。

在提出的协议中，每个认知节点 v_i 不仅要维护一个常规路由缓存 r_b，还要维护一个备份路由缓存 b_{rb}，所以认知节点 v_i 可以表示为

$$\{v_i \mid r_b,\ b_{\mathrm{rb}}\} \tag{3-6}$$

当此节点和目的节点 $d(v_i)$ 正式建立了传输连接的时候，备份的 b_{rb} 中除了需要存储由主路由所传输过来的 p_{rtd} 之外，还需要存储可以同时到达同一个目的节点的备份路由的 b_{rd}[46,47]，故可以表示为

$$\{b_{\mathrm{rb}} \mid p_{\mathrm{rtd}},\ b_{\mathrm{rd}}\} \tag{3-7}$$

b_r 的条数除了要考虑节点密度还要考虑所要传输的数据量问题。当节点的密度比较高，而且数据传输量比较大时，就可以考虑维护多条 b_r，如果数据传输量比较小，那么只需要维护少量的 b_r，甚至可以不需要维护 b_r。下面在只考虑一条 b_r 的情况下来进行分析和讨论。除了主路由 p_r 和候选路由 c_r 中相同的源节点 $s(v_i)$ 和目标节点 $d(v_j)$ 之外，候选路由 c_r 中的节点若包含在主路由 p_r 中，则称为包含节点，否则称为非包含节点。无关度 ∂ 定义为包含节点的数量 n 与候选路由 c_r 中所有节点 N(不包括源节点 $s(v_i)$ 和目的节点 $d(v_j)$) 的比值，即

$$\partial = n/N, \quad 0 \leqslant \partial \leqslant 1 \tag{3-8}$$

若 $\partial=0$，则两条路由无关，否则相关。在实际的应用过程当中，当无关度 ∂ 很高时，也就是包含节点很多，非包含节点很少时，两条路由就会很相似，当主路由 p_r 断开时，备份路由 b_r 受到影响的概率相对来说就会比较大。无关度 ∂ 过低时，也就是包含节点很少，非包含节点很多时，那么在网络发生分割的时候，到达 $d(v_j)$ 的候选路由 c_r 就会比较少，而且无关度 ∂ 太低可能导致距离过长的路由，所以无关度 ∂ 的值对选择最优的备份路由至关重要。

2. 时延参数

备份路由 b_r 的选择不仅要考虑无关度参数 ∂ 还要考虑时延问题。认知节点的收发器在两个不同信道上来回进行切换的时候可能会产生一定的切换时延[48,49]，时延的大小是由两个不同信道在无线频谱上相对应的位置来决定的。不同节点之间的信道切换带来的时延不容忽视[50,51]。在认知无线电网络中，源节点 $s(v_i)$ 到目的节点 $d(v_j)$ 的数据传输时延 $d_{s(v_i)}^{d(v_j)}$ 是由两个不同的部分组成的：转发节点间的数据传输时延 $\mathrm{dt}_{\mathrm{del}}$ 和转发节点收发数据的信道切换时延 $\mathrm{cs}_{\mathrm{delay}}$，因此可以用方程式(3-9) 表示

$$\{d_{s(v_i)}^{d(v_j)} \mid \mathrm{dt}_{\mathrm{del}},\ \mathrm{cs}_{\mathrm{del}}\} \tag{3-9}$$

可将不同节点之间的传输时延 t_{del} 和每个转发节点收发数据的频谱切换时延 $\mathrm{cs}_{\mathrm{del}}$ 的和称为时延 del，所以可以表示为

$$\mathrm{del} = t_{\mathrm{del}} + \mathrm{cs}_{\mathrm{del}} \tag{3-10}$$

把认知无线电网络抽象为一个有向图 $G(V, E)$，其中，V 是将 CRN 中节点抽象后的有向图 G 的顶点序列，E 代表 CRN 中的链路，即有向图 G 边的集合。把时延设为有向图中的边长，那么求 $s(v_i)$ 到 $d(v_j)$ 的时延长短 del 也就可以通过求源节点到达目标节点的路径权值的大小 w_{ij} 来决定。

假设从源节点 $s(v_i)$ 到目标节点 $d(v_j)$ 有 n_p 条路径，计算出每条路径的时延大小 t_i($0<i\leqslant n_p$)，把 t_i 按升序排列，把最小的作为主路由 p_r，然后按照无关度的概念计算出其余各条路径的 ∂ 值，因为选择一条备份路由 b_r 既要求时延 t_i 相对较小，也要求无关度 ∂ 相对较小，所以选取备份路由 b_r 的依据可以表示为

$$\beta = at_i + (1-a)\partial_i, \quad 0 \leqslant a \leqslant 1 \tag{3-11}$$

式中，∂_i 表示第 i 条路由的无关度；a 为可以自己设置的参数，用来在 t_i 与 ∂_i 两者之间达到相对平衡。但是，由于间歇连接问题存在于 CRN，a 的值需要设置为大于0.5。

3. 路由发现

如果源节点 $s(v_i)$ 需要向目的节点 $d(v_j)$ 传送数据，就向网络中传送路由请求 RREQ。路由请求 RREQ[52,53] 的格式如下

$$\text{RREQ}=(\text{RID}, \text{SID}, \text{DID}, \text{NIL}, \text{NLW}) \tag{3-12}$$

式中，RID(request ID) 表示路由请求标识；SID(source ID) 表示源节点 $s(v_i)$ 的地址，DID(destination ID) 表示目的节点 $d(v_j)$ 的地址；NIL(node information list) 表示中间节点 $m(v_i)$ 信息列表；NLW(neighbor link weight) 表示相邻节点之间的链路权值。其中中间信息列表的格式为

$$\{m(v_i) \mid \text{Addrs}, \text{SOPs}, \text{Cs}\} \tag{3-13}$$

节点 $m(v_i)$ 接收到非重复的 RREQ 后将自己的各种信息都一起添加到路由信息列表中，然后转发给下一跳的节点。当目标节点收到 RREQ 消息后，它就知道所有链路的信道决定信息，然后选择一条时延最小的路由作为主路由 p_r，再从所有候选路由中根据方程式 (3-11) 计算出一条备份路由 b_r，然后将路由回复 RREP 消息发送给源节点 $s(v_i)$。RREP[54,55] 格式如下

$$\text{RREP}=(\text{PT}, \text{REID}, \text{DID}, \text{RR}) \tag{3-14}$$

式中，PT(package type) 表示包的类型；REID(received ID) 表示邻节点地址；DID(destination ID) 表示此路由的目的节点地址；RR(reply route) 表示路由回复分组的时候需要经过的路由信息

$$\{\text{RR} \mid \text{NL}, \text{CC}, \text{WC}, \text{LW}\} \tag{3-15}$$

式中，NL(node list)[56,57] 表示从 $s(v_i)$ 到 $d(v_j)$ 的节点序列；CC(channel choice) 表示链路分配的信道；WC(working channel) 表示该认知节点使用的所有信道。LW(link weight) 表示该条链路的权值。当源节点 $s(v_i)$ 收到该 RREP 后，就可以利用其中的路由信息来发送数据，至此完成了整个路由发现的过程。

4. 路由维护

当路由链路断开的时候，此时最为重要的就是让中断的数据传输快速恢复。提出的路

由算法是：当源节点 $s(v_i)$ 没有将数据包成功地发送给目的节点 $d(v_j)$ 的时候，就是节点失效或链路断开，此时就会向上跳发送 route suspend 消息来告诉 $s(v_i)$ 把当前的路由请求挂起，如果断开的链路或节点在 t 时间内没有恢复，就向 $s(v_i)$ 发送 RERR(route error) 消息，当源节点收到 RERR 消息后，此时如果 b_r 可以调用，$s(v_i)$ 就会使用 b_r 作为 p_r 继续传输数据包，但是如果 b_r 不可以继续使用，源节点就会重新发现一个新的路由过程。

3.2.2　提出的算法

1. 模型建立

源节点 $s(v_i)$ 向目的节点 $d(v_j)$ 发送数据的时候，将 CRN 抽象为一个有向图 $G(V, E)$。如图 3-10 所示，其中顶点集 $V=\{v_a, v_b, v_c, v_d, v_e, v_f\}$，边集 $E=\{v_av_b, v_bv_f, v_ev_f, v_ev_d, v_cv_d, v_av_c, v_av_e, v_dv_f\}$。其对应的有权值的邻接矩阵如图 3-11 所示。

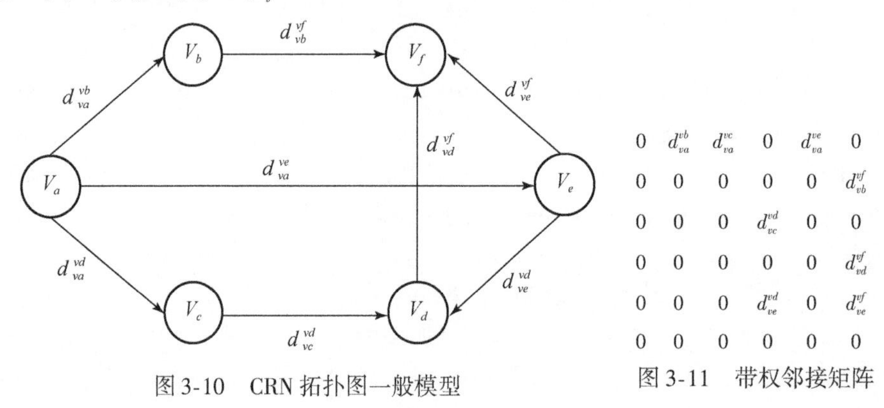

图 3-10　CRN 拓扑图一般模型

图 3-11　带权邻接矩阵

从 V_i 到 V_j 有向边上的权值即从 V_i 到 V_j 传输数据包的时延用 d^{vj}_{vi} 表示，例如，V_a 到 V_b 边上的权值表示为 d^{vb}_{va}。从对应的拓扑图中同时根据本节提出的路由选择算法就可以很容易地找到从 $f(v_i)$ 到 $d(v_j)$ 的主路由 p_r 和备份路由 b_r。

例如，现在假设认知节点 V_a 为源节点，认知节点 V_f 为目的节点，要想找到从认知节点 V_a 到认知节点 V_f 的主路由 p_r 和备份路由 b_r，首先要找到从源节点 V_a 到目的节点 V_f 的所有路径，然后把路径权值最小的作为主路由 p_r，再根据方程式(3-11) 计算出每条路径的 β 值，选择 β 值最小的作为 b_r。该网络拓扑图中从 V_a 到 V_f 所有的路径有

$V_a \to V_b \to V_f$

$V_a \to V_e \to V_f$

$V_a \to V_e \to V_d \to V_f$

$V_a \to V_c \to V_d \to V_f$

2. 算法设计

引入深度优先算法(depth first search) 的设计思想，深度优先算法在遍历有向图时，对图中的任一顶点只使用一回 DFS 函数，因为一旦某个顶点被访问后就会标记为已被访

问，就不再从它出发进行搜索，如果是这样，那么从源节点到目的节点就只能找到一条路径。例如，下面性能分析中的第一个实验就只能找到 $v_0 \to v_1 \to v_2 \to v_4 \to v_5$ 这一条路径。所以根据需要对深度优先算法作了相应改变，当访问某个节点时把它标记为正在访问 visited[v_i] = true，直到从该节点 v_i 出发没有可以到达其他相邻节点的路径时就把它标记为未被访问 visited[v_i] = false。这样就找到了从 $s(v_i)$ 到 $d(v_j)$ 的所有路径。

根据算法描述的选择路由标准来选择路由。从全部候选路由 c_r 中选出一条时延最小的路由作为主路由 p_r，然后根据前面提到的无关度参数 ∂ 和时延参数 t_i 决定备份路由 b_r。详细的算法描述过程如图 3-12 所示。该算法流程图如图 3-13 所示。

基于时延约束的备份路由算法

输入：源节点 $s(v_i)$、目的节点 $d(v_j)$。

输出：主路由 p_r、备份路由 b_r。

1\. visited [f (v_i)]=true;

  Push (&S, f (v_i)) ;

2\. if (f (v_i) ==t (v_j)) 则转入 3，否则转入 4;

3\. vector<node>result$_{t(v_j)}^{f(v_i)}$ (temp, sum) ;

  node x; x.path=temp$_{t(v_j)}^{f(v_i)}$ [n]; x.cost=sum$_{t(v_j)}^{f(v_i)}$;

  result$_{t(v_j)}^{f(v_i)}$ (temp, sum).push_ back (x) ;

  转入 8;

4\. for (int k=0; k<nodenumber; ++k)

5\. if (Graph [f (v_i)] [v_k] &&! visited [v_k])

  则转入 6、7，否则转入 8;

6\. visited [v_k]=true; Push (&S, v_k) ;

7\. DFS(G, v_k, t (v_i)) ;

8\. visited [v_k]=false; Pop (&S, &e)

9\. 判断栈 S 空否

  如果是空的则转 10、11、12;

  否则寻找栈顶节点的下一个邻节点，然后转 5;

10\. if (result$_{t(v_j)}^{f(v_i)}$ (temp, sum) [i] .cost<result$_{t(v_j)}^{f(v_i)}$ (temp, sum) [sum$_{min}$] .cost) sum$_{min}$ =i;

  选择路径权值最小的作为主路由输出

11\. cr$_{\beta_i}$ =α · result$_{t(v_j)}^{f(v_i)}$ (temp, sum) [i] .cost+ (1-α) · count/result$_{t(v_j)}^{f(v_i)}$ (temp, sum) [i].

  path.size ( ) -2//计算出所有候选路由的 cr$_{\beta_i}$

12\. if (cr$_{\beta_i}$ <br$_\beta$)

  br$_\beta$ =cr$_{\beta_i}$; cr$_{min}$ =i;

  选出对应 cr$_{\beta_i}$ 值最小路由为备份路由输出

图 3-12 算法描述

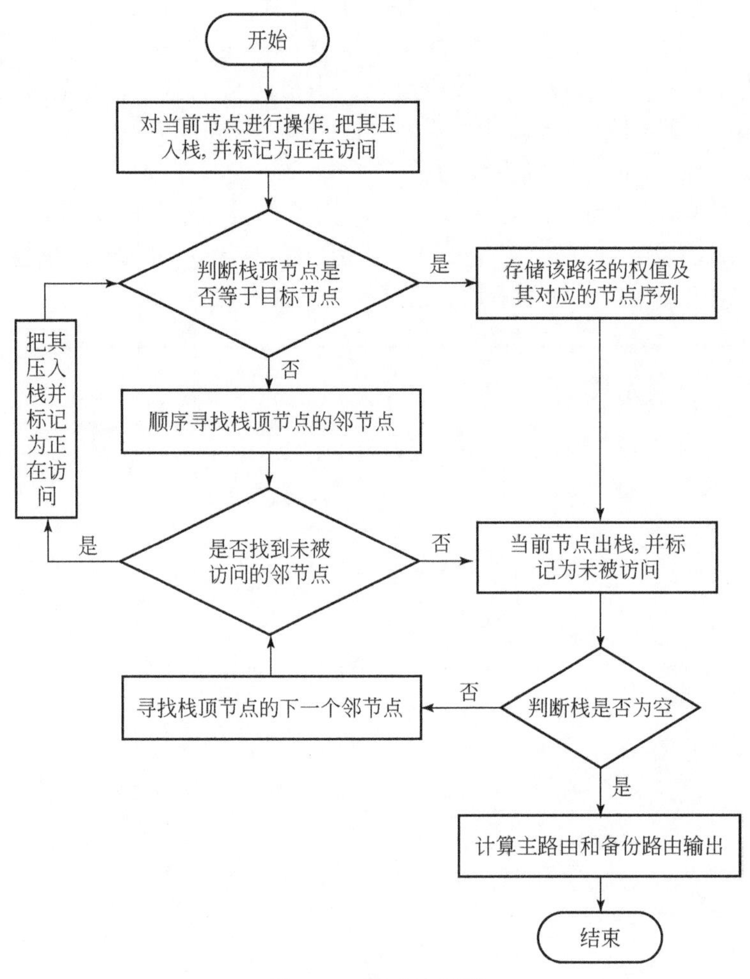

图 3-13　算法流程图

算法流程图解释如下：

步骤 1：对当前节点 $f(v_i)$ 进行操作，把其压入栈 Push(&S，$f(v_i)$)，并把节点标记为正在访问 visited［$f(v_i)$］=true。

步骤 2：判断栈顶节点 $f(v_i)$ 是否等于目标节点 $t(v_i)$，如果是则进入步骤 3，否则进入步骤 4。

步骤 3：用 $\text{result}_{t(v_j)}^{f(v_i)}$(temp，sum) 存储该链路的权值及其对应的节点序列，转入步骤 8。

步骤 4：顺序寻找栈顶节点的相邻节点 v_k。

步骤 5：是否找到未被访问的邻节点 v_k，如果是则进入步骤 6 和步骤 7，否则进入步骤 8。

步骤 6：把其压入栈 Push(&S，v_k) 并标记为正在访问 visited[v_k]=true。

步骤 7：DFS(G，v_k，$t(v_i)$)。

步骤 8：当前节点出栈 Pop(&S, &e)，并标记为未被访问 visited[v_k]=false。

步骤 9：判断栈 S 是否为空，如果为空则转入步骤 10 和步骤 11，否则寻找顶点节点的下一个邻节点 v_k，然后转入步骤 5。

步骤 10：选择路径权值最小的主路由 p_r 输出。

步骤 11：计算出所有候选路由中对应的β 值 cr_{β_i}。选出 cr_{β_i}值最小的路由作为备份路由 b_r 输出。

3.2.3 性能分析

把 CRN 抽象为一个有向图 $G(V, E)$，其中 V 是将 CRN 中节点抽象后的有向图 G 的顶点序列，E 代表 CRN 中的链路，即有向图 G 边的集合。图 3-14 所示为一个实例拓扑图，其中 v_0，v_1，v_2，v_3，v_4，v_5 表示节点，v_0 表示源节点，v_5 表示目的节点，边上的权值表示对应两个节点之间的时延。例如，$d_{v0}^{v1}=0.3$ 表示节点 v_0 和 v_1 之间的时延为 0.3。图 3-15 表示有向图 G 的带权值的邻接矩阵。表 3-4 是根据本节提出的算法进行寻路的过程，最后会找到从 v_0 到 v_5 的所有路径。

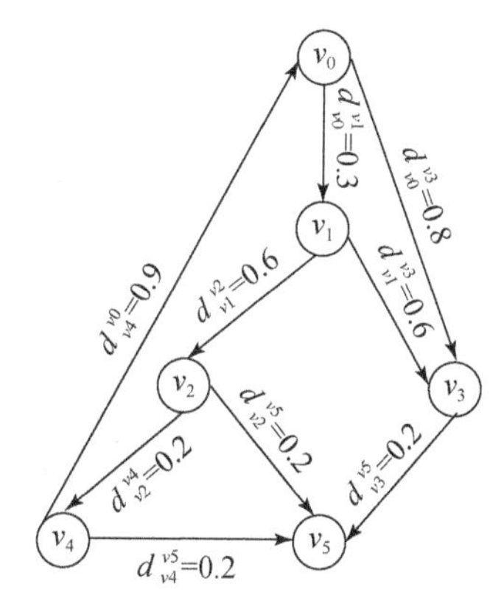

图 3-14 带权有向图 G

$$
\begin{matrix}
0 & 0.3 & 0 & 0.8 & 0 & 0 \\
0 & 0 & 0.6 & 0.6 & 0 & 0 \\
0 & 0 & 0 & 0 & 0.2 & 0.2 \\
0 & 0 & 0 & 0 & 0 & 0.2 \\
0.9 & 0 & 0 & 0 & 0 & 0.2 \\
0 & 0 & 0 & 0 & 0 & 0
\end{matrix}
$$

图 3-15 G 的带权邻接矩阵

表 3-4 寻路过程

当前访问节点	下一个可访问节点	访问序列	权值
v_0	v_1，v_3	$v_0\rightarrow$	
v_1	v_2，v_3	$v_0\rightarrow v_1\rightarrow$	0.3
v_2	v_4，v_5	$v_0\rightarrow v_1\rightarrow v_2\rightarrow$	0.9
v_4	v_5	$v_0\rightarrow v_1\rightarrow v_2\rightarrow v_4\rightarrow$	1.1
v_5		$v_0\rightarrow v_1\rightarrow v_2\rightarrow v_4\rightarrow v_5$	1.3
v_2	v_5	$v_0\rightarrow v_1\rightarrow v_2\rightarrow$	0.9
v_5		$v_0\rightarrow v_1\rightarrow v_2\rightarrow v_5$	1.1
v_1	v_3	$v_0\rightarrow v_1\rightarrow$	0.3

续表

当前访问节点	下一个可访问节点	访问序列	权值
v_3	v_5	$v_0 \to v_1 \to v_3 \to$	0.9
v_5		$v_0 \to v_1 \to v_3 \to v_5$	1.1
v_0	v_3	$v_0 \to$	
v_3	v_5	$v_0 \to v_3 \to$	0.8
v_5		$v_0 \to v_3 \to v_5$	1.0

程序运行结果如下

主路由：$v_0 \to v_3 \to v_5$

备份路由：$v_0 \to v_1 \to v_2 \to v_5$

程序分析如下。

对当前节点 v_0 进行操作，把其压入栈，并标记为正在访问，判断由于此节点不等于目标节点 v_5，所以继续访问 v_0 的下一个可访问节点，包括 v_1、v_3，记录访问序列 $v_0 \to$ 和其对应的权值0；先对 v_1 进行操作，把其压入栈，并标记为正在访问，判断此节点不等于目标节点 v_5，继续访问 v_1 的下一个可访问节点，包括 v_2、v_3，记录访问序列 $v_0 \to v_1 \to$ 和对应的权值0.3；先对 v_2 进行操作，把其压入栈，并标记为正在访问，判断此节点不等于目标节点 v_5，继续访问 v_2 的下一个可访问节点，包括 v_4、v_5，记录访问序列 $v_0 \to v_1 \to v_2 \to$ 和对应的权值0.9；先对 v_4 进行操作，把其压入栈，并标记为正在访问，判断由于此节点不等于目标节点 v_5，继续访问 v_4 的下一个可访问节点，只包括 v_5，记录访问序列 $v_0 \to v_1 \to v_2 \to v_4 \to$ 和对应的权值1.1；对 v_5 进行操作，把其压入栈并标记为正在访问，判断此节点就是目标节点，记录该条路由 $v_0 \to v_1 \to v_2 \to v_4 \to v_5$ 和其对应的权值1.3。把栈顶节点出栈，并标记为未被访问，此时栈不为空，这时候的栈顶节点 v_4 除了节点已经没有未被访问的节点，把当前节点 v_4 出栈，并标记为未被访问，此时栈不为空，这时候的栈顶节点 v_2 有未被访问的下一个邻节点 v_5，记录访问序列 $v_0 \to v_1 \to v_2 \to$ 和其权值0.9；对 v_5 进行操作，把其压入栈，并标记为正在访问，判断此节点就是目标节点，记录该条路由 $v_0 \to v_1 \to v_2 \to v_5$ 和对应的权值1.1。

把栈顶节点出栈，并标记为未被访问，此时栈不为空，这时候的栈顶节点 v_2 除了访问过的 v_4、v_5 节点外没有其他未被访问的邻节点，因此把当前节点 v_2 出栈，并标记为未被访问，此时栈不为空，这时候的栈顶节点 v_1 有未被访问的邻节点 v_3，记录访问序列 $v_0 \to v_1 \to$ 和对应的权值0.3，对 v_3 进行操作，把该节点压入栈，并标记为正在访问，判断此节点不等于目标节点，继续访问 v_3 的下一个可访问邻节点，只包括 v_5，记录访问序列 $v_0 \to v_1 \to v_3 \to$ 和对应的权值0.9，对 v_5 进行操作，把其压入栈并标记为正在访问，判断此节点就是目标节点，记录该条路由 $v_0 \to v_1 \to v_3 \to v_5$ 和对应的权值1.1。

把栈顶节点出栈并标记为未被访问，此时栈不为空，这时候的栈顶节点 v_3 除了访问过的节点 v_5 外没有其他可被访问的邻节点，因此把当前栈顶节点 v_3 出栈并标记为未被访问，此时栈不为空，这时候的栈顶节点 v_1 除了已访问过的 v_2、v_3 节点，没有其他可被访问的邻节点，因此把当前栈顶节点 v_1 出栈并标记为未被访问，此时栈不为空，这时候的栈顶节点 v_0 有未被访问的邻节点 v_3，记录访问序列 $v_0\rightarrow$和其权值 0；对节点 v_3 进行操作，把该节点压入栈，并标记为正在访问，判断此节点不等于目标节点，继续访问 v_3 的下一个可访问邻节点，只包括 v_5，记录访问序列 $v_0\rightarrow v_3\rightarrow$和对应的权值 0. 8；把其压入栈并标记为正在访问，判断此节点就是目标节点，记录该条路由 $v_0\rightarrow v_3\rightarrow v_5$ 和其权值 1. 0。

把栈顶节点出栈并标记为未被访问，此时栈不为空，这时候的栈顶节点 v_3 除了访问过的节点 v_5 外没有其他可被访问的邻节点，因此把当前栈顶节点 v_3 出栈并标记为未被访问，此时栈不为空，这时候的栈顶节点 v_1 除了已访问过的 v_2、v_3 节点，没有其他可被访问的邻节点，因此把当前栈顶节点 v_1 出栈并标记为未被访问，此时栈不为空，这时候的栈顶节点 v_0 除了已访问过的 v_1、v_3 节点，没有其他可被访问的邻节点，因此把当前栈顶节点 v_0 出栈并标记为未被访问。此时栈为空，比较各条路由的权值，从源节点 v_0 到目的节点 v_5 所有的路由及其对应的权值如下：

路由：$v_0\rightarrow v_3\rightarrow v_5$，权值 1

路由：$v_0\rightarrow v_1\rightarrow v_2\rightarrow v_5$，权值 1. 1

路由：$v_0\rightarrow v_1\rightarrow v_3\rightarrow v_5$，权值 1. 1

路由：$v_0\rightarrow v_1\rightarrow v_2\rightarrow v_4\rightarrow v_5$，权值 1. 3

根据提出的算法会选择路径最短即时延最短的 $v_0\rightarrow v_3\rightarrow v_5$ 这条路径为主路由 p_r，再根据方程式(3-11) 依次分别计算出剩余 3 条路径的 β 值的大小(这里假设 $a=0.6$)

$$\beta_1=0.6\times1.1+0.4\times0/2=0.66$$

$$\beta_2=0.6\times1.1+0.4\times1/2=0.86$$

$$\beta_3=0.6\times1.3+0.4\times0/3=0.78$$

从结果分析可知，虽然 $v_0\rightarrow v_1\rightarrow v_2\rightarrow v_5$ 和 $v_0\rightarrow v_1\rightarrow v_3\rightarrow v_5$ 的时延大小一样，但是 $v_0\rightarrow v_1\rightarrow v_3\rightarrow v_5$ 与 p_r 有相同的节点 v_3(不考虑 $s(v_0)$ 和 $d(v_5)$)，所以计算出 β_2 的值比 β_1 的值大；虽然 $v_0\rightarrow v_1\rightarrow v_2\rightarrow v_5$ 和 $v_0\rightarrow v_1\rightarrow v_2\rightarrow v_4\rightarrow v_5$ 与主路由 p_r 都没有相同的节点，但是后者的时延比前者大，所以计算出 β_3 的值大于 β_1 的值，因此选择 $v_0\rightarrow v_1\rightarrow v_2\rightarrow v_5$ 这条路径为备份路由 b_r 更优，从而验证了算法的正确性。

图 3-16 是应用本节算法的另一个实例，其中 $v_0\sim v_6$ 表示节点，v_0 表示源节点，v_6 表示目的节点，边上的权值表示对应两个节点之间的时延。图 3-17 表示 G'的带权值邻接矩阵。表 3-5 是根据本节提出的算法进行寻路的过程，最后会找到从 v_0 到 v_6 的所有路径。

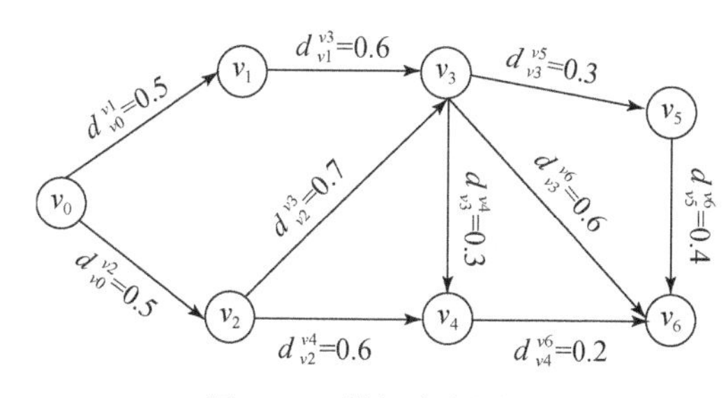

图 3-16　带权有向图 G'

$$\begin{matrix}
0 & 0.5 & 0.5 & 0 & 0 & 0 & 0 \\
0 & 0 & 0 & 0.6 & 0 & 0 & 0 \\
0 & 0 & 0 & 0.7 & 0.6 & 0 & 0 \\
0 & 0 & 0 & 0 & 0.3 & 0.3 & 0.6 \\
0 & 0 & 0 & 0 & 0 & 0 & 0.2 \\
0 & 0 & 0 & 0 & 0 & 0 & 0.4 \\
0 & 0 & 0 & 0 & 0 & 0 & 0
\end{matrix}$$

图 3-17　G'的带权邻接矩阵

表 3-5　寻路过程

当前访问节点	下一个可访问节点	访问序列	权值
v_0	v_1，v_2	$v_0\to$	
v_1	v_3	$v_0\to v_1\to$	0.5
v_3	v_4，v_5，v_6	$v_0\to v_1\to v_3\to$	1.1
v_4	v_6	$v_0\to v_1\to v_3\to v_4\to$	1.4
v_6		$v_0\to v_1\to v_3\to v_4\to v_6$	1.6
v_5	v_6	$v_0\to v_1\to v_3\to v_5\to$	1.4
v_6		$v_0\to v_1\to v_3\to v_5\to v_6$	1.8
v_6		$v_0\to v_1\to v_3\to v_6$	1.7
v_2	v_3，v_4	$v_0\to v_2\to$	0.5
v_3	v_4，v_5，v_6	$v_0\to v_2\to v_3\to$	1.2
v_4	v_6	$v_0\to v_2\to v_3\to v_4\to$	1.5
v_6		$v_0\to v_2\to v_3\to v_4\to v_6$	1.7
v_5	v_6	$v_0\to v_2\to v_3\to v_5\to$	1.5
v_6		$v_0\to v_2\to v_3\to v_5\to v_6$	1.9
v_6		$v_0\to v_2\to v_3\to v_6$	1.8
v_4	v_6	$v_0\to v_2\to v_4\to$	1.1
v_6		$v_0\to v_2\to v_4\to v_6$	1.3

程序运行结果如下。

主路由：$v_0\to v_2\to v_4\to v_6$

备份路由：$v_0\to v_1\to v_3\to v_6$

程序分析如下。

对当前节点 v_0 进行操作，把其压入栈，并标记为正在访问，判断由于此节点不等于目标节点 v_6，继续访问 v_0 的下一个可访问节点，包括 v_1、v_2，记录访问序列 $v_0\to$和其对应的权值 0；先对 v_1 进行操作，把其压入栈，并标记为正在访问，判断此节点不等于目标节点 v_6，继续访问 v_1 的下一个可访问节点，包括 v_3，记录访问序列 $v_0\to v_1\to$和对应的权值 0.5；对节点 v_3 进行操作，把其压入栈，并标记为正在访问，判断此节点不等于目标节点 v_6，继续访问 v_3 的下一个可访问节点，包括 v_4、v_5、v_6，记录访问序列 $v_0\to v_1\to v_3\to$和对应的权值 1.1；先对 v_4 进行操作，把其压入栈，并标记为正在访问，判断由于此节点不等于目标节点 v_6，继续访问 v_4 的下一个可访问节点，只包括 v_6，记录访问序列 $v_0\to v_1\to v_3\to v_4\to$和对应的权值1.4；对节点 v_6 进行操作，把其压入栈并标记为正在访问，判断此节点就是目标节点，记录该条路由 $v_0\to v_1\to v_3\to v_4\to v_6$ 和其对应的权值 1.6。

把栈顶节点出栈，并标记为未被访问，此时栈不为空，这时候的栈顶节点 v_4 除了节点 v_6 已经没有未被访问的节点，把当前节点 v_4 出栈，并标记为未被访问，此时栈不为空，这时候的栈顶节点 v_3 有未被访问的下一个邻节点 v_5，记录访问序列 $v_0\to v_1\to v_3\to v_5\to$和其权值1.4；对节点 v_5 进行操作，把其压入栈，并标记为正在访问，判断此节点不等于目标节点 v_6，寻找 v_5 的下一个邻节点，只包括 v_6，把其压入栈并标记为正在访问，判断此节点为目标节点，记录该条路由 $v_0 \to v_1 \to v_3 \to v_5 \to v_6$ 和其权值 1.8。

把栈顶节点出栈，并标记为未被访问，此时栈不为空，这时候的栈顶节点 v_5 除了访问过的 v_6 节点外没有其他未被访问的邻节点，因此把当前节点 v_5 出栈，并标记为未被访问，此时栈不为空，这时候的栈顶节点 v_3 有未被访问的邻节点 v_6，把该节点压入栈，并标记为正在访问，判断此节点就是目标节点，记录该条路由 $v_0 \to v_1 \to v_3 \to v_6$ 和对应的权值 1.7。

把栈顶节点出栈，并标记为未被访问，此时栈不为空，这时候的栈顶节点 v_3 除了已被访问过的节点 v_4、v_5、v_6 外没有其他未被访问的邻节点，因此把当前栈顶节点 v_3 出栈并标记为未被访问，此时栈不为空，这时候的栈顶节点 v_1 除了已访问过的 v_3 节点，没有其他可被访问的邻节点，因此把当前栈顶节点 v_1 出栈并标记为未被访问，此时栈不为空，这时候的栈顶节点 v_0 有未被访问的邻节点 v_2，记录访问序列 $v_0 \to v_2 \to$ 和对应的权值 0.5；把 v_2 压入栈并标记为正在访问，判断此节点不等于目标节点 v_6，继续访问 v_2 的下一个可访问邻节点，包括 v_3、v_4，先把 v_3 压入栈并标记为正在访问，判断此节点不等于目标节点 v_6，继续访问 v_3 的下一个可访问节点，包括 v_4、v_5、v_6，记下这个访问的序列 $v_0 \to v_2 \to v_3 \to$ 和其权值 1.2；先对 v_4 进行操作，把其压入栈，并标记为正在访问，判断由于此节点不等于目标节点 v_6，继续访问 v_4 的下一个可访问节点，只包括 v_6，记录访问序列 $v_0 \to v_2 \to v_3 \to v_4 \to$ 和对应的权值 1.5；对节点 v_6 进行操作，把其压入栈并标记为正在访问，判断此节点就是目标节点，记录该条路由 $v_0 \to v_2 \to v_3 \to v_4 \to v_6$ 和其对应的权值 1.7。

把栈顶节点出栈，并标记为未被访问，此时栈不为空，这时候的栈顶节点 v_4 除了节点 v_6 已经没有未被访问的节点，把当前节点 v_4 出栈，并标记为未被访问，此时栈不为空，这时候的栈顶节点 v_3 有未被访问的下一个邻节点 v_5，把其压入栈，并标记为正在访问，记录访问序列 $v_0 \to v_2 \to v_3 \to v_5 \to$ 和对应的权值 1.5；寻找 v_5 的下一个邻节点，只包括 v_6，把其压入栈并标记为正在访问，判断此节点就是目标节点，记录该条路由 $v_0 \to v_2 \to v_3 \to v_5 \to v_6$ 和对应的权值 1.9。

把栈顶节点出栈，并标记为未被访问，此时栈不为空，这时候的栈顶节点 v_5 除了访问过的 v_6 节点外没有其他未被访问的邻节点，因此把当前节点 v_5 出栈，并标记为未被访问，此时栈不为空，这时候的栈顶节点 v_3 有未被访问的邻节点 v_6，把该节点压入栈，并标记为正在访问，判断此节点就是目标节点，记录该条路由 $v_0 \to v_2 \to v_3 \to v_6$ 和对应的权值 1.8。

把栈顶节点出栈，并标记为未被访问，此时栈不为空，这时候的栈顶节点 v_3 除了已被访问过的节点 v_4、v_5、v_6 外没有其他未被访问的邻节点，因此把当前栈顶节点 v_3 出栈并标记为未被访问，此时栈不为空，这时候的栈顶节点 v_2 有未被访问的邻节点 v_4，记录访问序列 $v_0 \to v_2 \to v_4 \to$ 和对应的权值 1.1；访问节点 v_4，把其压入栈然后标记为正在访问，判断此节点不等于目标节点，继续访问 v_4 的下一个邻节点，只包括 v_6，把其压入栈，并标记为正在访问，判断此节点是目的节点，记录该条路由 $v_0 \to v_2 \to v_4 \to v_6$ 和其权值 1.3。

把栈顶节点出栈并标记为未被访问，此时栈不为空，这时候的栈顶节点 v_4 除了已被访问的节点 v_6 没有其他未被访问过的节点，因此把当前节点出栈并标记为未被访问，此时栈不为空，这时候的栈顶节点 v_2 除了已被访问的节点 v_3、v_4 没有其他未被访问过的节点，因此把当前节点出栈并标记为未被访问，此时栈不为空，这时的栈顶元素节点 v_0 除了已访问过的节点 v_1、v_2 没有其他未被访问过的节点，因此把当前栈顶节点 v_0 出栈并标记为未被访问。此时栈为空，比较各条路由的权值，从 v_0 到 v_6 所有的路径及对应的权值如下：

路由：$v_0 \to v_1 \to v_3 \to v_5 \to v_6$，权值 1.8

路由：$v_0 \to v_1 \to v_3 \to v_6$，权值 1.7

路由：$v_0 \to v_1 \to v_3 \to v_4 \to v_6$，权值 1.6

路由：$v_0 \to v_2 \to v_4 \to v_6$，权值 1.3

路由：$v_0 \to v_2 \to v_3 \to v_4 \to v_6$，权值 1.7

路由：$v_0 \to v_2 \to v_3 \to v_6$，权值 1.8

路由：$v_0 \to v_2 \to v_3 \to v_5 \to v_6$，权值 1.9

根据提出的算法会选择路径最短即时延最短的 $v_0 \to v_2 \to v_4 \to v_6$ 这条路径为主路由 p_r，再根据方程式(3-11) 依次分别计算出剩余 6 条路径的 β 值的大小(这里假设 $a=0.6$)

$$\beta_1 = 0.6 \times 1.8 + 0.4 \times 0/3 = 1.08$$

$$\beta_2 = 0.6 \times 1.7 + 0.4 \times 0/2 = 1.02$$

$$\beta_3 = 0.6 \times 1.6 + 0.4 \times 1/3 = 1.09$$

$$\beta_4 = 0.6 \times 1.7 + 0.4 \times 2/3 = 1.28$$

$$\beta_5 = 0.6 \times 1.8 + 0.4 \times 1/2 = 1.28$$

$$\beta_6 = 0.6 \times 1.9 + 0.4 \times 1/3 = 1.39$$

从结果分析可知，虽然 $v_0 \to v_1 \to v_3 \to v_6$ 和 $v_0 \to v_2 \to v_3 \to v_4 \to v_6$ 这两条路径的时延大小一样，但是 $v_0 \to v_2 \to v_3 \to v_4 \to v_6$ 这条路径中与主路由 p_r 有相同的节点 v_2、v_4(不考虑源节点 $s(v_0)$和目的节点 $d(v_5)$)，所以计算出 β_4 的值比 β_2 的值大；虽然 $v_0 \to v_1 \to v_3 \to v_6$ 和 $v_0 \to v_1 \to v_3 \to v_5 \to v_6$ 与主路由 p_r 都没有相同的节点，但是后者的时延比前者大，所以计算出 β_1 的值大于 β_2 的值，因此选择 $v_0 \to v_1 \to v_3 \to v_6$ 这条路径为备份路由 b_r 更优，从而验证了算法的正确性。

3.2.4 小结

将时延约束和无关度作为选路标准，提出了一种基于时延约束条件下面向可靠路由的备份路由算法，它使用主路由和备份路由两条路由为动态频谱提供更高的路由可靠性。主路由是从所有候选路由中选择时延最短的路由，备份路由是根据方程(3-11) 计算出的结果选择 β 值最小的路由，当主路由断开时间大于 t 时，调用备份路由来继续传输刚才中断的数据。数值分析表明，所提出的新算法能有效地克服间歇连接问题。

3.3 仿真分析

3.3.1 仿真环境

在 Microsoft Visual Studio 开发环境中用 C++语言编程实现了所提出的算法，在负载均匀增加及负载随机产生的不同情况下，得出当主路由失效时，是否启用备份路由分别需要的时延，把得出的数据用 MATLAB 仿真分析实验结果，证明所提出算法的有效性。实验场景配置区域范围为 500m×500m，在时间 t 为 0 ~ 100s 内每隔 10s 随机产生 30 个节点，每个节点的最大传输半径为 100m，随机选择一个源节点和一个目的节点，根据算法确定一条主路由和备份路由来传输数据。

3.3.2 仿真实验及性能分析

1. 负载均匀增加时的时延性能

图 3-18 表示 $t=10$s 时负载均匀增加(10%~100%) 的时延性能，图中三角形所在的曲线代表没有启动备份路由所花费的时延(0 ~ 300ms)，圆点所在的曲线表示主路由失效后启用备份路由继续传输数据所花费的时延(0 ~ 300ms)。由图 3-18 可知随着负载的均匀增加，两条曲线总体均呈上升趋势，因为负载越大所需的时延越长。其中当负载为 20% 时启用备份路由所需时延稍微大于不启用备份路由所需时延，这时可能是由于备份路由中各个节点频繁失效或主要用户抢占所致，由图可知在大部分情况下启用备份路由所需时延是小于不启用备份路由所需时延的。

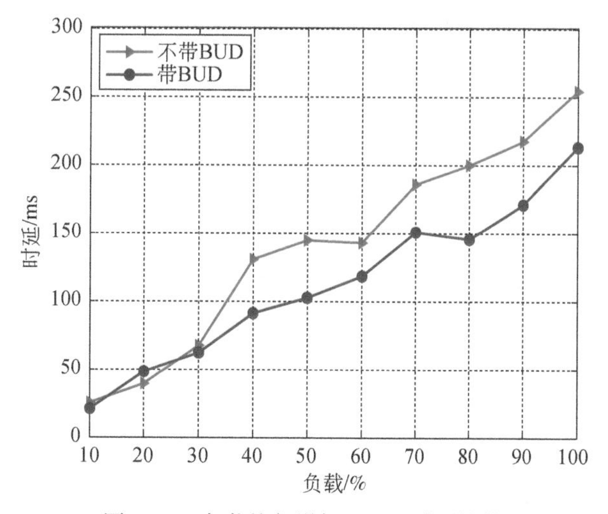

图 3-18 负载均匀增加 $t=10$s 时延性能

因为在只有主路由时，当由于主要用户的抢占或节点失效导致次要用户使用的频段被意外终止时，就会重新发现路由，然而本章提出从所有路由中找出一条时延最短的路由作为主路由，再从所有候选路由中根据时延和无关度两个参数计算出一条次优路由作为备份路由，当主路由失效时，可以使用备份路由来替代主路由继续传输数据，从而有效地克服了间歇连接问题，降低了传输数据所需时延。

图 3-19 是此时网络中图 3-18 所对应的拓扑结构，在 500m×500m 的范围内随机产生 30 个节点，随机产生源节点和目的节点，其中散点对应随机产生的节点，三角形所在的曲线代表此时刻的主路由，圆圈所在的曲线代表此时刻的备份路由，SN(source node) 代表源节点，DN(destination node) 代表目的节点。由图 3-19 可知此时主路由中间经过两个节点，备份路由中间经过三个节点，备份路由中不存在包含节点，如果主路由中的节点失效，此时不会影响到备份路由的有效性。

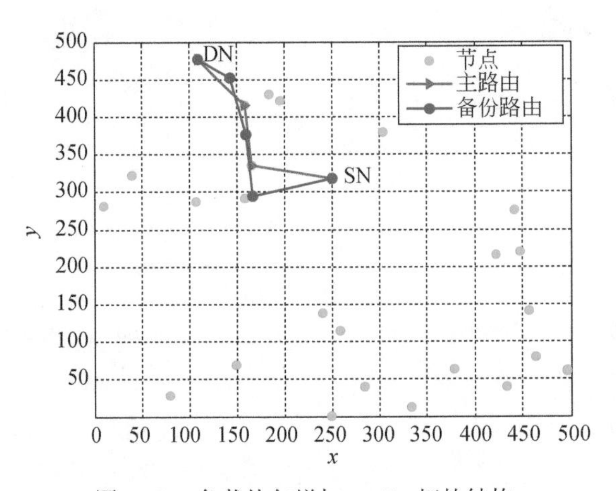

图 3-19　负载均匀增加 $t=10$s 拓扑结构

图 3-20 表示 $t=50$s 时负载均匀增加(10%~100%) 的时延性能，图中三角形所在的曲线代表没有启动备份路由所花费的时延，圆点所在的曲线表示主路由失效后启动备份路由，从而来继续传输刚才中断的数据所花费的时延。由图知随着负载的均匀增加，两条曲线总体均呈上升趋势，因为负载越大所需的时延越长，与图 3-18 相比此次所有启动备份路由来传输数据所需的时延均比不启用备份路由传输数据所需的时延要低。从而证明了本章提出算法的有效性，克服了间歇连接问题。

图 3-21 是此时网络中图 3-20 所对应的拓扑结构，在 500m×500m 的范围内随机产生 30 个节点，随机产生源节点与目的节点，其中散点代表随机产生的节点，三角形所在的曲线代表主路由，圆圈所在的曲线代表备份路由，SN 代表源节点，DN 代表目的节点。从拓扑结构中可以看出主路由经过两个中间节点，备份路由经过三个中间节点，此时备份路由中有一个公共节点即包含节点，假设在主路由传输数据包通过这个包含节点时，此节点如果失效那么此时备份路由也会失效。

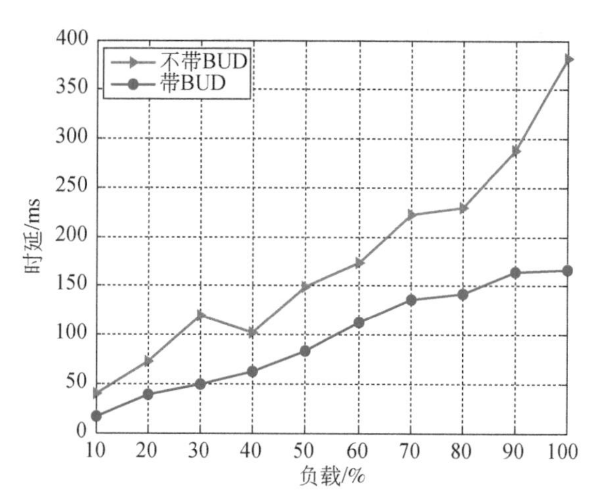

图 3-20　负载均匀增加 $t=50$s 时延性能

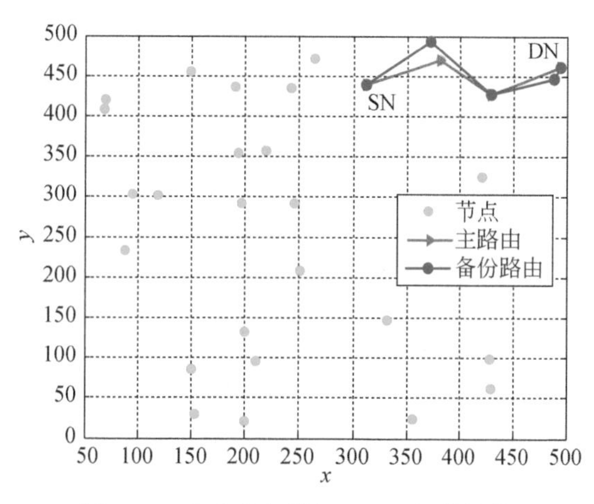

图 3-21　负载均匀增加 $t=50$s 拓扑结构

2. 负载随机产生的时延性能

图 3-22 表示 $t=20$s 时负载随机产生（0%～100%）20 次的时延性能，然后根据负载大小从小到大排序后再仿真的结果，三角形所在曲线表示不启用备份路由时在传输不同的负载时所需的时延，圆点所在曲线表示启用备份路由时在传输不同的负载时所需要的时延。在随机产生的负载大概为 3% 和 10% 时，启用备份路由所需要的时延稍微大于不启用备份路由所需要的时延，此时可能是由于备份路由中各个节点频繁失效或主要用户抢占所致，由图可知，在大部分情况下启用备份路由所需时延是小于不启用备份路由所需时延的。

图 3-23 为此时网络中图 3-22 对应的拓扑结构，在 500m×500m 的范围内随机产生 30 个节点，随机产生源节点与目的节点，其中散点代表随机产生的节点，三角形所在的曲线代表主路由，圆圈所在的曲线代表备份路由，SN 代表源节点，DN 代表目的节点，从此时的拓扑结构中可以看出，主路由中间经过两个节点，备份路由中间经过三个节点，备份路

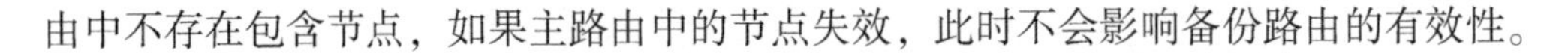
由中不存在包含节点，如果主路由中的节点失效，此时不会影响备份路由的有效性。

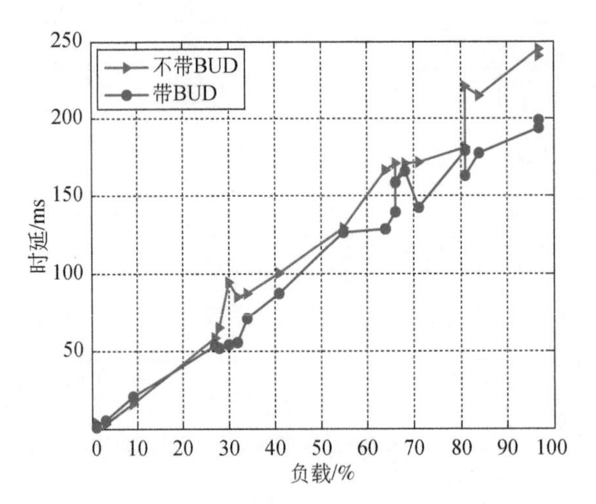

图 3-22　负载随机产生 $t=20\text{s}$ 时延性能

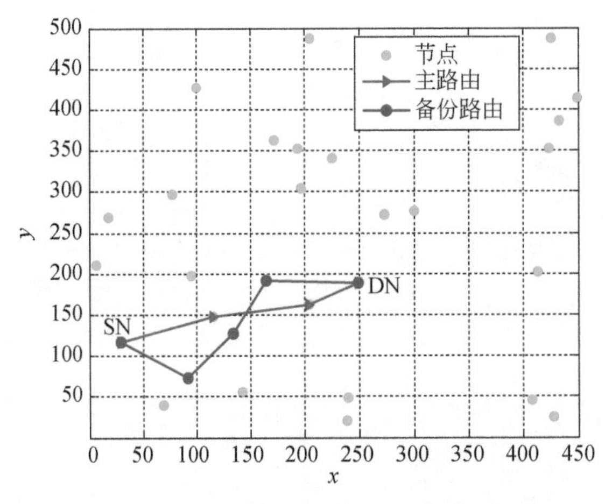

图 3-23　负载随机产生 $t=20\text{s}$ 拓扑结构

图 3-24 表示 $t=80\text{s}$ 时负载随机产生（0%~100%）20 次的时延性能，然后根据负载大小从小到大排序后再仿真的结果，三角形所在曲线表示不启用备份路由时在传输不同的负载时所需的时延，圆点所在曲线表示启用备份路由时在传输不同的负载时所需要的时延。从图中可以看出，启用备份路由来传输数据所需的时延均比不启用备份路由传输数据所需的时延要低，从而证明了本章提出算法的有效性，克服了间歇连接问题。

图 3-25 为此时网络中图 3-24 所对应的拓扑结构，在 500m×500m 范围内随机产生 30 个节点，随机产生源节点与目的节点，图中的圆点代表随机产生的节点，三角形所在的曲线表示主路由，圆点所在的曲线表示备份路由。SN 表示源节点，DN 表示目的节点，从此时的拓扑结构中可以看出，主路由中间经过四个节点，备份路由中间经过四个节点，备份路由中存在一个包含节点，假如主路由传输数据到此节点失效，那么备份路由也将失效，

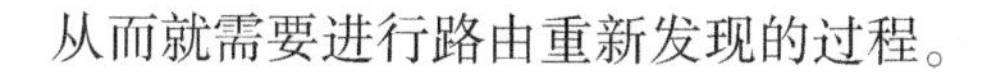
从而就需要进行路由重新发现的过程。

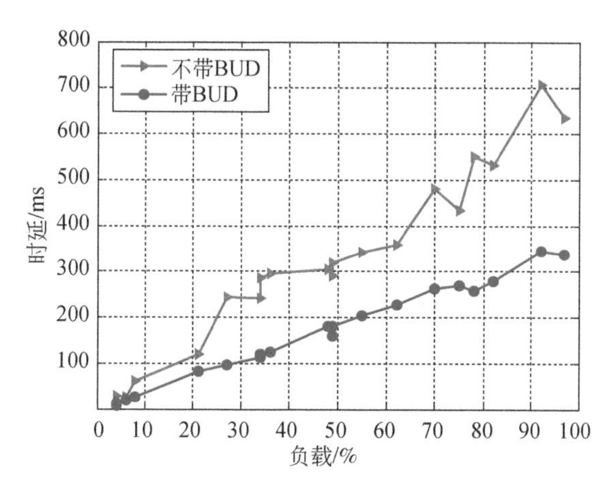

图 3-24　负载随机产生 $t=80$s 时延性能

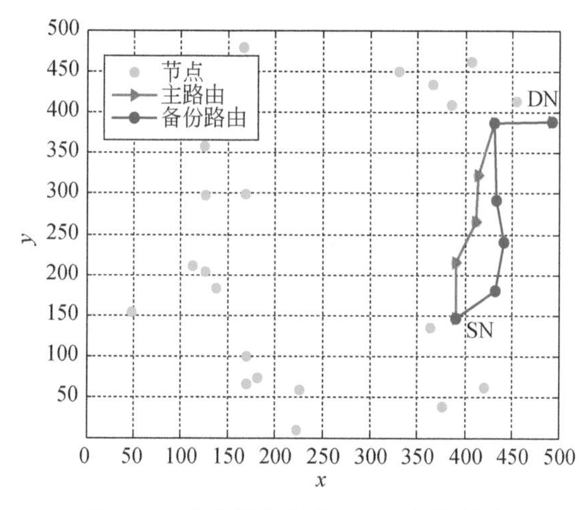

图 3-25　负载随机产生 $t=80$s 拓扑结构

3.3.3　小结

本节在 Microsoft Visual Studio 开发平台用 C++语言编程实现提出的算法，在不同的负载情况下将启用备份路由与不启用备份路由所需的时延作对比，把得出的数据用 MATLAB 仿真出可视化的图形，以上仿真结果验证了本章所提算法能有效克服间歇连接问题。

3.4　总结与展望

在路由方向上的钻研探讨是 CRN 研究的一个重要方向。针对 CRN 自身的特点，研究具有服务质量保证、克服间歇连接、提高吞吐量、降低数据传输时延、减少数据包丢失等特性的高性能路由协议，具有非常重要的理论意义和实用价值。

本章以设计出一种能有效克服间歇连接问题的算法为研究目标，将时延约束和无关度作为选路标准，提出了基于时延约束条件的面向可靠路由的备份路由算法。提出的备份路由算法的主要思想是：如果抢占次要用户正在使用的信道，系统不但可以提供迅速的恢复机制而且可以提供高效率的容错机制。为了满足此要求，设计的算法从所有路由中找出一条时延最短的路由作为主路由，再从所有候选路由中根据时延和无关度两个参数计算出一条次优路由作为备份路由，在主路由失效的时候，可以启用备份路由来代替主路由继续传输。

然而，本章算法也存在一些不足之处：①需要一个前提条件，就是必须先知道每跳节点间的数据传输时延以及信道切换时延，但是如何在复杂的网络环境中很精确地计算这两个时延有待于进一步深入研究；②本章提出的算法只考虑了时延和无关度两个参数，然而在复杂的网络环境中要计算出一条高性能的路由来传输数据，还需要考虑很多其他的参数，因此这也将是未来研究的另一个重点方向。

参考文献

[1]滑楠,曹志刚. 认知无线电网络路由研究综述. 电子学报,2010,38(4):910-918.

[2]Mastorakis G,Bourdena A,Constandinos X. An energy-efficient routing protocol for ad-hoc cognitive radio networks. Future Network & Mobile Summit Conference Proceedings,IEEE,2013: 1-10.

[3]Wu Z G,Zhu R B,Sun Y L,et al. Routing protocol design and performance optimization in cognitive radio networks. Journal of Networks,2013,8(10):2406-2413.

[4]谢小民,王兴伟,温占考,等. 一种面向认知网络的 QoS 路由协议,计算机学报,2013,36(9):1807-1815.

[5] Youssef M, Ibrahim M, Abdelatif M, et al. Routing metrics of cognitive radio networks: A survey. Communication Surveys & Tutorials,IEEE,2014:92-109.

[6]李云,张智慧,黄巍,等. 基于信道分配的多跳认知无线电网络路由算法. 系统工程与电子技术,2013,35(4):852-858.

[7]王超,吴华怡,张羲. 基于链路质量的认知无线电网络路由研究. 计算机工程与应用,2011,47(13):87-90.

[8]张光华,张玉清,刘雪峰. 认知无线电网络中基于信任的安全路由模型. 通信学报,2013(2):56-64.

[9]陆佃杰,郑向伟,张桂娟,等. 大规模认知无线电网络的时延分析. 软件学报,2014(10):2421-2431.

[10]张龙,白春红,许海涛,等. 分布式认知无线电网络多路径路由协议研究综述. 电讯技术,2016,56(4):463-470.

[11]向碧群,张正华,覃凤谢,等. 基于信道容量估计的一种认知无线电路由算法. 重庆邮电大学学报(自然科学版), 2011,23(4):406-410.

[12]李云,沈小冬,曹傧,等. 认知无线电网络频谱动态变化实时路由算法. 计算机应用研究,2013,30(7):2165-2167.

[13]Ma H S,Zheng L L,Ma X,el al. Spectrum aware routing for multi-hop cognitive radio networks with a single transceiver. Proceedings of the IEEE CrownCom'08,Singapore,2008:1-6.

[14]Gogineni S,Ozdemirt O,Masazade E,el al. A cross layer routing protocol for cognitive radio networks using

channel activity tracking. Signals, Systems and Computers, 2012, 48(11): 1079-1083.

[15] How K C, Ma M D, Qin Y. A cross-layer selfishness avoidance routing protocol for the dynamic cognitive radio networks. Proceedings of the IEEE International Workshop on Recent Advances in Cognitive Communications and Networking, Houston, 2011, 10(1): 942-946.

[16] Vikas K, Kumar P R. A cautionary perspective on cross-layer design. IEEE Wireless Communications, 2005, 12(1): 3-11.

[17] Thomas R W, DaSilva L A. Cognitive networks. Proceedings of the IEEE international Dynamic Spectrum Access Networks(DySPAN), Baltimore, 2005: 352-360.

[18] Cheng G, Liu W, Li Y Z. Spectrum aware on-demand routing in cognitive radio networks. Proceedings of the IEEE DySPAN'07, Dublin, 2007: 571-574.

[19] Uchida N, Sato G. Selective routing protocol for cognitive wireless networks based on user's policy. Proceedings of the IEEE International Conference on Distributed Computing Systems Workshops, Santa Barbara, 2010: 112-117.

[20] Cheng G, Liu W, Li Y Z. Joint on-demand routing and spectrum assignment in cognitive radio networks. Proceedings of the IEEE International Conference on Communications(ICC), Glasgow, 2007: 6499-6503.

[21] Chehata A, Ajib W, Elbiaze H. An on-demand routing protocol for multi-hop multi-radio multi-channel cognitive radio networks. Wireless Days, Niagara Falls, 2011: 1-5.

[22] Zhu R B, Qin Y Y. QoS-Aware rate control algorithm in long distance wireless mesh networks. Journal of Networks, 2010, 5(7): 841-848.

[23] Ma M, Tsang D H K. Join spectrum sharing and fair routing in cognitive radio networks. Proceedings of the Communications Society Subject Matter Experts for Publication in the IEEE CCNC, 2008: 978-982.

[24] Foukalas F, Gazis V, Alonistioti N. Cross-layer design proposals for wireless mobile networks: A survey and taxonomy. IEEE Communications Surveys & Tutorials, 2008, 10(1): 70-85.

[25] Zhou X W, Lin L, Wang J P, et al. Cross-layer routing design in cognitive radio networks by colored multi-graph model. Wireless personal Communications, 2009, 9(1): 123-131.

[26] Wang Q W, Zheng H T. Route and spectrum selection in dynamic spectrum networks. Proceedings of the Communications Society Subject Matter Experts for Publication, Austin, 2006: 625-629.

[27] Srivastava V, Motani M. Cross-layer design: A survey and the road ahead. IEEE Communications Magazine, 2005, 43(12): 112-119.

[28] Liu H, Liu Y B, An C, et al. Optimal routing protocol for guaranteeing QoS in cognitive radio networks. Journal of Huazhong University of Science & Technology, 2012, 40(7): 84-87.

[29] Zhang Y D, Guan J F, Xu C Q, et al. The stable routing protocol for the cognitive network. Proceedings of the 4th IEEE International Workshop on Mobility Management in the Networks of the Future World, Barcelona, 2012: 1090-1095.

[30] Hoque M A, Hong X Y. BioStaR: A bio-inspired stable routing for cognitive radio networks. Proceedings of the International Conference on Computing, Networking and Communications, Cognitive Computing and Networking Symposium, Okinawa, 2012: 402-406.

[31] Zhan M H, Ren P Y, Zhang C. Throughput optimized cross-layer routing for cognitive radio networks. Proceedings of the First IEEE International Conference on Communications in China: Wireless Networking and Application(WNA), Beijing, 2012: 745-750.

[32] How K C, Ma M D, Qin Y. An opportunistic service differentiation routing protocol for cognitive radio net-

work. Global Telecommunications Conference,2010,45(2):1-5.

[33]Sun Y L,zhou B,Wu Z G,et al. Multi-channel Mac protocol in cognitive radio networks. Journal of Networks, 2013,8(11):2478-2490.

[34]Wu C,Ohzahata S,Kato T. A routing protocol for cognitive radio ad hoc networks giving consideration to future channel assignment. Proceedings of the First International Symposium on Computing & Networking,Shizuoka, 2013:227-232.

[35]Ni Q F,Zhu R B,Wu Z G,et al. Spectrum allocation based on game theory in cognitive radio networks. Journal of Networks,2013,8(3):712-722.

[36]Saifan R,E. Kamal A,Guan Y. A cross-layer routing protocol for cognitive radio network. Proceedings of the Cognitive Radio and Networks Symposium,Zhangjiajie,2013:896-901.

[37] Bourdena A, Mastorakis G. A spectrum aware routing protocol for public safety applications over cognitive radio networks. Proceedings of the International Conference on Telecommunications and Multimedia(TEMU), Crete,2012:7-12.

[38]Sampath A,Yang L. High throughput spectrum-aware routing for cognitive radio networks. Proceedings of the IEEE CrownCom'08,Singapore,2008:1-6.

[39] Habak K, Abdelatif M, Hagrass H, et al. A location-aided routing protocol for cognitive radio networks. Proceedings of the International Conference on Computing, Networking and Communications, Cognitive Computing and Networking Symposium,San Diego,2013:729-733.

[40] Liang Y, Wang J Q. A flexible delay and energy-efficient routing protocol for cognitive radio network. Proceedings of the International Conference on Intelligent Control and Information Processing, Dalian,2012: 426-430.

[41]Liu Q,Zhao G S,Wang X D,et al. Rendezvous in cognitive radio nnetworks: A survey. Journal of Software, 2014,25(3): 606-630.

[42] Vizziello A, Kianoush S, Favalli L, et al. Location based routing protocol exploiting heterogeneous primary users in cognitive radio networks. Proceedings of the IEEE International Conference on Communications, Atlanta,2013:2890-2894.

[43]Xin C S, Xie B, Shen C C. A novel layered graph model for topology formation and routing in dynamic spectrum access networks. Proceedings of the Proceedings of IEEE DySPAN'05,Baltimore,2005:308-317.

[44] Qin Y Y, Zhu R B. Efficient routing algorithm based on decision-making sequence in wireless mesh networks. Journal of Networks,2012,7(3):502-509.

[45]Qin Y Y,Zhang Q Q,Wang S F,et al. Selective quality routing algorithm based on dynamic programming in wireless mesh networks. Lecture Notes in Electrical Engineering(LNEE),2013,163:1997-2005.

[46] Song H, Lin X L. Research on backup routing protocol for cognitive radio networks. Journal of Chinese Computer Systems,2010,31(11):2231-2235.

[47]Tan S J, Wu X J. Study on backup route protocol over ad hoc networks. Ship Electronic Engineering,2009, 29(176):130-133.

[48]Xue N,Zhou X W, Lin L, et al. Security routing algorithm based on shortest delay for cognitive radio networks. Computer Science,2010,37(1):68-71.

[49] Wang C, Wu H, Zhang X. Routing protocol based on link quality for cognitive radio networks. ComputerEngineering and Applications,2011,47(13):87-90.

[50]Wang J, Li F F, Yu Q. Link state reasoning based optimized routing protocol for wireless mesh networks.

Computer Science,2012,39(11):37-40.

[51]Li Y,Shen X D,Cao B,et al. Dynamic spectrum variation real-time routing algorithm in cognitive radio networks. Application Research of Computers,2013,30(7):2165-2168.

[52]张龙,周贤伟,王建萍. 认知无线电网络路由协议综述. 小型微型计算机系统,2010,31(7):1254-1260.

[53] Kamruzzaman S, Kim E. Energy-aware routing protocol for cognitive radio ad hoc networks. IET Communications,2012,6(14):2159-2168.

[54] Dutta N, Sarma H. A routing protocol for cognitive networks in presence of cooperative primary user. Proceedings of the Advances in Computing,Communications and Informatics,Mysore,2013:143-148.

[55]Zhu R B,Qin Y Y,Wang J Q. Energy-aware distributed intelligent date gathering algorithm in wireless sensor networks. International Journal of Distributed Sensor Networks,2011(1550-1329):272-280.

[56]Sun B M,Zhang J F,Xie W,et al. A novel spectrum-aware routing protocol for multi-hop cognitive radio ad hoc networks. Proceedings of the Wireless Communications & Signal Processing(WCSP),Huangshan,2012:1-5.

[57]Zhu R B,Qin Y Y,Lai C F. Adaptive packet scheduling scheme to support real-time traffic in WLAN mesh networks. KSII Transactions on Internet and Information Systems,2011,5(9):1492-1521.

第4章 基于进化博弈论的认知无线电网络频谱分配算法

4.1 基于博弈论的认知无线电频谱分配

4.1.1 频谱分配

频谱分配[1,2]即将检测到的空闲频谱资源进行分配。认知网络中的频谱分配技术分类如图4-1所示。

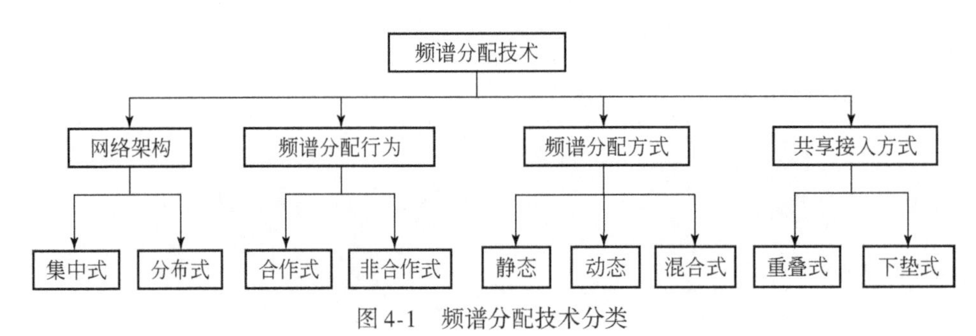

图4-1 频谱分配技术分类

在认知无线电系统中，频谱分配算法设计通过检测可用频谱和控制发射功率来选择随着无线环境时间变化而变化的频谱分配策略，所以，动态频谱分配是认知无线电中的主要内容[3]。目前国内外对频谱分配的研究很多。文献［4］介绍了Ad hoc认知无线电网络中的自组织动态频谱管理(self-organizing dynamic spectrum management，SO-DSM)。作者受人类大脑的启发，设计认知无线电网络提取和记住首要网络和其他认知无线电网络和在最近没有首要用户活动的子信道上使用自组织映射(self-organizing feature map，SOM）技术暂分配信道的活动模式。仿真结果表明，SO-DSM大大降低了与主要用户碰撞的概率和CR链接中断的概率。

文献［5］提出了一个用于认知无线电网络的新颖的容量意识频谱分配模型。其中建模了基于干扰温度概念的干扰限制，让次要用户增加其传输功率直到其一个邻居的干扰温度超过其干扰温度阈值。整个网络的容量有很大的提高。文献［6］提出了一种动态频谱分配的学习过程给认知用户。其中将干扰问题也考虑到增加吞吐率的分配功率的学习过程中，并用学习自动机模型来分配频谱和功率至收发器。文献［7］将Q-learning算法引入到认知无线电系统中，提出了一个基于Q-learning的频谱分配算法，用一个均匀分布的行动策略来解决收敛速度慢的问题。在已知QoS的前提下，建立了一个由Q-learning结合物理层和链路层的频谱分配模型，仿真表明Q-learning算法能够实现合理的频谱任务的分配，提高收敛速度和频谱分配效率。

当前认知无线电中的频谱分配模型主要有图论、干扰温度、定价拍卖、基于部分可观察马尔可夫决策过程和博弈论频谱分配模型五种。

4.1.2 基于博弈论的频谱分配模型

博弈论[8-10]逻辑遍布整个经济学，同时在政治学、心理学、进化生物学及其他社会和行为科学等多个领域都有比较广泛的应用。而将博弈论应用到认知无线电网络中还处于初级阶段。认知无线电技术中关于策略选择的问题在功率控制、信道分配、频谱分配等关键技术中都有用到，所以，用博弈论的方法来分析认知无线电是很好的方法。

由于目前大多数无线网络采用的是固定频谱分配策略，导致本来就稀缺的频谱资源大量浪费，利用率极低[11]。在这种背景下，认知无线电技术首先被Mitola提出[12]。该技术通过与周围环境进行感知学习发现频谱空洞并采用动态频谱接入方式提高网络频谱利用率，极大地缓解了频谱资源匮乏的问题。同时，作为微观经济学中极为重要的理论之一，博弈论通过研究如何利益最大化为频谱分配算法中认知用户和授权用户的决策选择提供了数学依据。利用博弈论构建频谱分配模型，动态调整网络频谱接入方式，公平地实现频谱利用率最大化，对于通信系统研究具有重要意义[13]。

文献［14］研究了认知无线电网络中不同博弈模型的收敛性，并将干扰控制和频谱分配结合起来对收敛性进行了分析。文献［15］应用博弈论的方法对认知无线电系统的呼叫准入控制、干扰避免和功率控制等进行了分析。

文献［16］研究了在干扰温度和传输功率受限制的条件下，认知无线电(cognitive radio，CR）的功率控制问题。首先，提出了保证用于首要用户服务质量标准的干扰约束，这被认为是一个非合作博弈功率控制模型。基于该模型，提出了一个基于信噪比(signal to interference noise，SINR）的逻辑效用函数和一种适用于认知无线电网络功率控制的新型算法。然后，作者通过博弈论的原理和相应的优化理论证明了纳什均衡(Nash equilibrium，NE）存在且唯一。在这个模型的效用函数，通过博弈论的原理和相应的优化证明了，与传统算法相比，文献［16］提出的算法通过设置一个适当的定价因素可以在3～5次迭代后收敛到一个NE。最后，仿真结果验证了这个新颖的算法在平坦(flat-fading）信道环境下的稳定性和优越性。

文献［17］以最小化对首要用户的干扰为目标，提出了一个自适应的频谱分配算法，然后分析了基于博弈论认知用户在分布式自适应频谱分配中的行为，认知用户根据各自的干扰效益函数自适应地选择最小干扰信道的决策。文献［18］提出了一种非凸博弈，并用优化的理论来研究；综合分析了一个标准纳什均衡是存在的且唯一，设计的算法适用于合作或者非合作的认知无线电场景。文献［19］将博弈论模型用于解决认知无线电网络中存在的安全问题，并且探讨了不同协议层的攻击问题。

认知无线电中的频谱分配问题包括次要用户博弈过程、首要用户博弈过程、首要用户和次要用户联合博弈过程。在次要用户博弈中，博弈参与者即所有的认知用户，他们的行动策略是选择所需求的频谱，而次要用户选择哪一个首要用户的频谱及决定需要多少频谱的过程即为决策的过程；而在首要用户博弈的过程中，博弈的参与者为拥有授权频谱的主要用户，选择租借频谱的数量即为首要用户行动策略，首要用户选择将多少频谱租借给次要用户通信使用为决策过程；在首要用户和次要用户的联合博弈过程中，参与者为首要用户和次要用户，即认知无线电网络中的所有用户，选择租借多少频谱给次要用户为首要用户的策略，选择租借哪个首要用户的频谱是次要用户的策略。首要用户确定租借多少频谱给次要用户，次要用户决定租借哪一个首要用户的频谱是决策的过程。

文献［20］考虑了一个主要用户与多个次要用户的频谱共享问题，文中将该问题看成一个寡头市场竞争，次要用户之间的频谱分配是非合作博弈。作者先制定了一个静态博弈，所有的次要用户有当前采纳的策略和相互之间的支付信息，然后次要用户根据他们所观察到的前一个阶段的策略来逐渐迭代地调整他们的策略。

文献［21］中将 M 个首要用户出售频谱机会给 N 个认知用户的无线频谱资源分配问题进行了分析。文中将多个首要用户间对频谱出售的竞争分解为两两首要用户之间的竞争，作者构建了有 2 个首要用户和 $N(N=100)$ 个认知用户的无线电频谱分配模型。2 个首要用户有 2 个独立频谱共享池 H 和 L，由于频谱共享池 H 和 L 的信道质量有一定差别，并且每个认知用户对信道使用的偏好也不同，首要用户的策略即决定出租频谱共享池的哪一部分信道。次要用户通过观察首要用户提供的频谱的质量和价格来调整它们的频谱购买行为，首要用户在出售频谱机会给次要用户的时候能够调整他们的行为以获得最高效用，使信道利用率最大化是该效用的目标。

文献［22］构建了 M 个首要用户为 1 个次要用户提供频谱而相互竞争的认知无线电网络寡头垄断市场的场景。通过使用一个均衡定价方案，每个首要用户的目标是在服务质量受限制的情况下最大化它的利润。首要用户服务质量的降低就是提供给次要用户频谱接入的花费。通过在首要用户之间建立共谋而使首要用户能够获得比纳什均衡更高的效用。

文献［23］构建了 M 个次要用户和 1 个首要用户之间干扰的场景，文中用到了两种博弈模型，即潜在博弈模型(potential game) 和斯坦科尔伯格博弈模型(Stackelberg game)，前者对功率和频谱进行分配；后者用于考虑当满足自身服务质量时，首要用户是怎样将频谱分配给次要用户以实现通信的，最后的实验结果证明了所构造模型及提出算法的有效性。

按合作方式来划分，博弈可分为合作博弈与非合作博弈。合作博弈与非合作博弈之间的区别在于参与者的行为是否已经达成一致的协议且具有约束力，如果有即为合作博弈，反之即为非合作博弈。

1. 合作博弈

应用合作博弈论方法来研究认知无线电网络中的频谱分配问题已有很多。文献［24］

中将用合作博弈来解决在认知无线电中频谱分配的过程描述如下：接入频谱之前，认知用户会先签订一个关于频谱的使用协议，按照这个协议的规则，能保证认知用户通过合作所得到的收益比单独行动获得的利润要高，在合作博弈的过程中，可以用核来测试认知用户之间的合作稳定与否。认知用户如何分配合作的收益问题是用夏普利值来考虑的，该值会兼顾平均和公平；当涉及最大化最小公平原则时，认知用户合作收益的问题就要用核仁来分配。

文献［25］将拍卖理论与合作博弈结合起来分析了认知无线电中的频谱分配问题。在认知无线电中次要用户(secondary users，SU）合作感知频谱来识别和获取空闲频谱并共享这些空闲频谱。文中将频谱感知和共享场景建模为一个可转移的效用(transferable utility，TU）合作博弈，并用 VCG(vickrey-clarke-groves）拍卖机制来公平地给每个次要用户分配频谱资源。次要用户之间组建成联盟来共同感知频谱。每个次要用户的价值根据在联合中从频谱感知获得的关于首要用户的活动信息来计算。由此产生的博弈是平衡和超加性的，每个次要用户根据他在联盟中的价值得到一笔收益。根据次要用户频谱需求，通过 VCG 拍卖使用该收益竞购空闲频谱。VCG 拍卖机制使次要用户根据他们的需求诚实地投标。

文献［26］考虑了资源分配网络总是合作，共存于认知，将认知网络中资源的分配问题转化为合作博弈论模型来考虑。在真正的情况下，合作者只有部分或没有相关信息提前作决定。然而，在认知无线电网络中，当前的博弈论模型总是认为合作者有足够的信息。本章考虑不完整的信息，提出一个基于合作博弈论的算法来进行资源的合理分配。仿真结果表明，与传统算法相比，该算法可以提高认知无线电网络资源的配置效率。

在认知无线电的 OFDM（orthogonal frequency division multiplexing）环境下，文献［27］构建了一个效用函数，称为非对称纳什讨价还价(asymmetric Nash bargain solution based，ANBS）效用函数，该效用函数实现了一个新的两个用户的讨价还价的频谱共享算法，称为基于传感贡献加权比公平的频谱共享算法。仿真结果表明，利用合作博弈理论，文献［27］提出的方法不仅实现了公平和有效的频谱资源分配，而且帮助最大化了频谱感知。

匹配博弈(matching game）是一种最常见的合作博弈模型，该模型广泛地应用于很多领域的研究之中。将匹配博弈模型应用到频谱分配中时，市场的双边分别为用户和信道，以此来进行匹配。在认知无线电网络中，空闲信道信息由频谱感知技术获得，认知用户传递给基站各自所感知到的频谱信道的信息。根据各认知用户传递过来的信道信息，基站计算出认知用户的数量和可用信道偏好，对于如何分配信道数量给各认知用户则依据匹配博弈算法。

也有将匹配博弈模型用于认知无线电频谱分配中的相关研究，文献［28］中，为了使认知系统频谱的管理更加合理，用基于 POMDP(partially observable markov decision processes）模型的强化学习方法分析次要用户和信道状态的时变特性，构建了基于匹配博弈的频谱分配模型。认知用户自适应地调整各自匹配策略，依据的就是对历史信息的观察，以及对最大化系统报酬的统计。仿真结果表明，该方法可以实现频谱资源的有效配置。

首要用户出租频谱给次要用户来获得一定的收益，所以首要用户之间存在一个对频谱出租的竞争关系，而次要用户之间对于租借频谱也是竞争的关系，所以，首要用户之间及次要用户之间一般都是自私非合作地获得自己最大的效用。因此，用非合作博弈来研究认知无线电网络中的频谱分配是极为有效的方法。

2. 非合作博弈

非合作博弈论模型主要有古诺博弈模型(Cournot game)、伯川德博弈模型(Bertrand game)、斯坦科尔伯格博弈模型(Stackelberg game)、重复博弈(repeated game)、潜在博弈模型(potential game)、超模博弈模型(supermodular game)、拍卖博弈模型(auction game)、进化博弈模型(evolutionary game) 共八种。

1) 古诺博弈模型

古诺博弈模型中，博弈参与者以产量作为竞争的目标。竞争过程是完全信息静态博弈。文献［29］用古诺博弈模型考虑了在进行频谱分配时，首要用户之间非合作而自私的行为。在文中，作者假设首要用户出售频谱的价格是相同的，数量却不相同。某一个首要用户对于其他首要用户是如何出售频谱的策略都是已知的，这点就体现了古诺模型的完全信息的特性。首要用户根据各自所获得的历史信息来决定自己此时所应该采取的策略，经过了重复多次的博弈，群体中所有的首要用户所出售频谱的总数量会达到一个稳定的状态。在古诺博弈模型中，使用最大化首要用户效应函数的方法来达到授权系统频谱数量实现最大化出售量的目的。

文献［30］研究了基于博弈论的认知无线电动态频谱分配，考虑到频谱的不同，文中使用一个古诺博弈模型，并添加了频谱相似矩阵到原始定价函数，提出了一个新的效用函数，使频谱分配更接近实际的网络环境。仿真分析表明，该分配算法考虑到频谱的不同比原始算法更加多样化，并适用于实际网络的分配。文献［31］用博弈论分析认知无线电中首要用户租赁频谱的行为。首先，建立了频谱分配的系统模型。其次，基于这个系统模型设计了古诺算法。最后，仿真完成租赁频谱总数量和价格随着首要用户数量的增加变化的情况。仿真结果表明租赁频谱数量增加了很多，而且与静态频谱分配算法相比，使用古诺算法频谱的价格降低了。

2) 伯川德博弈模型

伯川德博弈模型中，博弈参与者以价格作为竞争目标。竞争过程是完全信息静态博弈。文献［22］用伯川德博弈模型考虑了在进行频谱分配时，首要用户之间非合作而自私的行为。由于伯川德博弈模型属于完全信息的范畴，所以首要用户在博弈过程中知道其他首要用户在出售给次要用户频谱时的要价，即对历史信息已知。然后根据其他首要用户的出价来决定自己在此时应该出售频谱的价格。经过重复多次的博弈，群体中所有的首要用户所出售频谱的价格会达到一个稳定的状态，即为纳什均衡。在伯川德博弈模型中，使用最大化首要用户效应函数的方法来达到授权系统频谱出售价格实现最优化的目的。

文献［32］中将频谱分配中首要用户的行为构建为伯川德博弈模型，提出一个寡头定价框架用于动态频谱分配，在该模型中首要用户出售过多的频谱给次要用户来获得金钱回报。文中提出严格约束型和 QoS 惩罚型两种方法来模拟实际情况中能力有限的首要用户。在有严格约束的寡头垄断模型中，作者提出一个低复杂度搜索方法得到纳什均衡并证明了它的唯一性。当减少到一个双头垄断博弈时，分析显示在领导-属下定价策略中有趣的差距。在基于寡头垄断模型的 QoS 惩罚中，提出了一种新颖的变量变换方法，并推导出了唯一的纳什均衡。当市场信息有限时，文中提供了三个目光短浅的最优算法 StrictBEST、StrictBR 和 QoSBEST，使价格为基于最好响应函数(best response function，BRF) 和有限理性(bounded rationality，BR) 原则的双寡头首要用户调整。数值结果证明了所提出方法的有效性，也证明了 StrictBEST 和 QoSBEST 算法收敛于纳什均衡。StrictBR 算法揭示了在回应学习速率中动态价格适应的混沌行为。

3）斯坦科尔伯格博弈模型

斯坦科尔伯格博弈[33,34]模型中，博弈参与者以产量作为竞争目标，竞争过程是完全信息动态博弈。该模型被文献［35］用来研究首要用户在进行频谱分配时，相互之间自私而非合作的竞争。在该模型中，所有首要用户在将频谱出售给认知用户时，要价是相同的，但每个首要用户可以决定自己出售多少数量的频谱给认知用户。在每次博弈过程中，一些首要用户会先采取策略，而另外一些首要用户会后采取策略，这一点正体现了“动态”的特征。这一点与前面所讲的两种博弈模型不同。由于斯坦科尔伯格博弈是完全信息动态博弈，所以，后决定出价的那部分首要用户总是知道先出售了频谱的首要用户的要价，这也体现了“完全信息”的特性。由于信息的透明性，首要用户能很好地决定自己当前应该出售的频谱定价。经过重复多次博弈，群体中所有的首要用户所出售频谱的数量会达到一个稳定的状态，即纳什均衡。在斯坦科尔伯格博弈模型中，使用最大化首要用户和认知用户效应函数的方法来达到授权系统频谱出售总量最大化的目的。

为了了解次要用户和首要用户之间的互动，文献［36］首先构造了一个联盟形式博弈来研究次要用户的子带宽分配问题，然后将联合形式博弈与基于斯坦科尔伯格博弈的分层架构结合。文中提出了一个用于次要用户找最优子带宽的简单分布式算法。并证明了传输功率和次要用户的子带宽分配及首要用户的要价通过首要用户的价格函数是相关联的。这使得联合优化成为可能。还证明了如果首要用户的定价系数有一个确定的线性关系，次要用户的子带宽分配将会很稳定，分层博弈架构的斯坦科尔伯格均衡是唯一的和最优的。

文献［37］采用斯坦科尔伯格博弈模型分析认知无线电技术中首要用户分配频谱资源到多个次要用户的问题。在这个频谱出售博弈中首要用户作为出售者，次要用户作为买家，将认知用户建模为理性且自私的玩家。考虑到首要用户总是比次要用户知道更多关于“市场”的信息及市场价格总是应该提前确定，文中使用斯坦科尔伯格博弈分析在信息不对称的情况下，首要用户和次要用户的频谱定价和分配过程，并引入参数 I 测量从次要用户到首要用户产生的负面影响。如果给定一个预定义的值 I，可以发现一个可行的定价地区保证首要服务。最后提出了首要用户和次要用户之间的合同作为一个不对称信息配对，当合同有效时观察了次要用户效用的增加。

斯坦科尔伯格博弈模型与古诺博弈模型有一些相同之处，如二者的首要用户和次要用户的效用函数是相同的，传输系统的调制模型也是相同的。由于斯坦科尔伯格博弈模型属于动态博弈，所以它的先动优势会在频谱分配算法里有所体现，在稳定状态下，先行动出售频谱给认知用户的首要用户将比后出售频谱给次要用户的首要用户所出售的频谱数量要大。由斯坦科尔伯格博弈的特点可知，该模型适用于首要用户的行动顺序有先后之分的情况，而属于静态信息的伯川德博弈模型和古诺博弈模型适用于首要用户同时采取行动的情况。

4）重复博弈模型

重复博弈模型中博弈者采取的策略是有先后次序之分的，即该模型属于动态博弈，在信息的完全性上则比较灵活，有完全信息的情况也有不完全信息的情况。重复博弈由多个博弈阶段组成，每个阶段的博弈形式是相同的，但在重复博弈的某一次博弈中可能会出现合作博弈的情况。

重复博弈已被充分应用，文献［38］考虑在有多个首要用户和一个次要用户的分布式认知无线电网络中用博弈模型，提出了一个基于首要用户空闲概率的效用函数。首要用户可以通过重复博弈调整学习速率实现纳什均衡。模拟显示，该方法使首要用户空闲的概率更大，系统效用更高，当由首要用户提供的频谱完全空闲时系统的效用最大。此外，当首要用户的利润总额没有最大化时纳什均衡是无效的。最后合作最优解决方案可以获得最高的系统利润。

文献［39］研究了在一个未授权的频带中多个系统共存而且相互之间干扰的频谱共享问题。以最大化系统的吞吐量为目标，提出了非合作重复博弈频谱分配算法。在重复博弈中，博弈参与者为了获取更加长远的利益，会有很高的积极性去牺牲当前的利益，从而获得了一个“好”的名声。

文献［40］针对用户竞争频谱时会出现欺骗的问题，提出了基于惩罚的重复博弈频谱共享分配策略。算法对参与用户的欺骗行为会进行惩罚，使其获得的贴现收益低于合作时的收益，以此约束用户的行为来实现有效的频谱共享，保证合作竞争的诚实性。

文献［41］研究了重复博弈模型中因主网络对未来传输效用不够重视而出现偏离当前合作垄断的问题，提出两种频谱定价策略。第一种策略将现有触发策略进行改进，使主网络间合作更加灵活，以便得到介于垄断传输收益与纳什均衡之间的传输收益。第二种策略采用更加严格的惩罚来针对偏离合作的主网络，且对偏离合作的主网络提供奖励以使其回到合作垄断状态。两种算法合作使用，能有效提高网络整体传输效用。

5）超模博弈模型

文献［42］中讲到超模博弈有弱 FIP(finite improvement property）属性，例如，从一个原始行动向量开始，有一连串的“自私”行为，通过自适应的方式变化使博弈达到稳定状态，最终收敛于纳什均衡。超模博弈中存在一个特别的最佳响应序列，该序列可使博弈最终收敛于纳什均衡[42]。Topkis 不动点定理[43]告诉我们，所有的超模博弈都至少存在一个纳什均衡点。而且，假如认知无线电出现了一些错误，抑或认知无线电根据对之前行为的观察，会得到一个平均权重，然后根据这个平均权重作出最佳响应，最后整个过程都会收敛于纳什均衡[42,44]。

文献［45］用超模博弈理论方法研究认知无线电网络中的频谱共享。文中考虑了一个伯川德竞争模型，其中主要服务供应商相互竞争着出售它们的空闲频谱并最大化各自的利润。然后证明伯川德竞争是一个平滑超模博弈，并用循环的优化算法来获得最优价格解决方案。仿真结果验证了算法大约收敛于一个均衡点，并对平衡点外生变量的影响进行了分析。文献［46］中 Nie 等用到了一种特殊的超模博弈——严格位势博弈，并提出了相应的频谱分配算法，同时设计了一种基于无悔学习的频谱分配算法来弥补严格位势博弈算法的不足。

文献［47］对认知无线电网络中几种不同的博弈模型下算法的收敛性逐个进行了分析，还详细探讨了基于严格位势博弈及超模博弈等比较特殊的博弈论模型的频谱分配问题，并给出了相应的频谱分配算法。

文献［48］引入经济活动中的预售机制，提出了基于预售机制的动态频谱管理（dynamic spectrum management in preselling mechanism，PS-DSM）方案。算法将频谱资源划分为三级，通过对频谱资源定价、调整、沟通与反馈来选择合适的对象进行租用。最后对算法进行基于超模博弈的基础市场（basic market，BM）频谱分配建模，仿真结果表明该方案能有效提高频谱分配效率，同时减小网络时延。

文献［49］针对复杂网络中用户缺少信息交互的问题，研究了数据库协助和缺少数据库情况下的动态频谱接入算法，并提出新的分布式学习算法。算法在用户间没有信息交互的情况下，能快速作出接入策略，且用户能更快地收敛到纯策略纳什均衡点，提高系统吞吐量，减少网络时延，提高频谱利用率。

6）潜在博弈模型

对于潜在博弈，使满足严格潜在博弈条件

$$U_i(s_i,\ s_{-i}) - U_i(s'_i,\ s_{-i}) = P(s_i,\ s_{-i}) - P(s'_i,\ s_{-i}) \tag{4-1}$$

式中，U_i 表示效用函数，P 表示潜在函数，s_i 表示用户 i 的策略集合，s'_i 表示不同于 s_i 的其他策略。当 P 取最大值时，这个点即是潜在博弈的纳什均衡点，潜在博弈有 FIP 性质，因此当各节点理性而自私地进行策略的选择时，必定会收敛到一个纳什均衡。文献［46］在分析认知无线电中分布式自适应信道分配行为时就用到了潜在博弈理论。其分配模型是这样设定的：在认知无线电网络中，在场景中均匀地分布着 N 个认知用户收发对，它们的收敛速度相对于所提算法而言，可以将它们看做静止或缓慢运动的。场景中有 K 个可用频谱，满足 $K<N$。文中还定义了两个不同的目标函数用于频谱共享博弈，它分别捕获自私用户和合作用户的效用。文中证明合作用户的效用定义的信道分配问题可以构建为一个潜在博弈，因此，收敛于一个确定性信道分配纳什均衡点。文献［46］所提效用函数可以用

$$\frac{\partial^2 ui(a)}{\partial ai \partial aj} = \frac{\partial^2 ui(a)}{\partial aj \partial ai}, \quad \forall i,\ j \in N, \quad a \in A \tag{4-2}$$

证明该效用函数存在一个严格潜在函数 P，满足式（4-1）。而纳什均衡的求解方法可以参考文献［47］，假定每个局中人都能清楚地知道对手的策略信息。博弈参与者以最大化下

一次博弈过程的效用函数为目标，通过观察对手采取的策略来决定自己的最优策略，不断地重复博弈过程，最终达到纳什均衡状态。

文献［50］提出了一个非合作博弈理论框架共同为认知无线电网络中的认知用户分配功率和频谱。提出的博弈被证明是一个严格潜在博弈，该博弈通过遵循最好的响应动力学最终收敛于纳什均衡。文中还提出了基于观察对手策略的每个认知无线电的确定最佳响应策略。从仿真结果可以看到，资源在所有的认知用户中公平地共享。

文献［51］对两种基于认知无线电的博弈论模型——潜在博弈和无悔学习博弈进行了分析，并提出了基于潜在博弈动态频谱分配算法的数学模型。最后，仿真这些算法证明基于潜在博弈的先进动态频谱分配算法有最好的容量性能。然而，如何减少在分配频谱时的分配成本也是一个相当大的问题。

文献［52］针对认知无线网络中分布式博弈算法双队列模型存在收敛速度慢、部分用户的策略不能收敛到稳定的问题，提出了基于队列博弈的频谱选择算法。算法将数据传输以潜在博弈为模型建模，考虑了次要用户因主要用户占用频谱而延长排队时延的情况，通过潜在博弈模型使次要用户根据用户间时延影响动态调整最佳分配策略，从而只需较短时间便能达到纳什均衡状态，同时减小传输时延与损失率。

文献［53］对认知无线电网络中授权用户与认知用户共存时频谱分配的问题进行了分析，提出了一种基于潜在博弈的认知无线电频谱分配模型。算法考虑认知用户间以及认知用户与授权用户间相互干扰的影响，通过认知用户采用改进的策略动态调整规则进行频谱接入以提高频谱资源的利用率，同时通过改进路径增加收敛到纳什均衡点的速度，以达到最小化系统总干扰水平的目的。

7）拍卖博弈模型

认知无线电网络中，次要用户想要租借频谱时，就会向拥有授权的首要用户发出对频谱租用的请求，首要用户收到了次要用户发出的请求后，会决定以多少价格将空闲频谱租出给次要用户通信使用；由于次要用户对租用哪一个主要用户的频谱有选择权，而多个主要用户相互竞争，通过价格战来吸引次要用户。但主要用户在定价的同时还要兼顾自身的利益，这个过程就称为主要用户之间的竞价博弈。主要用户之间对价格进行拍卖博弈，通过频谱的出售使主要用户得到了额外的效用，同时次要用户也实现了信息的传输。使频谱实现了共享，同时频谱利用率也提高了。

文献［54］研究了认知无线电网络中的多媒体流问题，在网络中有一个首要用户和 N 个次要用户。文中将频谱分配问题看成一个拍卖博弈，提出了三个基于拍卖的频谱分配方案，在三个方案中频谱分配分别使用单一对象出价成交升序时钟拍卖（single object pay-as-bid ascending clock auction，ACA-S）、传统升序时钟拍卖（traditional ascending clock auction，ACA-T）和替代升序时钟拍卖（alternative ascending clock auction，ACA-A）三种方法。作者证明三个算法都收敛于一个有限数量的时钟。文中还证明 ACA-T 和 ACA-A 是防欺诈，而 ACA-T 不是。此外，文中表明，ACA-T 和 ACA-A 能最大化社会福利，而 ACA-S 可能不会。因此，ACA-A 是一个能很好地解决多媒体认知无线电网络的方案，因为它可以以一种防欺诈的方式达到最大的社会福利。最后，通过仿真实验验证了提出的算法的优点。

文献［55］提出一个新的方法鼓励首要用户租赁他们的频谱，次要用户出价表示他们愿意花费多大的功率传输首要信号到目的地。由于不对称的合作，首要用户实现功率节约。在集中式结构中，一个二次系统决策中心(secondary system decision center，SSDC）为每个基于最佳信道分配的首要信道选择一个投标。在分布式认知网络架构中，作者制定了一个基于拍卖博弈的协议，在协议中每个次要用户为每个首要信道独立地出价，每个首要链路的接收者选择功率最大节省的出价。这个简单的、健壮的分布式强化学习机制允许用户修改其投标和增加他们的报酬。结果显示强化学习的重大影响在于提高频谱利用率和满足单独的次要用户的性能需求。

8）进化博弈模型

作为博弈理论的新发展，进化博弈论[56,57]以生物进化论和遗传基因理论为基础[58]。进化博弈论更加贴近现实生活，假定博弈参与者是“有限理性”的，只了解部分信息，他们经过一系列的动态调整过程，如学习、试验、模仿等来渐渐适应外界环境的变化。

文献［59］提出一种认知无线电网络中基于进化博弈的频谱分配算法，首要用户租赁他们的空闲频谱给次要用户，次要用户之间对有限频段资源相互竞争。在进化博弈过程中，不同群组内次要用户通过对自身频谱选择策略的调整来实现进化。当某一认知用户在本周期内观察并发现其选择接入当前频段所获得的收益低于群组内全体用户的平均收益时，该用户将选择接入其他可用频段，即进行自身策略的调整。到下一周期，认知用户就会模仿群组内其他用户好的频谱选择策略来增加自身的收益。同时，认知用户经过多次学习，不断调整各自的策略，最后达到一个策略的均衡，即频谱选择的进化均衡状态，这时一个群组中的每个认知用户的收益都相同。首要用户通过相互之间的价格竞争获得他们的最佳效用。仿真表明提出的算法优于主要用户的均衡价格和效用。

文献［60］考虑一个次要服务提供商从频谱经纪商租赁频谱，然后提供服务给次要用户的认知无线电网络的频谱二级市场的动态频谱租赁问题。次要提供者和次要用户的最优决策在竞争下动态决策。既然次要用户能根据接收到的服务质量和价格适应服务选择策略，将动态服务选择在更低的层次建模为一个进化博弈。将复制动态应用到模拟服务选择适应与进化平衡中。使用动态服务选择，竞争二级供应商可以动态地租赁频谱提供服务给次要用户。在较高层制定一个频谱租赁微分博弈来模拟这个竞争。下层进化博弈的服务选择分布式描述了上层微分博弈的状态。开环和闭环纳什均衡都获得作为微分博弈动态控制的解决方案。数值比较显示在利润和收敛速度方面该方法优于静态控制。

文献［61］用进化博弈论的方法研究了认知无线电中的合作频谱分配问题。文中指出一个首要用户和多个次要用户之间的合作频谱共享有助于提高整个系统的吞吐量，并提出一种在频谱共享中次要用户决策是否在复制者动态下合作和首要用户调整策略来为合作的次要用户传输分配时间槽的双重博弈。此外，作者还设计了分布式算法来描述次要用户的学习过程，证明了动力学能够有效地收敛于进化稳定策略(evolutionarily stable strategy，ESS)，这也是首要用户和次要用户的最优策略。仿真结果表明，提出的机制自动收敛于

ESS，此时所有的次要用户将保持他们的策略。仿真结果表明，该机制可以帮助次要用户分享信息并比完全合作或不合作的场景下获得更高的传输速率。

文献［56］中用完全和不完全的网络信息设计了分布式频谱接入机制。作者在完全网络信息的环境下提出一个进化频谱接入机制。结果表明该机制达到了一个全局进化稳定均衡。在不完整的网络信息环境下，文中提出了一个分布式学习机制，其中每个用户使用本地观测估计预期的吞吐量，然后随着时间的推移自适应学习调整其频谱接入策略，结果表明，在平均时间内，学习机制收敛于同一进化均衡。数值结果表明，采用分布式强化学习机制，该方法实现了高达35%的性能提升，而且对用户信道选择的干扰是鲁棒的。

4.1.3 性能分析

从合作博弈和非合作博弈的角度分析了在认知无线电频谱分配中博弈论的应用，但是要根据认知无线电网络的不同应用场景来选择是用合作博弈模型还是非合作博弈模型，及非合作博弈模型中的哪一个。在非合作博弈中，博弈参与者都是理性且自私地采取策略，这体现了非合作博弈强调个人理性(individual rationality) 及个人最优决策的特性。博弈参与者进行最优决策的目标就是最大化各自的利润，最后的效率可能很高，也可能很低。非合作博弈所达到的稳定状态，即纳什均衡解，是个人利益最大的解。而帕累托最优是要求整体最优解的，所以非合作博弈达不到帕累托最优。与非合作博弈相反，合作博弈体现了效率、公正、公平，这些都称为集体理性(collective rationality)，合作博弈达到的纳什议价解(Nash bargaining solution，NBS)，即是整体的最优决策，该解一般具备社会最优性(social optimal) 及帕累托最优性(pareto optimal) 双重特性。合作博弈所达到的纳什均衡解是在确保群体中其他参与者利益不会降低的情况下，至少有一个博弈参与者的收益提高了，这样就使整体的利益得到提升。在合作博弈中，博弈参与者在博弈的过程中会签订一个有约束力的协议，并依照这个协议来进行博弈。这样所得到的利润要比非合作博弈得到的高。综上所述，合作博弈比非合作博弈更能提高效率，所达到的均衡也是非合作博弈所达不到的。

而对于合作博弈和非合作博弈中的九种模型各自适用的范围及优缺点总结如表4-1所示。

表4-1　九种模型的适用范围及优缺点

博弈模型	优点	缺点
匹配博弈模型	兼顾效率和公平，可使纳什均衡向帕累托最优转换，以整体利益为规划目标	只考虑集体利益最大化，不考虑单独个体的利益；应用范围有限
古诺博弈模型	只有两个寡头厂商的简单模型，可解决有两个授权用户和 M 个认知用户的频谱分配问题 适合用于首要用户间的博弈	(1) 约束条件多 (2) 静态，灵活性差，应用范围有限
伯川德博弈模型	差别双寡头市场模型，可解决两个授权用户和 N 个认知用户且两个授权用户的信道质量有一定差别的认知无线电频谱分配问题。适合用于首要用户间的博弈	(1) 静态博弈，灵活性差，应用范围有限 (2) 纳什均衡不是理论最优均衡点

续表

博弈模型	优点	缺点
斯坦科尔伯格博弈模型	可研究提高频谱利用率的问题，体现了先动优势。适合用于首要用户间的博弈	约束条件多
重复博弈模型	博弈经过多阶段，关注博弈最后的总收益，过程中有合作博弈，最终达到总收益最大化的目的。可研究系统总干扰水平最小化问题	算法复杂度高
超模博弈模型	效用函数考虑了加入一个节点对系统内其他用户的影响及系统内其他节点对该节点的影响。可研究使系统的吞吐量最大化及干扰最小化问题	应用条件苛刻
潜在博弈模型	可准确反映某一博弈者的效用函数单方面产生的变化。可研究使系统的吞吐量最大化及干扰最小化问题	不适合于自私用户、异构用户场景，复杂模型收敛性难判断
拍卖博弈模型	可研究主要用户频带利用率有差异时博弈的不同结果	应用范围有限
进化博弈模型	能描述动态系统的局部动态性质，可精确地预测博弈者的动态行为	算法复杂度高

4.1.4 小结

本节阐述了将博弈论引入到认知无线电频谱分配的研究中，描述了用博弈论来分析认知无线电中频谱分配的方案，将基于博弈论的频谱分配问题模型分为合作博弈模型和非合作博弈模型，并对合作博弈模型中的匹配博弈模型和八种非合作博弈模型：古诺博弈模型、伯川德博弈模型、斯坦科尔伯格博弈模型、重复博弈模型、潜在博弈模型、超模博弈模型、进化博弈模型、拍卖博弈模型进行了相关研究的总结和阐述。而每个模型所适合研究的问题有所不同，我们要根据所要分析的问题选择合适的模型。

4.2 基于进化博弈论的频谱分配算法研究

4.2.1 相关工作

进化博弈论的应用在很多领域逐渐发展起来[36]，主要是由于进化博弈论与经典博弈论假设博弈行为主体具有完全理性，了解全局信息，能够对外界环境变化作出快速而准确的反应的特点不同。进化博弈论的三个特征具体如下。

第一，进化博弈论中假定博弈参与者是有限理性(bounded rationality)的。博弈者理性地选择策略，都以最大化自己的利益为目的。博弈者的不完全理性就使得他们不能及时地收集及处理博弈过程中的信息并通过这些信息实时地求得博弈最优解。这种非实时性导致博弈参与者渐渐地而不是立刻改变各自的策略，直到将自己的报酬最大化。进化博弈中博弈者的有限理性行为使他们根据自己所在群体的整体平均报酬来自适应地改变自己所采取的策略，这个过程可以表示为一个进化过程。

第二，进化博弈论所达到的进化均衡解与传统博弈论的纳什均衡解不同，进化均衡解存在一个最合适的解——精炼解(solution refinement)，精炼解存在于非合作博弈中存在多个纳什均衡解的情况。在进化博弈论中，进化均衡就有精炼解，达到精炼解后博弈参与者的策略就不能再随时间改变了，这样就保证了精炼解的稳定性。

第三，进化博弈中，博弈者通过观察其他博弈者的策略和行为，然后对观察到的结果进行学习，正确地判断各博弈者间的动态交互性，最后根据自己所掌握的信息作出最优决策。

进化博弈理论的重要特点就是整个群体能达到一种进化稳定策略(evolutionarily stable strategy，ESS)。当群体中的某个博弈参与者最开始采取了一个纯策略且该策略是进化稳定的，那么随着时间的增加，这个策略的适应度也会逐渐提升。反之，如果某个博弈参与者采取的是某个变异策略，那么该博弈者在执行该策略时所获得的效用就低于进化稳定状态时的平均效用，这个个体会改变自己的策略，转向稳定策略。所以，即使进化稳定策略属于静态，但它能很好地表现整个系统内部的局部动态的性质。

现有的将进化博弈论引入认知无线电的频谱分配问题的研究已有很多。文献［6］考虑了 M 个主要用户和 N 个认知用户之间的频谱交易行为。文中用进化博弈论对认知用户的动态频谱购买行为进行了分析。文献［38］考虑由 1 个频谱服务提供商为 N 个认知用户提供服务的认知无线电的动态频谱租赁问题。频谱提供者和次要用户的最优决策在竞争下动态决策，并将复制动态应用到模拟服务选择适应与进化平衡中。使用动态服务选择，竞争二级供应商可以动态地租赁频谱提供服务给次级用户。该方案使得认知用户的利润和收敛速度优于静态控制。文献［39］用进化博弈论的方法研究了一个首要用户和多个次要用户之间的合作频谱共享有助于提高整个系统吞吐量的问题。

由于用进化博弈论来研究认知无线电网络频谱分配问题较为复杂，且算法复杂度很高，这些以往的研究都是大量的认知用户群体的频谱分配问题，而没有用进化博弈论考虑一个认知用户群体之间对频谱的博弈及首要用户对价格的博弈问题。大量的认知用户群体的情况并不便于读者理解。所以本节考虑的是用进化博弈论的方法来分析在一个有两个首要用户和 30 个认知用户的认知网络中的频谱分配行为。这种特殊的情况会使人更加形象、直观地理解认知用户为了最大化自己的效益在选择频谱时的进化过程及首要用户为了最大化各自的收益，合理地决定频谱出售价格的行为。

4.2.2 提出的算法

1. 一般模型

下面给出在认知无线电中频谱分配问题的基于博弈论的一般模型

$$G = \{N;\ S_1,\ \cdots,\ S_N;\ u_1,\ \cdots,\ u_N\} \tag{4-3}$$

式(4-3)表示有 N 个博弈参与者，$\{S_1,\ \cdots,\ S_N\}$ 是这 N 个博弈参与者的战略空间或策略的集合。对于其中任意一个博弈参与者 i，S_i 为他的战略空间，用 s_i 表示其中的某一个战略，且 $s_i \in S_i$。$\{s_1, \cdots, s_N\}$ 为某一个博弈参与者在一次博弈中所有战略的集合，称为它的战略组合，u_i 为博弈参与者 i 的效用函数或收益函数，$u_i\{s_1, \cdots, s_N\}$ 即为博弈参与者 i 选择战略 $\{s_1, \cdots, s_N\}$ 时的收益。

认知无线电中，用博弈论的方法来研究频谱分配要注重效用函数的选择。效用函数对频谱分配算法的性能影响很大，效用函数有多种，如以最大化系统吞吐量为目标、以最大限度地提高频谱利用率为目标、以减少整个系统的干扰水平为目标、以确保用户公平性为目标等，我们要根据不同情况下不同的目标来具体选择。

2. 多个首要用户和多个认知用户群体的频谱交易模型

进化博弈模型是一般模型的特殊情况。图 4-2 为 M 个首要用户和 N 个认知用户群组间的频谱交易系统模型，在图中，从次要用户群组 1 到次要用户群组 N 共 N 个认知用户群组，这 N 个认知用户群组中的每个认知用户都为博弈参与者。每个群组 $A(1 \leqslant A \leqslant N)$ 中有一定数量的认知用户，图中认知用户群组 1 有 i 个认知用户，群组 N 有 k 个认知用户。该模型中有 m 个授权用户的频段 $f_1 \sim f_m$，而这些频段的集合 $\{f_1, \cdots, f_m\}$ 即为所有博弈参与者的战略集合，所有的认知用户可以选择 $f_1 \sim f_m$ 的任意频段。位于群组 1 ~ 群组 N 内的认知用户可以自由接入到的频段 $f_1 \sim f_m$，首要用户 $PU_1 \sim PU_m$ 通过向认知用户租赁频谱来获得一定的收益；u_i 为博弈参与者 i 的效用函数，$\{f_{i1}, \cdots, f_{im}\}$ 为参与者 i 的战略空间，则 $u_i\{f_1, \cdots, f_m\}$ 为博弈参与者 i 选择战略 $\{f_{i1}, \cdots, f_{im}\}$ 时的收益。

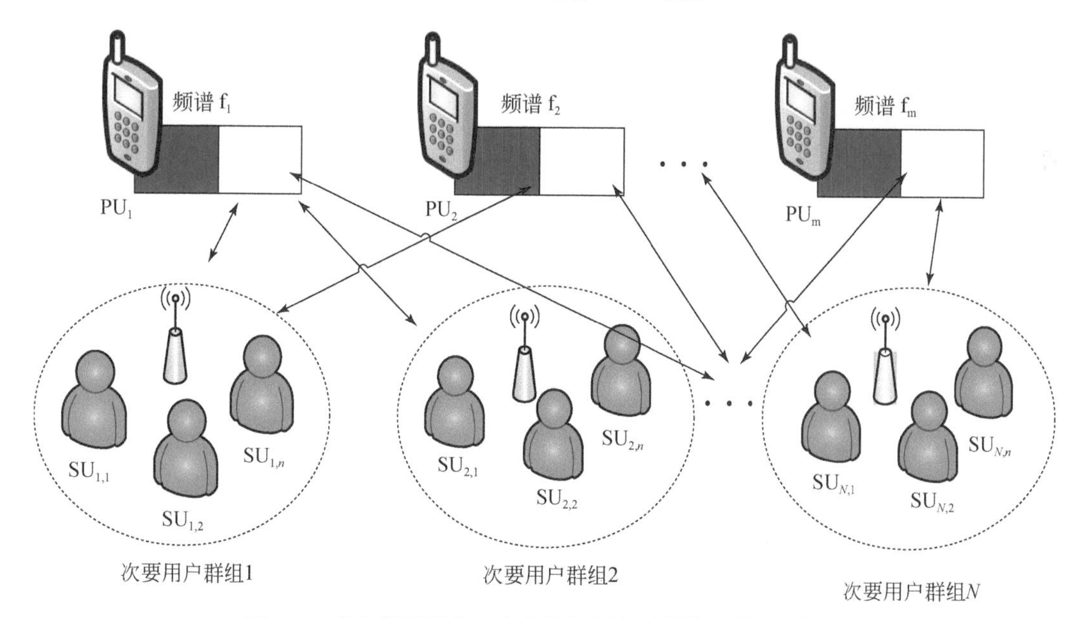

图 4-2　多个首要用户和多个认知用户群体的频谱交易模型

同时，认知用户都期望以较小的支付代价来购买首要用户的可用频段，这样不仅可以利用空闲频谱完成通信，而且可以通过通信获取收益。群组 1 ~ 群组 N 的认知用户相互竞争有限频段资源，他们从基站获取相互之间的信息并相互沟通，然后不断调整自己的策略以实现进化。同时，为了有更多的认知用户购买自己的频谱和自身利益的最大化，首要用户 $PU_1 \sim PU_m$ 也存在着竞争，他们要根据不同认知用户的频谱选择策略动态地调整各自用于共享的频谱带宽和这些频谱的价格。

3. 认知用户频谱选择模型

下面先将要用到的所有参数代表的含义通过表 4-2 进行总结。

表 4-2　公式中各参数代表的含义

参数	代表的含义
n_k^a	群体 a 中从首要用户 k 购买频谱的次要用户的数量
x_k^a	群体 a 中首要用户 k 购买频谱机会的次要用户的比例
x^a	群体 a 的状态向量
$\dot{x}_k^a(t)$	t 时刻群体 a 中首要用户 k 购买频谱机会的次要用户的连续时间模仿者动态
ρ	控制次要用户频谱选择变化速度的参数
π_k^a	在群体 a 中从首要用户 k 购买频谱机会的次要用户的收益
$\overline{\pi}^a$	群体 a 中次要用户的平均支付
$\dot{x}_i^a$	椭圆区域 a 中选择首要用户的认知用户的比例数
b_i	首要用户 i 可共享的频谱带宽，单位为 Hz
d_i	基于自适应调制方式的频谱传输效率，单位为 bit · s^{-1}/Hz
x_i^a	群体 a 中选择首要用户 i 的认知用户的比例数
N^a	群体 a 中认知用户的总数
p_i	认知用户支付给首要用户 i 的租用价格
μ	认知用户所获效用的权值常量
p_i^*	首要用户的最优反应函数

本节主要研究在有 2 个首要用户和 30 个认知用户的群体 a 中，认知用户和首要用户之间的频谱交易行为，在图 4-3 所示的模型中，包含 30 个认知用户，30 个认知用户中的任何一个认知用户 $SU_i(1<i<30)$ 可从首要用户 PU_1 和 PU_2 中购买空闲频谱。

图 4-3 中博弈相关元素说明如下。

参与者(player)：椭圆区域内(群体 a 中) 共同竞争授权用户 1 和授权用户 2 的有限频谱资源的认知用户。

群体(population)：椭圆区域内的所有用户构成一个群体。

策略(strategy)：椭圆区域内的所有认知用户购买首要用户 1 和首要用户 2 的空闲频段。

收益(payoff)：博弈参与者的净效用。

在进化博弈模型中，为了更准确地描述一个系统的动态性质，大多采用模仿者动态

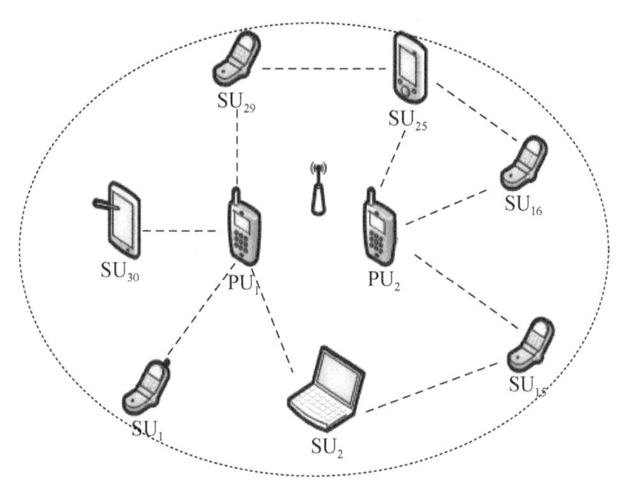

图 4-3　两个首要用户和一个认知用户群体的频谱交易模型

(replicator dynamics) 模型[12]来描述整个系统的动态调整过程。

图 4-3 中有 1 个认知用户群组 a，群组中有 30 个认知用户，这 30 个认知用户就是博弈参与者，该模型中只有两个授权用户的频段 PU_1 和 PU_2，而这两个频段的集合 $\{f_1, f_2\}$ 即为这 30 个博弈参与者的战略集合，即所有的认知用户可以选择 f_1 或者 f_2 频段。位于群组 a 内的认知用户可以自由地接入到频段 f_1 和 f_2，首要用户 PU_1 到 PU_2 通过向认知用户租赁频谱来获得一定的收益。

动态进化博弈中，在一个群体中，某一个个体使用的策略能够被其他个体通过学习而复制。复制者动态来自分开的次要用户群体，用 n_k^a 表示群体 a 中从首要用户 k 购买频谱的次要用户的数量。在群体 a 中次要用户的总量为

$$N = \sum_{k-1}^{M} n_k^a \tag{4-4}$$

式中，M 是提供频谱机会的首要用户的总数量，从首要用户 k 购买频谱机会的次要用户的比例是

$$x_k^a = n_k^a / N \tag{4-5}$$

群体的状态用向量 x^a 表示：

$$x^a = [x_1^a, \cdots, x_k^a, \cdots, x_M^a] \tag{4-6}$$

连续时间模仿者动态定义如下[12]

$$\frac{\partial x_k^a(t)}{\partial t} = \dot{x}_k^a(t) = \rho x_k^a(t) \cdot [\pi_k^a - \bar{\pi}^a] \tag{4-7}$$

式中，次要用户频谱选择变化的速度由参数 ρ 来控制；$\bar{\pi}^a$ 是在群体 a 中次要用户的平均支付，表示式为

$$\bar{\pi}^a = \sum_{k-1}^{M} x_k^a \pi_k^a \tag{4-8}$$

可以看出，在群体 a 中如果次要用户的收益低于平均收益，那么从首要用户 k 那里购

买频谱的次要用户会随着时间的演化不断减少。在博弈过程中，随着时间的变化，博弈参与者会基于模仿者动态进化，最终博弈会收敛于一个进化均衡。当达到进化均衡状态时，所有博弈参与者的收益都等于群体中所有用户的平均收益，即

$$\frac{\partial x_k^a(t)}{\partial t} = \dot{x}_k^a(t) = 0 \tag{4-9}$$

为了获得认知用户的收益，使用对数效用函数来量化实际可达的数据传输吞吐量，以满足用户的需求，将群体 a 中选择首要用户 i 的用户收益定义为认知用户通过接入到首要用户 i 的空闲频谱所获得的传输效用与它支付给首要用户的价格之差，即

$$\pi_i^a = \phi\left(\frac{\mu b_i d_i}{\sum\limits_{a \in A_i} x_i^a N^a}\right) - p_i = \ln\left(\frac{\mu b_i d_i}{\sum\limits_{a \in A_i} x_i^a N^a}\right) - p_i \tag{4-10}$$

式中，b_i 表示首要用户 i 可共享的频谱带宽，单位为 Hz；d_i 为基于自适应调制方式的频谱传输效率，单位为 bit/s · Hz；x_i^a 表示群体 a 中选择首要用户 i 的认知用户的比例数；N^a 是群体 a 中总的认知用户数；p_i 代表认知用户支付给首要用户 i 的租用价格；μ 为认知用户所获效用的权值常量；首要用户 $i(i=1，2)$。

在图 4-3 所示的椭圆区域 a 中选择首要用户 $i(i=1，2)$ 的认知用户比例数的变化可表示为

$$\dot{x}_i^a = \rho x_i^a(\pi_i^a - \overline{\pi}^a) \tag{4-11}$$

式中，$\overline{\pi}^a$ 为群体 a 中认知用户的平均收益，且

$$\overline{\pi}^a = x_1^a \pi_1^a + x_2^a \pi_2^a \tag{4-12}$$

则式(4-12) 中的复制者动态可表示为

$$\dot{x}_2^a = \rho x_2^a\left(\ln\left(\frac{\mu b_2 d_2}{x_2^a N^a}\right) - p_2 - x_1^a \pi_1^a - x_2^a \pi_2^a\right) \tag{4-13}$$

$$\dot{x}_1^a = \rho x_1^a\left(\ln\left(\frac{\mu b_1 d_1}{x_1^a N^a}\right) - p_1 - x_1^a \pi_1^a - x_2^a \pi_2^a\right) \tag{4-14}$$

解方程

$$\begin{cases} \dot{x}_1^a = 0 \\ \dot{x}_2^a = 0 \\ x_1^a + x_2^a = 1 \end{cases}$$

得到进化均衡解为

$$x_1^a = \frac{1}{\frac{b_2 d_2}{b_1 d_1} e^{p_2 - p_1} + 1} \tag{4-15}$$

通过为认知用户提供频谱，PU_1 和 PU_2 所获得的收益可表示为

$$\pi_1 = p_1 \cdot x_1^a N^a \tag{4-16}$$

$$\pi_2 = p_2 \cdot x_2^a N^a \tag{4-17}$$

将每个首要用户的收益对频谱价格求导，可得到首要用户的最优反应函数

$$p_i^* = f(p_j) = 1 + \mathrm{Lambert}W\left(\frac{b_i d_i}{b_j d_j} e^{p_j - 1}\right) \tag{4-18}$$

式中，$i=1$，2 且 $i \neq j$。由式(4-18) 可知，每个首要用户的最优反应与群体中认知用户数无关，它是其他首要用户策略的递增函数，由文献 [27] 可知，首要用户的定价博弈是超模博弈，至少存在一个纳什均衡。

4. 算法设计

在该算法过程中，我们假设由集中控制器(如基站) 来得到群体 a 内所有认知用户的平均效用信息 $\bar{\pi}^a$。认知用户根据自己此时所获的收益及区域 a 中全体用户的平均收益来决定自己的频谱选择策略。由此，基于进化博弈模型的认知用户频谱选择算法具体步骤见图 4-4。

认知用户频谱选择算法 输入：群体 a 中认知用户总数 N、首要用户的频谱要价 p_i 输出：购买 i 频段的频谱所获得的效用 π_i^a
1. 每个认知用户随机地选择首要用户 $i(i=1, 2)$ 2. 群体 a 中的所有认知用户根据式(4-9) 计算出购买 i 频段的频谱所获得的效用 π_i^a，同时将效用信息报告给认知网络基站 3. 认知网络基站计算出群体 a 的所有认知用户的平均效用 $\bar{\pi}^a$，然后将此信息广播给所有的认知用户 4. 若 $\pi_i^a<\bar{\pi}^a$，则以概率($\pi_i^a<\bar{\pi}^a$) $/\bar{\pi}^a$ 改变所选首要用户 i 5. 该认知用户转向能获得更高收益的首要用户网络 $j(j\neq i, \pi_j^a>\pi_i^a)$ 6. 重复步骤 2 ~ 步骤 5 7. 群体 a 中选择不同频段的所有认知用户达到了进化均衡

图 4-4 认知用户频谱选择算法描述

算法流程图如图 4-5 所示。

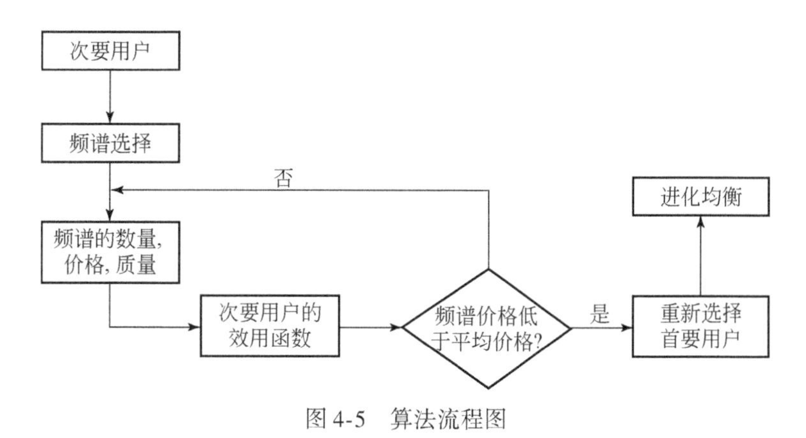

图 4-5 算法流程图

该算法流程图解释如下。

（1）每一个认知用户随机地选择首要用户 $i(i=1, 2)$。

（2）根据首要用户 i 所提供的空闲频谱的数量、价格和质量，群体 a 中的所有认知用户根据式(4-9）计算出购买 i 频段的频谱所获得的效用 π_i^a，同时将效用信息报告给认知网络基站。

（3）认知网络基站根据每个认知用户发送过来的效用信息，计算出在该群体中所有认知用户的平均效用 $\bar{\pi}^a$，然后基站向所有的认知用户广播此信息。

（4）每个认知用户将自身的效用与平均效用作比较，如果他所获得的效用小于平均效用，则以概率$(\pi_i^a<\bar{\pi}^a)/\bar{\pi}^a$ 改变所选首要用户 i。

（5）该认知用户转向能获得更高收益的首要用户网络 $j(j\neq i, \pi_j^a>\pi_i^a)$。

（6）重复步骤(2)～步骤(5)。

群体 a 中选择不同频段的所有认知用户有相同的收益，即达到了进化均衡。

4.3 仿真分析

本节用 MATLAB 仿真来验证所提方案的有效性。假设群体 a 中有 30 个具有相同条件的认知用户共同竞争授权用户 1 和授权用户 2 的空闲频谱。本节将从认知用户的进化均衡自适应、认知用户群体 a 进化算法的收敛性这两方面来分析认知用户在选择购买不同首要用户频谱时的动态进化行为，从首要用户的最优反应和纳什均衡、首要用户的收益两方面分析首要用户合理地调整频谱的出售价格的行为。

4.3.1 仿真环境

MATLAB(矩阵实验室）是 matrix laboratory 的缩写，是 Moler 于 20 世纪 70 年代用 Fortran 语言编写的。1984 年 MathWorks 公司正式将 MATLAB 推向市场。MATLAB 语言主要用于开发算法、可视化数据、分析数据和计算数值等，还可进行矩阵运算、绘制函数和数据图像及创建用户界面与调用使用 C、C++和 Fortran 语言编写的程序。

4.3.2 仿真实验与性能分析

仿真参数设置：$b_1=240$，$b_2=260$，$\mu=10$。

1. 进化均衡自适应

图 4-6～图 4-8 给出了在 $p_2=2.0$ 固定，p_1 和 d_1、d_2 取不同的值时，群体 a 中总的认知用户数从 10 增加到 30 的过程中选择首要用户 1 和首要用户 2 的次要用户数量的变化。

在图 4-6 中，首要用户 1 的频谱接入价格 $p_1=2.1$，首要用户 2 的频谱接入价格$p_2=2.0$。即首要用户 1 提供的价格要比首要用户 2 的优惠，并且 $b_1=240<b_2=260$，即首要用户 2 可共享的频谱带宽要多于首要用户 1，而两个首要用户的传输效率相同，为 $d_1=d_2=$

1。所以综合分析可知，首要用户 2 提供的频谱资源优于首要用户 1 提供的。从图 4-6 的曲线也可以看出，群体 a 中开始选择首要用户 1 的认知用户数为 4，选择首要用户 2 的认知用户数为 6，但是当认知用户的数量增加到 14 时，选择首要用户 1 的认知用户数增到大于 8，选择首要用户 2 的认知用户数增加到小于 6；当认知用户数增加到 26 时，选择首要用户 1 的认知用户数增加为约 11，选择首要用户 2 的增加到约 15；当认知用户总数增加到 30 时选择首要用户 1 的认知用户数增加到 13，选择首要用户 2 的认知用户数增加到 17。从这几组数据可以看出，随着群体 a 中认知用户总数的增加，大多数认知用户会选择首要用户 2 的频谱。选择首要用户 1 的认知用户数曲线斜率为 0. 3，而选择首要用户 2 的认知用户数曲线斜率为 0. 37，选择首要用户 2 的曲线的斜率大于选择首要用户 1 的曲线的斜率，即选择首要用户 2 的曲线增加的幅度大于选择首要用户 1 的曲线增加的幅度。

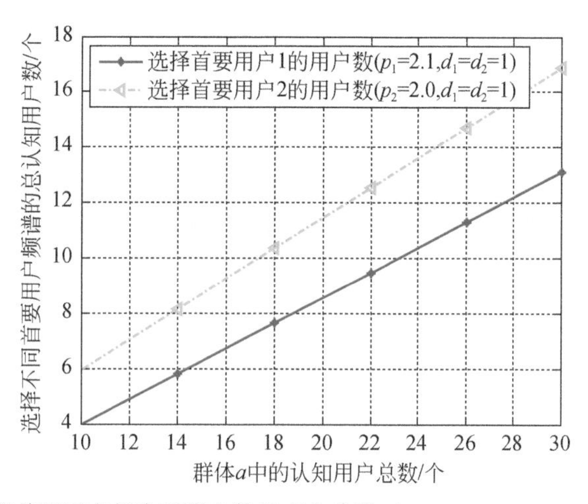

图 4-6　选择首要用户的次要用户数量变化曲线（$p_1=2.1$，$p_2=2.0$，$d_1=d_2=1$）

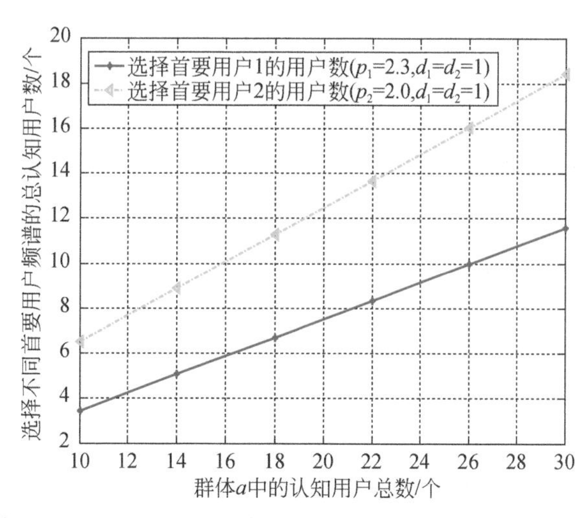

图 4-7　选择首要用户的次要用户数量变化曲线（$p_1=2.3$，$p_2=2.0$，$d_1=d_2=1$）

将图 4-6 和图 4-7 作比较，图 4-7 提高了首要用户 1 的频谱价格，其他参数不变，从图中可以看出，图 4-7 中选择首要用户 2 的认知用户数曲线斜率为 0.4，所以图 4-7 中选择首要用户 2 的斜率大于图 4-6 中选择首要用户 2 的斜率 0.37，这是因为，本来首要用户 1 所提供的频谱质量就差于首要用户 2，且价格高于首要用户 2，再提高首要用户 1 的价格就会使更多的认知用户转向首要用户 2，只有这样认知用户才能保证自己的收益不受到影响。而图 4-7 中选择首要用户 1 的认知用户数曲线斜率为 0.27，所以图 4-7 中选择首要用户 1 的斜率小于图 4-6 中选择首要用户 1 的斜率 0.3，即当首要用户 1 的频谱价格从 2.1 增加到 2.3 以后，之前选择首要用户 1 频谱的认知用户会转向选择首要用户 2 的频谱。

图 4-8 中首要用户 1 的频谱价格要高于首要用户 2。但是首要用户 1 所提供的频谱的传输效率 $d_1 = 2$ 明显优于首要用户 2 的频谱传输效率 $d_2 = 1$，首要用户 1 传输效率上的优势掩盖了首要用户 2 提供的价格优势及频谱带宽大的优势，使得越来越多的认知用户选择接入到首要用户 1 的频谱。从图中可以看出，当群体 a 中认知用户总数为 10 时，选择首要用户 1 和首要用户 2 的频谱的认知用户数都约为 5，但是随着群体中认知用户数的增加，选择首要用户 1 的认知用户数急剧增加，而选择首要用户 2 的认知用户数却增加得很缓慢。从图中的两条曲线可以很清楚地看出，选择首要用户 1 的认知用户数的曲线斜率为 0.38，选择首要用户 2 的认知用户的曲线斜率为 0.28，斜率相差 0.1，可见选择首要用户 1 的认知用户数增加幅度比选择首要用户 2 的认知用户数增加的幅度大很多。

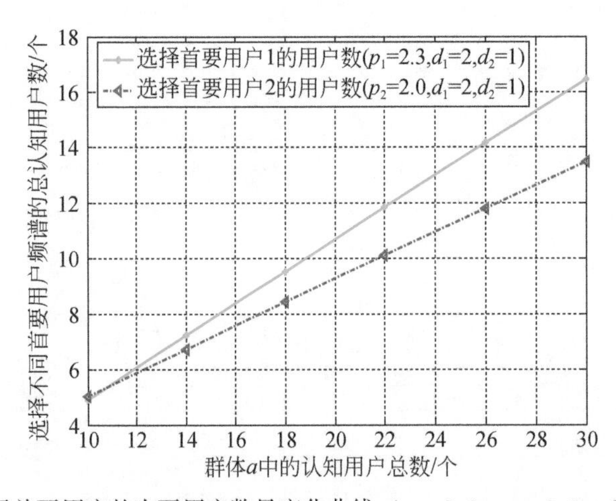

图 4-8 选择首要用户的次要用户数量变化曲线（$p_1 = 2.3$，$p_2 = 2.0$，$d_1 = 2$，$d_2 = 1$）

比较图 4-6 和图 4-8，图 4-8 中提高了首要用户 1 的价格和频谱传输效率，且频谱传输效率幅度提高很多，从 1 增加到 2，所以，虽然首要用户 1 的价格比首要用户 2 的价格高 0.3，空闲频带宽度比首要用户 2 所提供的要小 20，但是这些都不能减少首要用户 1 很高的频谱传输效率对认知用户的吸引力，所以，随着群体 a 中认知用户数量的增加，更多的认知用户会选择首要用户 1 的频谱。从图 4-6 和图 4-8 中选择首要用户 1 的认知用户数曲线的斜率也可以看出这一点，图 4-6 中为 0.3，图 4-8 中为 0.38。图 4-8 中最终选择首要用户 1 的认知用户数约为 17，而图 4-6 中只有 13。

比较图 4-7 和图 4-8，图 4-8 中首要用户 1 的频谱接入价格不变，而频谱传输效率从 1 增加到 2，使得首要用户 1 对认知用户的吸引力大大增加，所以，随着群体中认知用户的增加，越来越多的认知用户会选择首要用户 1 的频谱，原本选择首要用户 2 的频谱也会重新作出选择。图 4-7 中选择首要用户 1 的认知用户数的曲线斜率为 0. 27，图 4-8 中选择首要用户 1 的认知用户数的曲线斜率为 0. 38，而图 4-7 中选择首要用户 2 的认知用户的曲线斜率为 0. 4，图 4-8 中选择首要用户 2 的认知用户的曲线斜率为 0. 28。可见，图 4-8 中由于首要用户 1 的频谱传输效率提高了，使得之前选择首要用户 2 的认知用户转向选择首要用户 1。所以，图 4-8 中选择首要用户 1 的认知用户数的曲线斜率比图 4-7 的大 0. 11，而选择首要用户 2 的认知用户数的曲线斜率比图 4-7 的小 0. 12。

图 4-6 ~ 图 4-8 充分体现了认知用户选择购买频谱的自适应行为，认知用户会根据首要用户提供的频谱价格和质量的变化调整自己购买频谱的策略，以选择价格低或质量好的频谱来提高自己的收益。

2. 群体进化算法的收敛性

图 4-9 ~ 图 4-11 所示为在不同的频谱传输效率下，认知用户收益达到稳定时需要迭代的次数。当达到进化均衡时，群体 a 中所有认知用户的收益都等于平均收益。

图 4-9 中，$d_1=1$，$d_2=2$。由于首要用户 2 提供的可以共享的频谱多于首要用户 1，并且首要用户 2 的频谱传输效率明显优于首要用户 1，所以更多的认知用户会选择接入首要用户 2 的频谱。所以，在最开始，选择首要用户 2 的认知用户所获得的收益为 3. 63，大于选择首要用户 1 的认知用户所获得的收益 3. 23。并且，选择首要用户 1 的认知用户从中获得的收益低于群体 a 所获得的平均收益，而选择首要用户 2 的认知用户所获得的收益高于群体 a 所获得的平均收益，认知用户会将自己的收益与群体的平均收益作比较，然后调整自己的策略，并不断进化，直到自己的收益等于群体 a 的平均收益。从图 4-9 可以看出，算法在 9 步内收敛，群体 a 中的认知用户进化到从首要用户 1 所获得的平均收益为 3. 445，从首要用户 2 所获得的平均收益为 3. 430，与理论值 3. 440 非常接近。

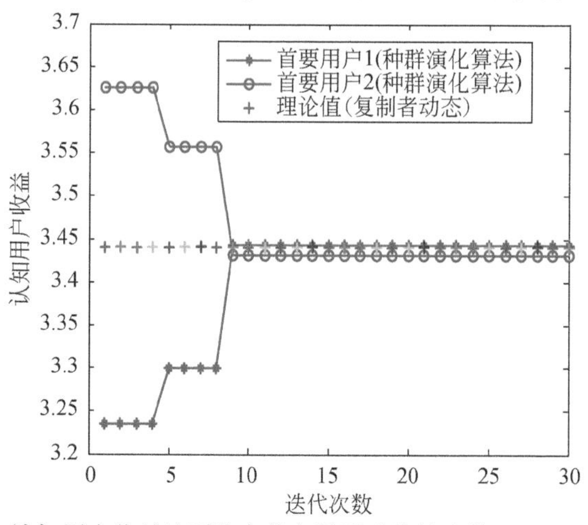

图 4-9　认知用户收益达到稳定状态需要迭代的次数（$d_1=1$，$d_2=2$）

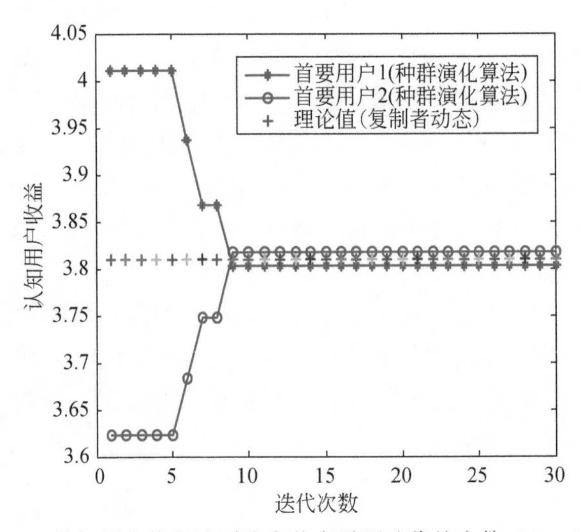

图 4-10　认知用户收益达到稳定状态需要迭代的次数（$d_1 = d_2 = 2$）

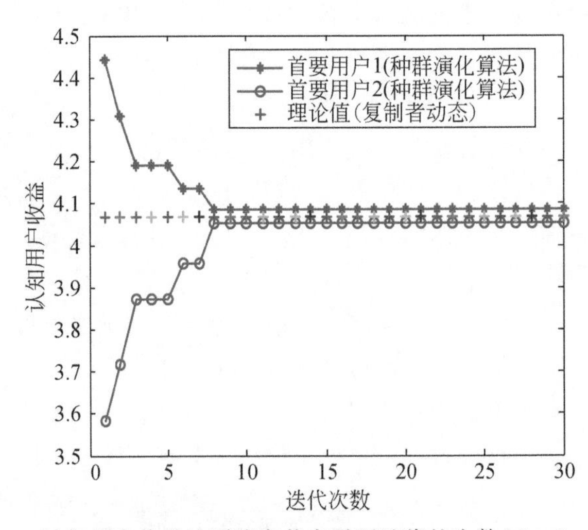

图 4-11　认知用户收益达到稳定状态需要迭代的次数($d_1 = 3$，$d_2 = 2$)

图 4-10 中，$d_1 = d_2 = 2$，首要用户提供的频谱传输效率相同，但是由于首要用户 2 提供的可以共享的频谱多于首要用户 1，所以更多的认知用户会接入到首要用户 2 的频谱。但是这样就会使得认知用户的数据传输效率受到影响，使得在开始时，选择首要用户 2 的认知用户所获收益为 3.62，低于选择首要用户 1 的认知用户所获收益 4.02。由于选择首要用户 1 的认知用户所获得的收益高于群体的平均收益，而选择首要用户 2 的认知用户所获得的收益低于平均收益，所以每个认知用户会根据群体 a 中所有认知用户的平均收益来调整自己的策略，直到所选频谱获得的收益等于平均收益。算法在 9 步内收敛，认知用户因购买两个首要用户的频谱所获得的平均收益分别为 3.805 和 3.815，与理论值 3.810 非常接近。

图4-11中，$d_1=3$，$d_2=2$，虽然首要用户1所提供的空闲频谱数量小于首要用户2，但是，首要用户1的频谱传输效率明显高于首要用户2。所以，较多的认知用户会选择首要用户1，且可以获得较高的数据传输效率。开始时，选择首要用户1的认知用户所获得的收益为4.45，大于选择首要用户2所获得的收益3.56，并且选择首要用户1的认知用户所获得的收益大于群体a认知用户的平均收益，选择首要用户2所获得的收益小于群体a认知用户的平均收益，所以，每个认知用户会调整自己的策略。从图中可以看出，经过8次迭代，认知用户从两个首要用户所获得的平均收益分别为4.09和4.06，与理论值4.07非常接近。

比较图4-9～图4-11可以发现，图4-10与图4-9相比，参数只有d_1从1增加到2，首要用户1传输效率的增加使得认知用户从首要用户1所获得的收益由3.445增加到3.805，从首要用户2所获得的收益由3.430增加到3.815，即从两个首要用户所获得的平均收益都增加了。图4-10与图4-11相比，参数d_1从2增加到3，就导致认知用户从两个首要用户所获得的收益比图4-10都又有了提高。这是因为首要用户的频谱传输效率提高就会使认知用户用购买到的频谱传输数据时效率增加，使得认知用户从首要用户所获得的传输效益增加，从而使认知用户所获得的总的收益增加，平均收益也就相应地提高了。从图中还可以看出，认知用户频谱选择过程所达到的进化均衡是一种动态平衡，且随着外界环境的不断变化该进化均衡状态将不断更新。

3. 最优反应和纳什均衡

图4-12～图4-14所示为首要用户1和首要用户2在不同的频谱传输效率下，首要用户的最优反应曲线变化及纳什均衡。

图4-12中，$d_1=1$，$d_2=2$时，首要用户1和首要用户2的纳什均衡为$p_1=1.774$，$p_2=2.292$。由于首要用户2比首要用户1能够提供更大的频谱带宽，其能够容纳的认知用户数也较多，而且首要用户2的频谱传输效率也大于首要用户1，所以首要用户2通过提高频谱价格来获得更大的收益，而首要用户1由于自身频谱带宽资源有限且传输效率低，不得

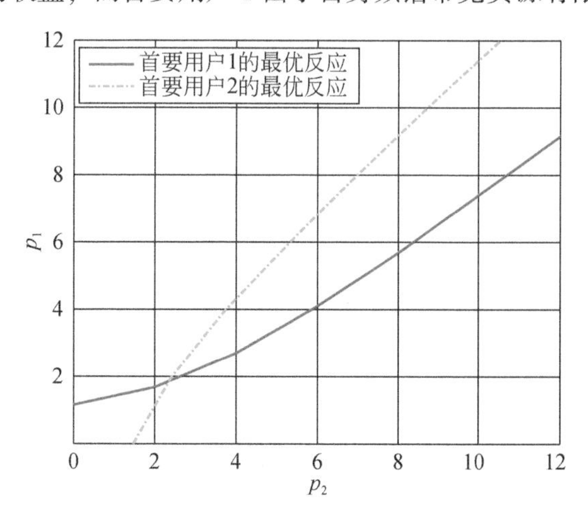

图4-12　首要用户的最优反应($d_1=1$，$d_2=2$)

不通过将频谱价格降低到低于首要用户 2 的最优价格来吸引和留住更多的认知用户，以保证自己的收益不降低。所以从图 4-11 可以看出，开始首要用户 1 的频谱价格的最优反应高于首要用户 2 的，但之后首要用户 1 不得不降低其最优价格到低于首要用户 2 的最优价格。

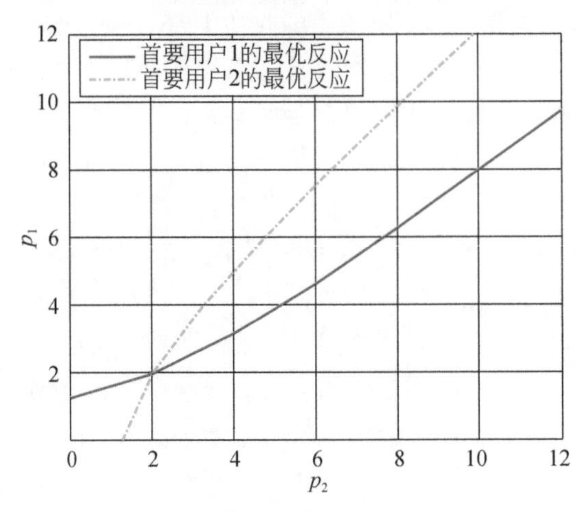

图 4-13　首要用户的最优反应（$d_1=d_2=2$）

图 4-13 中，$d_1=d_2=2$ 时，首要用户 1 和首要用户 2 的纳什均衡为 $p_1=1.90$，$p_2=2.10$。由于首要用户 1 的频谱传输效率与首要用户 2 的相等，都为 2。但首要用户 2 比首要用户 1 能够提供更大的频谱带宽，其能够容纳的认知用户数也较多，所以首要用户 2 通过提高频谱价格来获得更大的收益。而首要用户 1 由于自身频谱带宽资源小于首要用户 2，它不得不将频谱价格降低到低于首要用户 2 的来吸引和留住更多的认知用户，以保证自己的收益不降低。

图 4-12 与图 4-13 相比，首要用户 1 的传输效率 d_1 从 1 增加到 2，这使得首要用户 1 对认知用户的吸引力增加，所以越来越多的认知用户会转移到首要用户 1，所以当达到均衡状态时，图 4-13 中首要用户 1 的价格的纳什均衡相对于图 4-8 有所增加。

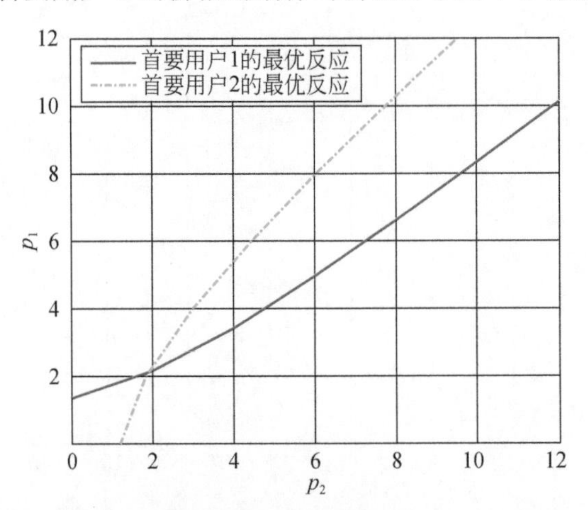

图 4-14　首要用户的最优反应（$d_1=3$，$d_2=2$）

图 4-14 中，$d_1=3$，$d_2=2$ 时，首要用户 1 和首要用户 2 的纳什均衡为 $p_1=2.20$，$p_2=1.80$。由于首要用户 2 比首要用户 1 能够提供更大的频谱带宽，其能够容纳的认知用户数也较多，所以首要用户 1 不得不通过降低频谱价格到低于首要用户 1 来吸引和留住更多的认知用户，以保证自己的收益不降低。所以最开始首要用户 1 的频谱最优价格比首要用户 2 的要高，然后逐渐到低于首要用户 2 的最优价格。

图 4-13 与图 4-14 相比，首要用户 1 的传输效率 d_1 从 2 增加到 3，尽管首要用户 2 能够提供的频谱带宽比首要用户 1 大 20，但是首要用户 1 对认知用户的吸引力却大于首要用户 2，所以越来越多的认知用户会转移到首要用户 1。当达到均衡状态时，图 4-14 中首要用户 1 的价格的纳什均衡相对于图 4-13 有所增加，且首要用户 1 价格的纳什均衡点大于首要用户 2。

从图 4-12 ~ 图 4-14 可以看出，首要用户 1 的最优反应函数是首要用户 2 的策略的非线性函数，首要用户 2 的最优反应函数也是首要用户 1 的策略的非线性函数，而且纳什均衡点位于首要用户 1 和首要用户 2 的最优反应函数的交点。并且，首要用户 2 的最优反应函数的斜率随着 p_2 的增加而逐渐趋近于 1，且总是大于 1。而首要用户 1 的最优反应函数斜率随着 p_1 的增加也逐渐趋近于 1，且总是小于 1。

4. 首要用户收益

图 4-15 ~ 图 4-17 给出了在首要用户频谱传输效率变化的情况下，群体 a 中认知用户从 10 增加到 30 的过程中，首要用户的变化曲线。

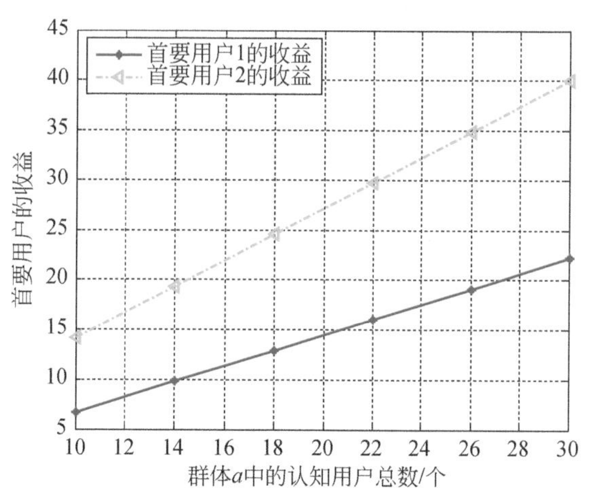

图 4-15　随着群体 a 中的认知用户数的增加首要用户的收益（$d_1=1$，$d_2=2$）

图 4-15 中，$d_1=1$，$d_2=2$，当群体 a 中认知用户数增加时，由于首要用户 1 可提供给认知用户的频谱小于首要用户 2，且首要用户 2 的频谱传输效率大于首要用户 1，而传输效率好和网络容量大的首要用户能吸引更多的认知用户，所以从仿真图中可以看出，当群体中认知用户数为 10 时，首要用户 1 的收益为 5.5，首要用户 2 的收益为 14。当认知用户总数增加到 18 时，首要用户 1 的收益增加到 13；首要用户 2 的收益增加到 25，首要用户

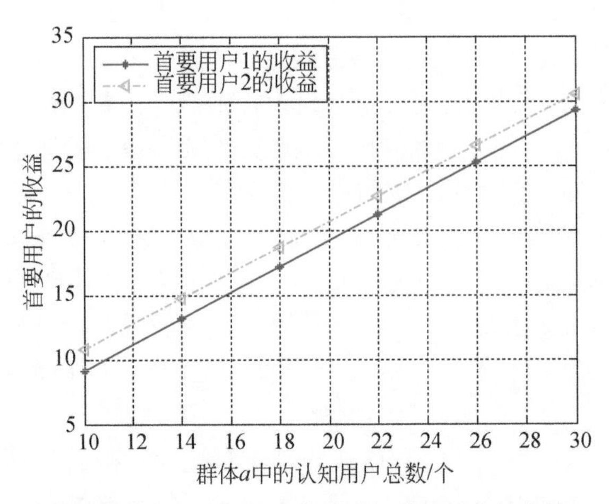

图 4-16　随着群体 a 中的认知用户数的增加首要用户的收益($d_1=d_2=2$)

1 的收益较认知用户总数为 14 时增加了 7.5，而首要用户 2 的收益则增加了 11。当认知用户总数增加到 26 时，首要用户 1 的收益增加到 19，首要用户 2 的收益增加到 35，首要用户 1 的收益较认知用户总数为 18 时增加了 7，而首要用户 2 的收益则增加了 10。可见，虽然首要用户 1 和首要用户 2 的收益都在线性增加，但是首要用户 2 的收益增加的幅度要明显大于首要用户 1。

图 4-16 中，$d_1=d_2=2$，当群体 a 中认知用户数增加时，首要用户 1 和首要用户 2 的传输效率相同。由于首要用户 1 可提供给认知用户的频谱小于首要用户 2，所以首要用户 2 能吸引较多的认知用户。所以从图中可以看出，虽然首要用户 1 和首要用户 2 的收益都在线性增加。但是首要用户 2 的收益始终大于首要用户 1。

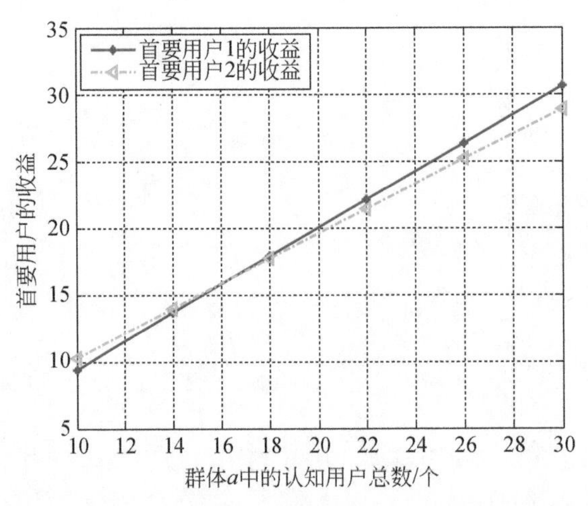

图 4-17　随着群体 a 中的认知用户数的增加首要用户的收益($d_1=3$，$d_2=2$)

图 4-17 中，$d_1=3$，$d_2=2$，当群体 a 中认知用户数增加时，虽然首要用户 1 可提供给认知用户的频谱小于首要用户 2，但是首要用户 1 的频谱传输效率明显优于首要用户 2，

传输效率的优势使得首要用户 1 能吸引更多的认知用户。从仿真图可以看出，首要用户 1 和首要用户 2 的收益都在线性增加，首要用户 1 的收益逐渐增加到大于首要用户 2。

从图 4-15 ~ 图 4-17 可以看出，首要用户所提供的空闲频谱的质量和容量会直接影响到认知用户的选择。拥有好质量频谱或频谱容量大的首要用户更受认知用户的青睐，而且频谱传输效率高和容量大的首要用户也可以提高频谱价格，所以就会有更高的收益。

4.3.3 小结

本章首先介绍了进化博弈理论及其模仿者动态模型；然后将认知用户购买首要用户空闲频谱的过程建模为动态进化博弈，并设计了一个有首要用户 1 和首要用户 2 和总认知用户数为 30 的群体 a 的场景，并假设由基站来收集、处理和广播群体中用户的收益信息，提出了基于博弈论的认知无线电网络频谱分配算法，并得到了进化均衡解。通过认知用户的进化均衡自适应、认知用户群体 a 进化算法的收敛性、首要用户的最优反应和纳什均衡、首要用户的收益四方面来分析和揭示了不同参数设置下认知用户的进化博弈过程及进化均衡和首要用户收益的变化及纳什均衡点的变化。当认知用户群体购买的频谱达到进化均衡状态时，接入到首要用户 1 和首要用户 2 的认知用户的数量及首要用户的收益均达到稳定状态，此时首要用户收益是最大化的，而且认知网络的效用也最大化。

4.4 总结与展望

博弈论为认知无线电频谱分配的研究提供了很好的理论工具，但是该方法尚处于萌芽阶段，而且尚没有一整套全面的理论体系作为支撑，并且能应用的博弈模型比较少，且应用条件非常苛刻。总之，在认知无线电网络中，基于博弈论的频谱分配问题还有很多亟待解决。

本章考虑了一个有两个频谱提供者的认知用户群体的场景，并假设由基站来收集、处理和广播群体中用户的收益信息，提出了基于博弈论的认知无线电频谱分配算法。通过多组仿真实验揭示了认知用户的进化博弈过程及进化均衡和不同参数设置下首要用户收益的变化及纳什均衡点的变化。当认知用户群体的策略达到进化均衡状态时，接入两个首要用户中的认知用户的数量也达到稳定状态，此时整个认知网络的效用也最大化。

然而，本章算法也存在一些不足之处：①只考虑了在一个群体中且该群体中的首要用户数为两个不变，只有认知用户的数目在改变的情况，而在实际的通信系统中，网络中首要用户数很多而且数量会变化；②只考虑了单一类型的认知用户，而在实际的网络中认知用户有混合类型的情况，这时每种类型的认知用户的类型不同，效用函数也有差异，相应的首要用户的接入价格函数也不同；③只详细考虑了认知用户间对空闲频谱竞争的博弈，而没有仔细分析首要用户之间的价格博弈，在实际的通信系统中，当认知用户的策略调整后，首要用户也会作出相应的共享频谱带宽及频谱接入价格的调整。

参考文献

[1] Lien S, Chen K, Liang Y, et al. Cognitive radio resource management for future cellular networks. Wireless Communications, 2014, 21(1): 70-79.

[2] ElSherif A A, Mohamed A. Joint routing and resource allocation for delay minimization in cognitive radio based mesh networks. Heteroatom Chemistry, 2014, 12(4): 227-237.

[3] Kloeck C, Jaekel H, Jondral F K. Dynamic and local combined pricing allocation and billing system with cognitive radios. Proceedings of the The First IEEE International Symposium on New Frontiers in Dynamic Spectrum Access Networks(DySPAN), Baltimore, 2005: 73-81.

[4] Khozeimeh F, Haykin S. Brain- inspired dynamic spectrum management for cognitive radio ad hoc networks. IEEE Transaction on Wireless Communications, 2012, 11(10): 3509-3517.

[5] Yousefvand M, Khorsandi S, Mohammadi A. Interference- constraint spectrum allocation model for cognitive radio networks. Proceedings of the The Intelligent Systems, Ljubljana, 2012: 357-362.

[6] Maulik S, Roy R, De A, et al. Online dynamic resource allocation in interference temperature constrained cognitive radio network using reinforcement learning. Proceedings of the The International Conference on Signal Processing & Communications, Bangalore, 2012: 1-5.

[7] Wu S, Jiang H, Xu W J. Research of cognitive radio spectrum allocation based on improved Q- learning algorithm. Proceedings of the International Conference on Oxide Materials for Electronic Engineering(OMEE), Lviv, 2012: 13-16.

[8] Feng Y, Li B, Li B. Price competition in an oligopoly market with multiple IAAS cloud providers. IEEE Transactions on Computers, 2014, 63(1): 59-73.

[9] Chung S H, Friesz T L, Weaver R D. Dynamic sustainability games for renewable resources-A computational approach. IEEE Transactions on Computers, 2014, 63(1): 155-166.

[10] Cao B, Cui Y, Zhang Q Y, et al. Game theoretic analysis of orthogonal modulation based on cooperative cognitive radio networking. Proceedings of the IEEE International Conference on Communications, Guilin, 2013: 2743-2747.

[11] 张北伟, 胡琨元, 朱云龙. 基于博弈论的认知无线电频谱分配. 计算机应用, 2012, 32(9): 2408-2411.

[12] 杨威, 班冬松, 管东林, 等. 基于联盟构造博弈的认知无线电网络分布式多目标协作感知算法. 计算机学报, 2012, 35(4): 730-740.

[13] 崔军峰, 刘恩亚. 浅谈博弈论在认知无线电中的应用. 中国无线电, 2016(7): 37-41.

[14] Neel J, Reed J H, Gilles R P. The role of game theory in the analysis of software radio networks. Proceedings of the SDR Forum Technical Conference, San Diego, 2002.

[15] Niyato D, Hossain E. Competitive spectrum sharing in cognitive radio networks: A dynamic game approach. IEEE Transactions on Wireless Communications, 2008, 7(7): 2651-2660.

[16] Zhao J H, Tao Y, Yi G, et al. Power control algorithm of cognitive radio based on non- cooperative game theory. Communications, China Communications, 2013, 10(11): 143-154.

[17] Neel J, Reed J H, Gilles R P. Convergence of cognitive radio networks. Proceedings of the Wireless Communications and Networking Conference, Atlanta, 2004: 2250-2255.

[18] Nie N, Comanieiu C. Adaptive channel allocation spectrum etiquette for cognitive radio networks. IEEE New Frontier in Dynamic Spectrum Access Networks, 2005, 11(6): 269-278.

[19] Scutari G, Pang J. Joint sensing and power allocation in nonconvex cognitive radio games: Nash equilibria and

distributed algorithms. IEEE Transactions on Information Theory,2013,61(9):2366-2382.

[20] Alrabaee S,Agarwal A,Anand D,et al. Game theory for security in cognitive radio networks. Proceedings of the International Conference on Advances in Mobile Network, Communication and its Applications, Bangalore, 2012:60-63.

[21] Niyato D,Hossain E,Han Z. Dynamics of multiple-seller and multiple-buyer spectrum trading in cognitive radio networks: A game-theoretic modeling approach. IEEE Transactions on Mobile Computing,2008,8(8): 1009-1022.

[22] Niyato D,Hossain E. Competitive pricing for spectrum sharing in cognitive radio networks: Dynamic game, inefficiency of nash equilibrium and collusion. IEEE journal on selected areas in communications,2008,26(1): 192-202.

[23] Bloem M,Alpcan T,Basar T. A stackelberg game for power control and channel allocation in cognitive radio networks. Proceedings of the 2nd International Conference on Performance Evaluation Methodologies and Tools,Nantes,2007:22-27.

[24] Hossain E,Bhargava V. Cognitive Wireless Communication Networks. LLC:Springer Science Business Media, 2007:231-267.

[25] Rajasekharan J,Eriksson J,Koivunen V. Cooperative game theory and auctioning for spectrum allocation in cognitive radios. Proceedings of the 2nd International Symposium on Personal Indoor and Mobile Radio Communications(PIMRC),Toronto,2011:656-660.

[26] Qu Z H,Qin Z G,Wang J H,et al. A cooperative game theory approach to resource allocation in cognitive radio networks. Proceedings of the 2nd IEEE International Conference on Information Management and Engineering(ICIME),Cape Town,2010:90-93.

[27] Feng T,Zhen Y. A new algorithm for weighted proportional fairness based spectrum allocation of cognitive radios. Proceedings of the Intelligence,Networking and Parallel Distributed Computing,Qingdao,2007:531-536.

[28] An C Q,Yang L. A matching game algorithm for spectrum allocation based on POMDP model. Proceedings of the 7th International Conference on Wireless Communications,Networking and Mobile Computing(WiCOM), Wuhan,2011:1-3.

[29] Niyato D,Hossain E. A game-theoretic approach to competitive spectrum sharing in cognitive radio networks. Proceedings of the Wireless Communications and Networking Conference(WCNC),Hong Kong,2007:16-20.

[30] Zhang X C,He S,Sun J. A game algorithm of dynamic spectrum allocation based on spectrum difference//Proceedings of the 19th Annual Wireless and Optical Communications Conference(WOCC),Shanghai,2010:1-4.

[31] Zu Y X, Li P. Study on spectrum allocation of primary users for cognitive radio based on game theory. Proceedings of the 6th International Conference on Wireless Communications Networking and Mobile Computing(WiCOM),Chengdu,2010:1-4.

[32] Xu Y D,Lui J,Chiu D. On oligopoly spectrum allocation game in cognitive radio networks with capacity constraints. Computer Networks,2009,54(6):925-943.

[33] Zhang T,Chen W,Han Z,et al. Hierarchic power allocation for spectrum sharing in OFDM-based cognitive radio networks. IEEE Transactions on Vehicular Technology,2012,63(8):4077-4091.

[34] Xu Y,Mao S W. Stackelberg game for cognitive radio networks with MIMO and distributed interference alignment. IEEE Transactions on Vehicular Technology,2014,63(63):879-892.

[35] Niyato D,Hossain E. Optimal price competition for spectrum sharing in cognitive radio: A dynamic game-theoretic approach. Proceedings of the Global Telecommunications Conference,Washington,2007:4625-4629.

[36]Xiao Y, Bi G, Niyato D, et al. A hierarchical game theoretic framework for cognitive radio networks. IEEE Journal on Selected Areas in Communications,2012,30(10):2053-2069.

[37]Li Y,Wang X B,Zani G. Resource pricing with primary service guarantees in cognitive radio networks: A stackelberg game approach. Proceedings of the Global Telecommunications Conference,Honolulu,2009:1-5.

[38]Liu S, Liu Y T, Tan X Z. Competitive spectrum allocation in cognitive radio based on idle probability of primary users. Proceedings of the Youth Conference on Information, Computing and Telecommunication, Beijing,2009:178-181.

[39]Etkin R,Parekh A,Tse D. Spectrum sharing for unlicensed bands. IEEE Journal on Selected Areas in Communications,2007,25(3):517-528.

[40]曾孝平,王辰,陈礼,等. 一种基于重复博弈的频谱分配策略. 世界科技研究与发展,2013(6):717-719.

[41]谭雪松,林超,郭伟. 基于合作形成的认知无线网络频谱共享策略. 通信学报,2014(3):58-68.

[42]Friedman J W,Mezzetti C. Learning in games by random sampling. Journal of Economic Theory,2001,98(1):55-84.

[43]Topkis D M, Donald M. Supermodularity and Complementarity. Princeton, New Jersey: Princeton University Press,1998.

[44]Paul M,Roberts J. Rationalizability,learning and equilibrium in games with strategic complementarities. Econometrica,1990,58(6):1255-1277.

[45]Cheng H, Yang Q H, Fu F L, et al. Spectrum sharing with smooth supermodular game in cognitive radio networks. Proceedings of the The 11th International Symposium on Communications & Information Technologies(ISCIT),Hangzhou,2011:543-547.

[46]Nie N,Comaniciu C. Adaptive channel allocation spectrum etiquette for cognitive radio networks. Proceedings of the The First IEEE International Symposium on New Frontiers in Dynamic Spectrum Access Networks, Baltimore,2005:269-278.

[47]Neel J O,Reed J H,Gilles R P. Convergence of cognitive radio networks. Proceedings of the Wireless Communications and Networking Conference,Shanghai,2004:2250-2255.

[48]刘觉夫,陈晓. 基于预售机制的动态频谱分配算法研究. 计算机工程与设计,2013,34(1):93-99.

[49]廖云峰,陈勇,田家强,等. 基于频谱数据库的分布式动态频谱接入算法. 通信技术,2016,49(4):426-430.

[50]Duong N D,Madhukumar A S,Premkumar A B. A game theoretic approach for power control and spectrum allocation for cognitive radio networks. Proceedings of the 54th International Midwest Symposium on Circuits and Systems(MWSCAS),Seoul,2011:1-4.

[51]Zhang H S,Yan X. Advanced dynamic spectrum allocation algorithm based on potential game for cognitive radio. Proceedings of the 2nd International Symposium on Information Engineering and Electronic Commerce (IEEC),Ternopil,2010:1-3.

[52]李方伟,柴源,朱江. 认知无线网中基于队列博弈的频谱选择算法. 四川大学学报(工程科学版),2013,45(4):152-158.

[53]杨光,蒋军敏,施苑英. 基于潜在博弈的认知无线电频谱分配研究. 现代电子技术,2011,34(13):41-45.

[54]Chen Y,Wu Y L,Wang B B,et al. Spectrum auction games for multimedia streaming over cognitive radio networks. IEEE Transactions on Communications,2010,58(8):2381-2390.

[55] Jayaweera S K, Bkassiny M. Asymmetric cooperative communications based spectrum leasing via auctions in cognitive radio networks. IEEE Transactions on Wireless Communications, 2011, 10(8): 2716-2724.

[56] Chen X, Huang J W. Evolutionarily stable spectrum access. IEEE Transactions on Mobile Computing, 2012, 12(7): 1281-1293.

[57] Jiang C, Chen Y, Gao Y, et al. Joint spectrum sensing and access evolutionary game in cognitive radio networks. IEEE Transactions on Wireless Communications, 2013, 12(5): 2470-2483.

[58] Vincent T L, Brown J S, Evolutionary Game Theory. Natural Selection and Darwinian Dynamics. Cambridge: Cambridge University Press, 2005.

[59] Song Q Y, Zhuang J H, Zhang L C. Evolution game based spectrum allocation in cognitive radio networks. Proceedings of the Wireless Communications, 7th International Conference on Networking and Mobile Computing (WiCOM), Wuhan, 2011: 1-4.

[60] Zhu K, Niyato D, Wang P, et al. Dynamic spectrum leasing and service selection in spectrum secondary market of cognitive radio networks. IEEE Transactions on Wireless Communications, 2012, 11(3): 1136-1145.

[61] Wu Z W, Cheng P, Wang K B, et al. Cooperative spectrum allocation for cognitive radio network: An evolutionary approach. Proceedings of the International Conference on Communications (ICC), Kyoto, 2011: 1-5.

第5章 基于博弈论的认知无线电网络频谱接入算法

5.1 认知无线电频谱接入技术

近几年，无线电通信技术发展非常迅速，应用几乎涉及人们日常生活的方方面面，无线电通信技术在潜移默化地改变着人们的生活方式，已经成为生活中不可缺少的一部分。正是因为如此，人们对无线电通信业务的需求量也越来越大，从而导致无线电频谱资源的需求量呈指数级迅速增长。据统计，2016年中国移动通信用户已达到13.1亿人，移动互联网用户相比2015年净增1亿人[1]。此外，中国在广播卫星、通信卫星以及大气资源勘测卫星等多种在轨卫星方面也发展迅速，无线电技术已应用于交通运输、航天航空、公共安全等各个领域[2]。

目前，全球频谱资源的分配大都采用了静态分配方式。工业和信息化部于2013年发布的《中华人民共和国无线电频率划分规定》[3]中明确指出，按照不同业务需求，可用的频谱资源被静态地划分给不同单位并进行严格管理，其他新业务与需求不得持续占用已被分配的频谱资源。但随着近年来无线服务的激增，静态频谱分配的方式已渐渐暴露出弊端。一方面大量无线业务使得频谱资源严重匮乏；另一方面许多授权频谱长时间处于空闲状态，存在“频谱空洞”现象，造成了浪费[4]。在此背景下，动态频谱接入技术应运而生，动态频谱接入技术通过利用网络中的频谱空穴，将空闲频谱动态地分配给认知用户来实现频谱共享，极大地提高了频谱利用率。

在过去几年中，大量的动态频谱接入与认知无线电技术得到了研究，而研究目标主要集中在抗干扰、提高频谱利用率、吞吐量最大化、公平性、延时性、能耗最小化、网络连通性等几方面[5]。文献［6］简单分析了当前频谱接入技术存在的两大难题：频谱空洞的探测与信道的接入问题。然后基于频谱预测技术提出了基于信道质量分析的动态频谱接入模型。通过对信道是否被占用进行预测，认知用户有选择性地进行感知，以此提高网络感知效率，优化感知次序。文献［7］针对认知用户间存在资源分配不公平的现象，提出一种基于用户公平性的抗干扰频谱接入算法。系统对不同认知用户的吞吐量以及信道情况进行分析，选择能帮助授权用户达到最佳速率的认知用户进行接入，并利用该用户的部分带宽进行转发任务，以此保证自己的目标速率，提高了网络的有效性与公平性。文献［8］对部分可观测马尔可夫决策过程模型进行了研究，提出了基于POMDP(partially observable markov decision processes）模型的分布式机会频谱接入算法。算法以最大化认知用户吞吐量为目的，对信道接入状态进行估计，并通过贪心算法得出优化策略次优解，在降低了接入策略计算复杂度的同时保证了网络的吞吐量。文献［9］将博弈论思想引入频谱接入算法中以解决主要用户与次要用户相互干扰的问题。文章提出一种博弈约束机制，通过考虑信道利用率、丢包率和功率情况三个参数来构建博弈约束函数，以此表示次要用户频谱接入后所需的成本以及收益，最终来决定选择能得到最佳收益的次要用户接入空闲信道。算法具有明显地减少延迟干扰、提高信道利用率的作用。文献［10］针对无线网络中主要用户活动性对次要用户购买频谱的影响，提出了一种基于斯坦科尔伯格博弈的动态频谱接入策略。算法通过频谱地图获得各主要用户的出现概率，将频谱运营商与次要用户构成三阶段的斯坦科尔伯格博弈模型，通过动态调整共享频谱与授权频谱的价格来得到双方的纳什均衡解，同时获得最大收益。

频谱接入技术作为 CR 的核心技术，为次要用户合理高效地在多变环境中使用空闲频谱资源，并伺机使用在某段时间上、空间上和频率上出现的空闲频谱资源进行数据信息传输提供了可行方案。频谱接入技术主要由 MAC 协议和频谱分配两部分组成。

5.1.1 MAC 协议

MAC(medium access control) 协议作为频谱接入技术的核心构成，它可以确定次要用户在何时接入并且采用何种策略接入到主要用户系统的可用频谱资源上，是实现对授权频谱的竞争接入和协调控制，进而达到最大化频谱资源利用率和网络吞吐量的目的。MAC 协议的主要作用是确保充分利用认知无线电网络中的可用频谱资源以及确保次要用户间相互竞争的公平性。与传统的 MAC 协议不同，CR 中的 MAC 协议需要能够动态地、实时地感知授权频谱的使用状况，正在使用授权频谱的次要用户一旦感知到主要用户系统，必须立刻释放已占用授权频谱给主要用户系统或者降低次要用户对主要用户系统的干扰功率到主要用户系统所能容忍的范围内，来减小对主要用户系统数据信息传输的影响。

5.1.2 MAC 协议分类

根据频谱接入方式不同，将认知无线电 MAC 协议大致分成以下三类(图 5-1)：基于时槽的 MAC 协议、基于控制信道的 MAC 协议和混合式的 MAC 协议，如图 5-1 所示。其中基于控制信道的 MAC 协议又具体划分成以下四种：基于专用控制信道的 MAC 协议、基于公共跳频序列的 MAC 协议、基于缺省跳变序列的 MAC 协议和基于时段拆分的 MAC 协议。下文将着重分析了每种具体 MAC 协议的利与弊。

1. 基于时槽的 MAC 协议

目前，比较经典的基于时槽的 MAC 协议主要包括以下两种：IEEE 802.22 和 C-MAC。

IEEE 802.22 标准通过使用电视频谱在 VHF 和 UHF 频段的空白区域，能够在农村或者偏远地区支持无线宽带接入，同时避免对主要用户系统的干扰。在该标准中，数字电视发射机和麦克风作为主要用户，认知无线电通信区域块作为次要用户。每个认知无线电通信区域块内存在一个基站和多个终端用户，被称为客户驻地设备。一个基站管理区域块内

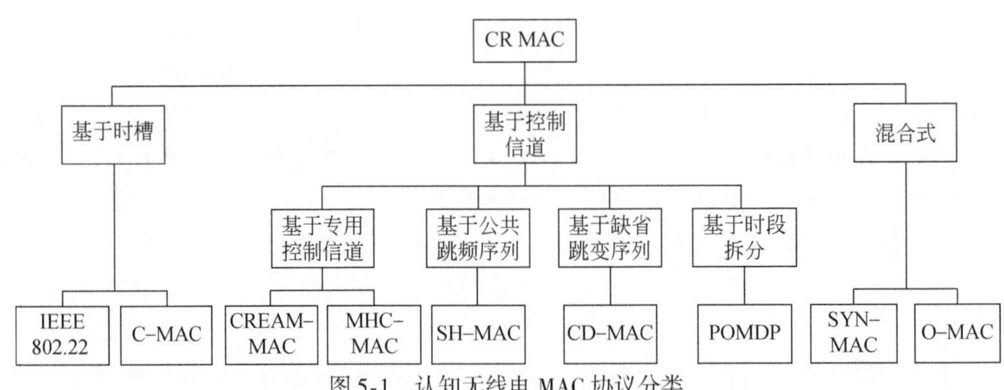

图 5-1 认知无线电 MAC 协议分类

的以下活动：频谱感知、指示客户驻地设备进行传感检测、调控数据传输以及根据它的检测和从最终用户接收到的反馈作出合理的操作决策。现有的 IEEE 802.22 标准[11,12]引入了协同共享机制使各覆盖区域相重叠区域块可以彼此检测到对方的存在，但该机制依赖于基站与客户驻地设备。另外，基站可以请求任何与之关联的客户驻地设备去感知任何信道，同时检测其他认知无线电通信区域块的信息，从而实现分布式感知机制。

该协议的优点是支持频谱感知、频谱恢复和子网间共存机制以避免自干扰，缺点是控制开销和同步开销较大。

为了能够实现链路层更高的汇聚吞吐率，Cordeiro 等提出了 C-MAC(cognitive MAC)协议[13,14]。为了预留多信道的资源，该协议定义了动态交会信道(dynamic channel，RC)，主要功能是管理整个网络以及协调不同信道上的节点；鉴于主要用户系统在任何时间可能需要占用信道，该协议引入了备份信道(backup channels，BC)的概念，主要是用于次要用户在数据信息传输时的切换信道。在该协议中，每个信道都被逻辑上划分成连续的超帧，每个超帧都包括开槽信标周期(beacon period，BP)和数据传输周期(data transfer period，DTP)，其中 BP 用作节点交换信息以及协商使用哪条信道进行通信，DTP 用作数据信息传输，如图 5-2 所示。

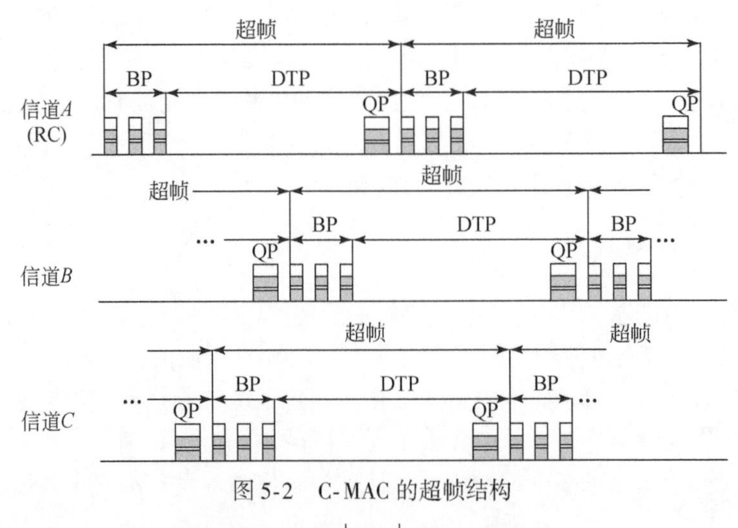

图 5-2 C-MAC 的超帧结构

RC 是 C-MAC 的重要组成部分，其工作原理如下：接通电源时，每个设备扫描所有可用信道进行测量，并寻找其他设备传送的任何信标帧。在没有检测到主要用户系统信号的信道上，该设备占用此信道至少一个超帧的长度，以保证它看到的信标帧。为了防止该设备在某个信道上接收一个或多个信标帧，它从信标帧头读取 RC 字段。如果该位设置(设定为 RC)，则该设备可以通过在信号插槽，然后移动到一个永久的和指定的信标时隙中发送它自己的信标加入 BP。另外，该设备还将继续扫描程序寻找一个 RC。如果设备扫描所有的信道后检测不到任何信标帧和 RC 字段集，那么它本身将选择一个信道作为一个 RC，并开始发送信标并将 RC 字段设置为 1。另外，如果它检测到 RC 的存在，则该设备不能发起新的 RC 字段。

C-MAC 协议能够有效地管理整个网络以及协调在不同信道上的节点，具有较高的汇聚吞吐率并且没有占用某一信道作为公共控制信道(common control channel，CCC)。但该协议在整个无线电网络中有且仅有一个 RC，不利于对整个网络的扩展。

2. 基于控制信道接入的 CR MAC

基于控制信道接入的 CR MAC 根据不同的性质又具体分为以下四类：基于专用控制信道的 CR MAC、基于公共跳变序列的 CR MAC、基于缺省跳变序列的 CR MAC 和基于时段拆分的 CR MAC。

1) 基于专用控制信道的 CR MAC

在此 MAC 协议中，整个网络的频谱被划分为两类：一类为控制信道，专门进行控制信令(如 RTS/CTS 的控制帧) 的传送；另一类为数据信道，专门进行数据的传输。认知无线电通信区域块中的所有节点都配备两个收发器装置，其中一个收发器用于周期性地侦听控制信道，另一个收发器用于周期性地侦听数据信道。图 5-3 是基于专用控制信道的多信道 MAC 协议示意图[15]。

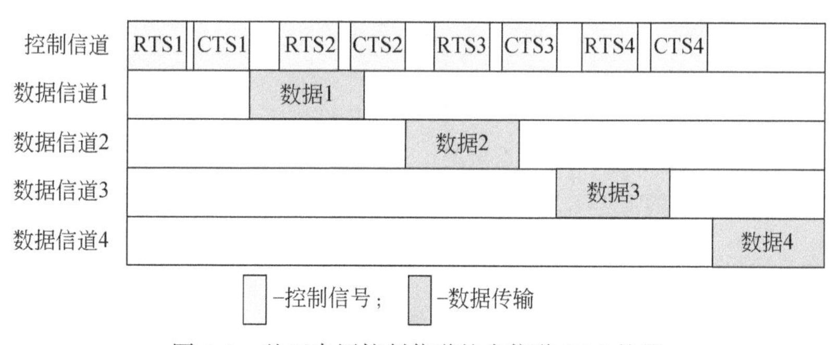

图 5-3 基于专用控制信道的多信道 MAC 协议

(1) CREAM-MAC。

为了克服在 MAC 层中多信道隐藏终端问题以及针对不同次要用户来说时变信道是否可用的问题，文献 [16] 设计出一个高效的认知无线电功能的多信道 MAC(cognitive radio-enabled multi-channel MAC，CREAM-MAC) 协议，该协议集成了认知无线电网络中物理层的频谱感知技术和 MAC 层的数据包调度技术。在该协议中，所有次要用户都配备了具有认知无线电功能的收发器和多个信道传感器。另外，该协议使用专用公共控制信道作为汇合点，为次要用户预留了多信道资源交换控制数据包。

CREAM-MAC 协议并不要求所有的主要用户系统和次要用户之间保持全局同步。另外，该协议在控制信道上的竞争机制类似于 IEEE 802.11 DCF，如图 5-4 所示。当某个次要用户要发送数据包给另一个次要用户时，它首先在控制信道上发送 RTS 分组(包括其信道组列表) 给目的地。目的次要用户收到 RTS 报文后，如果在信道组列表中至少一个信道没有被其相邻的次要用户使用时，它将发送 CTS 分组回复源，并使用其传感器来检测在 RTS 包信道组列表的使用情况，最终找出最适合的信道进行数据信息传输。此外，其相邻的次要用户也能同时侦听到 RTS/CTS 信令交互。

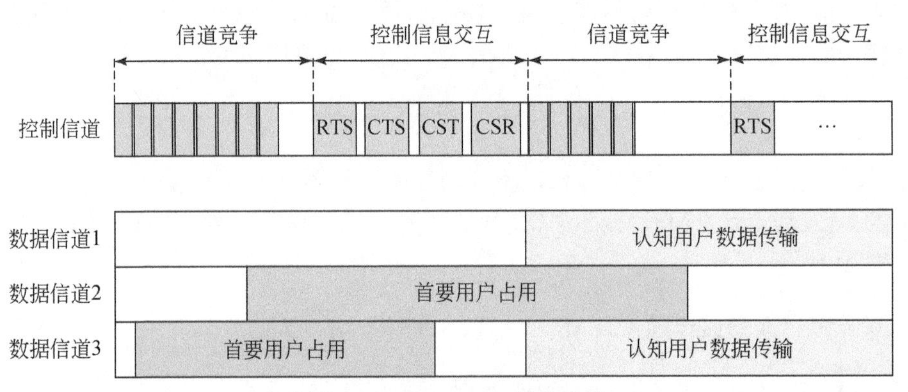

图 5-4　CREAM-MAC 操作流程

CREAM-MAC 协议通过利用专用控制信道可以有效地解决多信道隐藏终端问题以及针对不同次要用户来说时变信道是否可用的问题；同时能够使次要用户最佳地利用未使用的频谱，进而达到频谱效率高，物理层开销小，同时避免次要用户之间或者次要用户和主要用户系统之间的碰撞[17]。

(2) MHC-MAC。

文献 [18] 在 HC-MAC(hardware-constrained cognitive MAC) 协议[19,20]的基础上设计了一个具有异步流水线模式的认知网络 MAC 协议(MHC-MAC)，协议设计如图 5-5 所示。该协议能够使次要用户充分利用空闲的频谱资源，旨在改善 HC-MAC 协议面临的低吞吐量和低信道利用率问题。

MHC-MAC 结构仍然在很大程度上与 HC-MAC 是相同的，只是增加了一些对原来协议的修改，以提高其性能。MHC-MAC 协议简要介绍如下。

① 在争用周期间，所有次要用户连续监控控制信道，需要传输数据的次要用户以 CSMA/CA 方案通过交换 C-RTS/ C-CTS 消息包来争用控制信道。一旦某次要用户成功交换控制消息，赢得争用的节点将有权使用下一感知阶段和传输阶段的控制信道和所有数据信道。其他节点则不作为并监视控制信道，直到数据传输结束。

② 收发器以发送 S-RTS/S-CTS 报文同步感知可用授权频谱资源在感知阶段和交换感

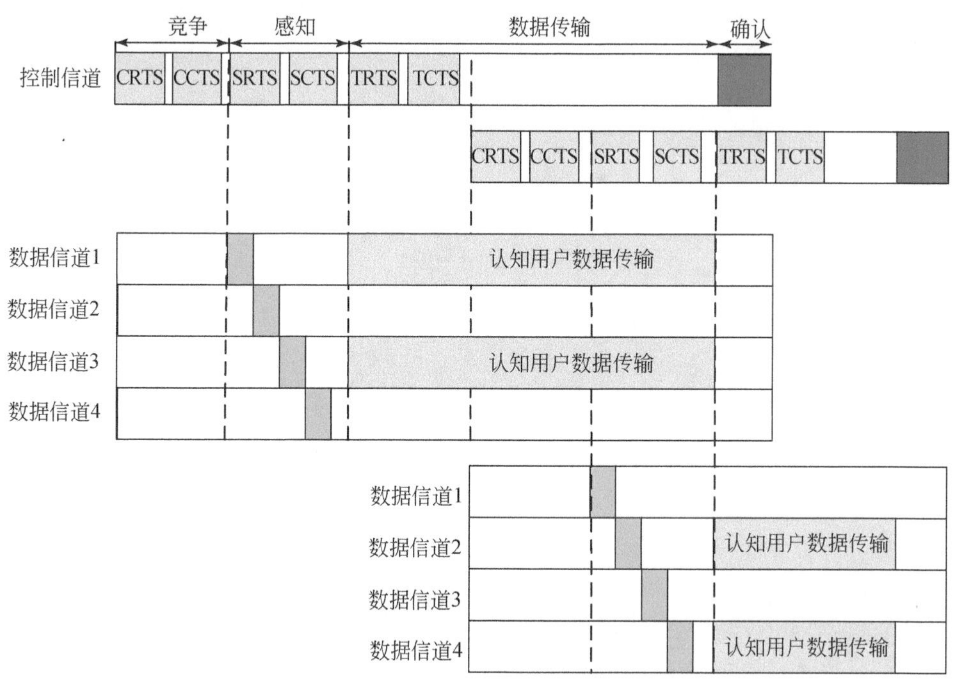

图 5-5　MHC-MAC 工作流程

知信息阶段内。在每个感测周期后，节点传输对将会基于停止准则判定是否停止检测并进入发射阶段。

③ 在传输期间，节点传输对开始使用一系列可用信道来传输数据包，直到达到最大传输时间(容许干扰时间)，然后返回停止阶段。完成传输后，节点传输对交换 T-RTS/T-CTS 消息报文来通知其他节点已释放占用信道并开始下一轮的争夺。

我们列出了一些 MHC-MAC 协议和原 HC-MAC 协议之间的差异。与 HC-MAC 协议相比，MHC-MAC 协议在频谱感测阶段、频谱协商阶段、数据传输阶段、任务量、授权信道数目和数据包长度等方面得到了优化。这种修改可以改善具有大任务数的网络性能，并且大大提高了控制信道和授权数据信道的利用率，但是该协议需要一个额外的公共控制信道。

2）基于公共跳变序列的 CR MAC

在此协议中，频谱被划分为 n 个时隙，每个时隙指定一个跳频。在跳频中，节点同步完成控制信令交换和数据传输。协议中，每个节点只装配一对收发器。在控制信令交换阶段，所有节点同步在当前时隙的跳频上进行侦听。若源节点需要传输数据包给目标节点，它首先在当前时隙的跳频上发送 RTS 消息报文给目标节点。目标节点收到 RTS 报文后，立即在当前跳频上发送 CTS 报文来回复源节点，同时源节点和目的节点停止跳变，并在当前跳频上完成数据传输。在数据传输期间，其他节点在各时隙的跳频上继续跳变。当源节点和目的节点完成数据传输后，它们将再次加入到当前时隙的公共跳频序列中，并保持和其他所有节点同步。图 5-6 是基于公共跳变序列的多信道 MAC 协议的示意图[21,22]，比较经典的有 SH-MAC(slow hopping MAC)。

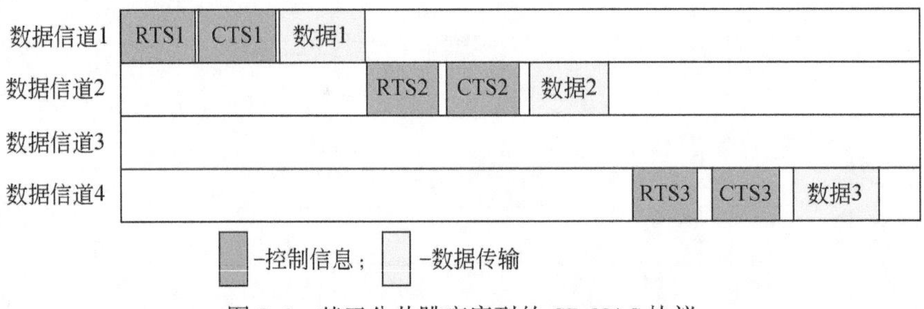

图 5-6　基于公共跳变序列的 CR MAC 协议

为了实现对主要用户系统或者干扰活动的鲁棒性以及提高总体吞吐量，文献［23］设计了一个采用慢跳频的基于协调器的认知无线电通信环境中机会频谱接入 MAC 协议，如图 5-7 所示。该协调器考虑主要用户活动识别、频谱感知、跳频调度和网络时间同步。该协议的工作流程是：通过网络连接后，各次要用户计算公共跳频序列，并同步次要用户协调器(secondary user coordinator，SUC）的信标。成功连接后，加入的次要用户遵循公共跳频序列，每跳需要持续时间 T_s 来执行信道感测的和广播信标包。在次要用户切换这一跳之前 SUC 要感测即将到来的这一跳。基于检测结果和许可频段 DB 信息，SUC 识别是否即将到来的这一跳被主要用户占用(或干扰)。如果该结果表明这跳没被占用，则 SUC 广播其信标，否则 SUC 不发送信标，前者被称为活动信标，后者被称为死信标。当收到活动信标时，对于目前跳在指定时隙开始，节点把本地数据发送到任何邻居节点执行一级CSMA/

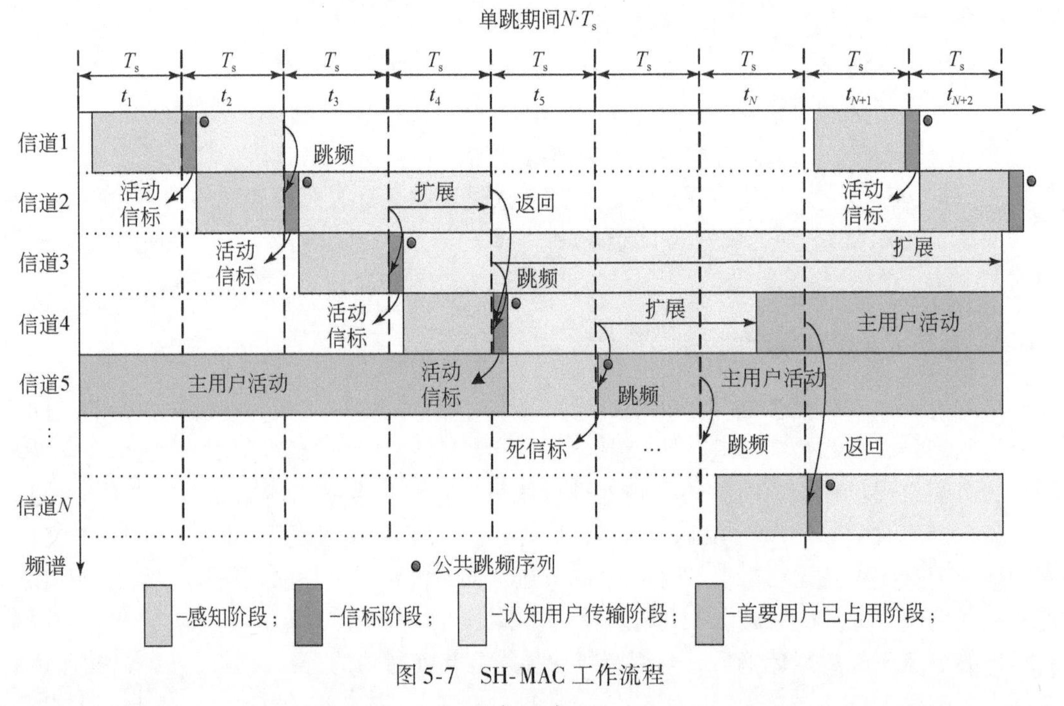

图 5-7　SH-MAC 工作流程

CA 操作来交换数据。如果信标是死的，所有次要用户进入空闲或睡眠模式或者进入一个时槽中。基本上，次要用户交换数据在一个时槽 T_s。但是，如果需要任何数据传输对储备一跳需要超过一个连续的数据时槽进行传输，那么给定的两个节点可以扩展数据传输使用二级 CSMA/CA 操作。当连续的数据传输被完成或被主要用户(或干扰) 在中途中断，发送者和接收者应该在当前时槽结束时返回公共跳频上。

该协议采用慢跳频机制实现了对主要用户系统或者干扰活动的鲁棒性以及提高总体吞吐量；另外，所有节点只需要配置一个收发机，但是只有一个收发机会带来不可忽视的切换开销。

3）基于缺省跳变序列的 CR MAC

在缺省跳变序列方案中，每个节点通过使用伪随机生成器的种子来确定其缺省跳频序列。该种子(如 MAC 地址) 被称为一个节点的邻居节点。在正常操作过程中，每个节点都会根据其缺省跳频序列跳变到某一信道并实时侦听该信道。如果某节点需要发送数据包给接收节点，该节点将会决定接收节点的跳频序列并选择最合适的信道，同时接收节点也在实时侦听该信道。如果该信道当前是空闲的，那么发送节点和接收节点将同时跳进该信道进行控制信令交互以及数据包传输。图 5-8 是基于缺省跳变序列的 MAC 协议的示意图[24]，比较典型的有 CD-MAC(chain dynamic MAC)。

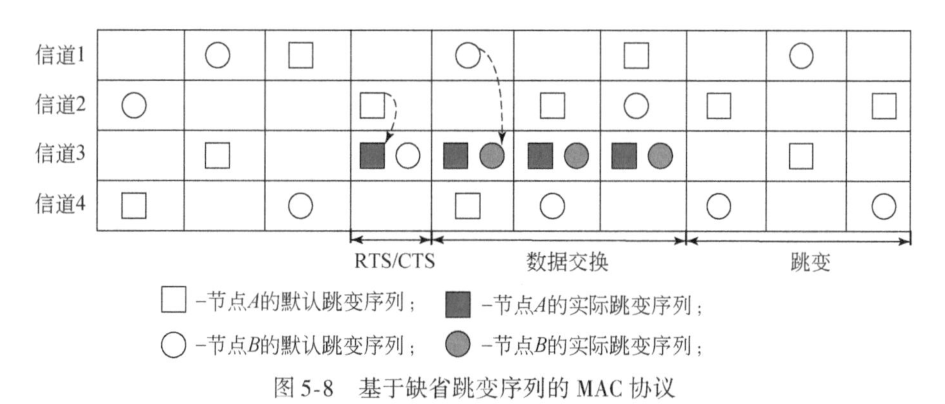

图 5-8　基于缺省跳变序列的 MAC 协议

为了解决采用专用控制信道所引起的瓶颈问题，文献［25］设计了基于链式动态 CCC 的 CR MAC 协议(a CR MAC protocol based on chain dynamic CCC)。该协议引入了动态公共控制信道(dynamic common control channel，DCCC) 的概念，DCCC 实际上是按照时间序列以时槽为单位把某一信道随机设定为公共控制信道，并且所有节点同步切换到该信道上进行实时侦听。该协议还引入了固定默认信道(home channel，HC) 的概念，HC 实际上是作为数据包传输的信道。另外，在该协议中，各节点对有关公共控制信道以及 HC 的选择也都充分考虑到了网络的鲁棒性、网络负载均衡以及数据传输品质。

4）基于时段拆分的 CR MAC

在时段拆分方案中，每个节点只使用一个收发器，而且需要时间同步。在同步周期内，该方案将所有信道分为两个阶段，即控制阶段和数据传输阶段，如图5-9所示[26]。另外，控制信令包和数据包在不同的时间内发送。在控制阶段，所有节点调整到公共控制信道上(其信道为0）进行控制信令交互从而来协商数据信道；在数据传输阶段，节点对调整到已协商好的信道上发送数据包信息。由于一个节点对可能无法使用某一个信道作为整个数据传输阶段，所以多个节点对可以预留相类似的信道。

控制信息交互阶段　数据传输阶段　控制信息交互阶段　数据传输阶段
数据信道1　R1　C1　R2　C2　数据1　R3　C3　R4　C4
数据信道2　数据3
数据信道3　数据2
数据信道4　数据4

图5-9　基于时段拆分的CR MAC

文献［27］提出了分布式认知MAC协议，它允许次要用户在没有中央协调器或专用控制信道的前提下自主搜索频谱机会。在获悉硬件和能量限制的前提下，假设各次要用户可能无法进行全频谱感知或当没有数据传输时可能不愿意监听频谱。为了解决该问题，引入了基于部分可观察马尔可夫决策过程理论(partially observable makov decision process，POMDP）的机会频谱接入的分析框架。在POMDP框架下，它允许频谱感知错误容易掺入和约束对主要用户的碰撞概率，从而降低了对主要用户的干扰。

在一个时隙开始时，需要传输数据的发射机必须监视某信道一段时间以确保达到所要求的感知精度，操作流程如图5-10所示[28]。如果信道感测可用，发射机就会生成一个随机退避时间。当其退避时间结束时若信道仍保持空闲，发射机将发送一个请求发送(request to send，RTS）消息给接收机，以指示该信道在发射机端可用。接收机接收到RTS消息后，如果该信道也在接收机端可用，则回复一个清除发送(clear to send，CTS)消息给发射机。当RTS-CTS成功交换后，发射机和接收机开始进行通信；最后，双方完成通信后，接收机将会发送ACK给发射机以便相邻节点及时更新频谱感知历史。

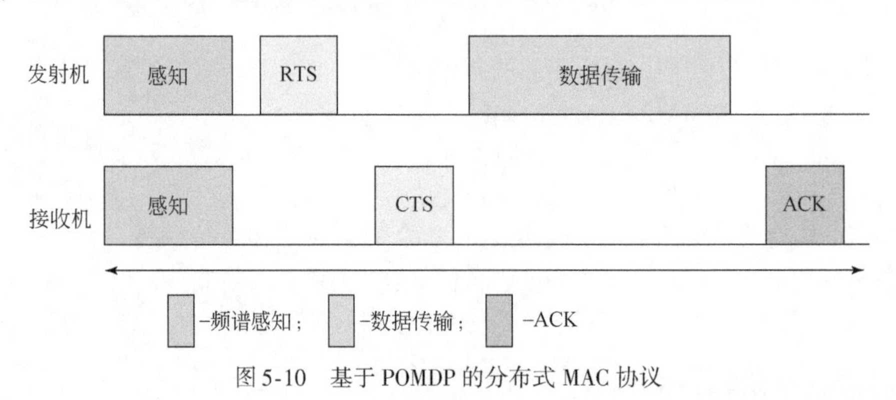

图5-10　基于POMDP的分布式MAC协议

3. 基于混合式的 CR MAC

基于混合式的 CR MAC，比较典型的有 SYN-MAC（synchronized MAC）、O-MAC（opportunistic MAC）等。

1）SYN-MAC

文献［29］提出了多跳认知无线电通信环境中的同步 MAC 协议（synchronized MAC，SYN-MAC）。系统假设：每个节点都配备两台收发机，一台用来侦听控制信号，另一台用于接收和传送数据。在各节点上的信道的最大数目为 N，但在其上的可用信道会随着主要用户系统拥塞情况变化而变化。该协议的工作原理是：在网络初始化状态，由于可能会有 N 个信道，则第一个节点把时间划分成 N 个固定持续时间，T_c 的时隙与之相对应。每个时隙专用于某一个信道控制信令交换。节点在相应时隙开始标记它所有的可用频谱。相邻节点将会选择一个信道，侦听信标消息并同步到相应的信道上。由于第一个节点广播了其所有的可用信道，相邻节点可以选择任意可用信道，并确保在 $N \times T_c$ 秒内收到信标消息。它接收到消息后，节点将会交换关于自身信道集的信息。如果它没有接收到信标，那么它被认为是第一个节点，信道控制图如图 5-11 所示。

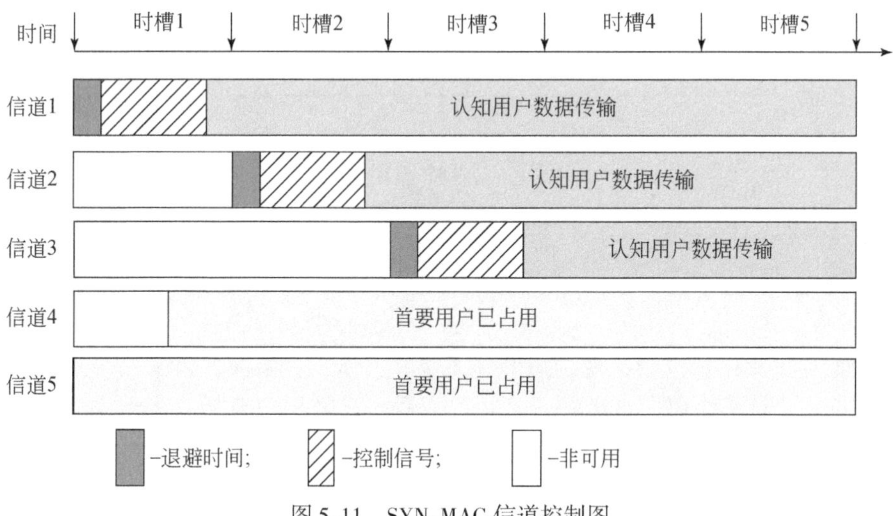

图 5-11 SYN-MAC 信道控制图

该协议避免使用 CCC，适用于异构环境，并在该环境下所有信道可以有不同的频谱带宽和工作频率。它本质上提供了一个解决如 CCC 的饱和问题、拒绝服务攻击（DoS）问题和多信道隐藏终端问题的方案。该协议比基于 CCC 协议有更好的连通性和更高的吞吐量，特别是在网络拥塞时。

2）O-MAC

文献［30］提出了机会的认知 MAC（O-MAC）协议。在该协议中，各节点都会装配两台收发器，一台用来侦听 CCC，另一台用于动态调谐到任何其他选定的信道。如图 5-12 所示，时间被划分为 N 个时槽用于在已授权信道上进行数据信息包传输，而 CCC 中控制信令的交互也是时槽的一部分，主要包括两个阶段：汇报阶段和协商阶段。因此，它是一种混合协议。在汇报阶段又进一步分为 N 个小槽，其中 N 为信道数。在每个时隙开始时，次要用户将会感知某一个信道。如果第 i 个信道被检测为空闲时，则在汇报阶段的第 i 个小槽时发送信标给 CCC。如果主要用户没有检测，则无信标发送。在协商阶段，次要用户通过基于竞争的算法(如基于 IEEE 802. 11 和 p-persistent CSMA) 进行协商。

该协议必须保持时间同步且多台收发器需要一定的开销，同时没有指定节点之间链路层的交互作用。

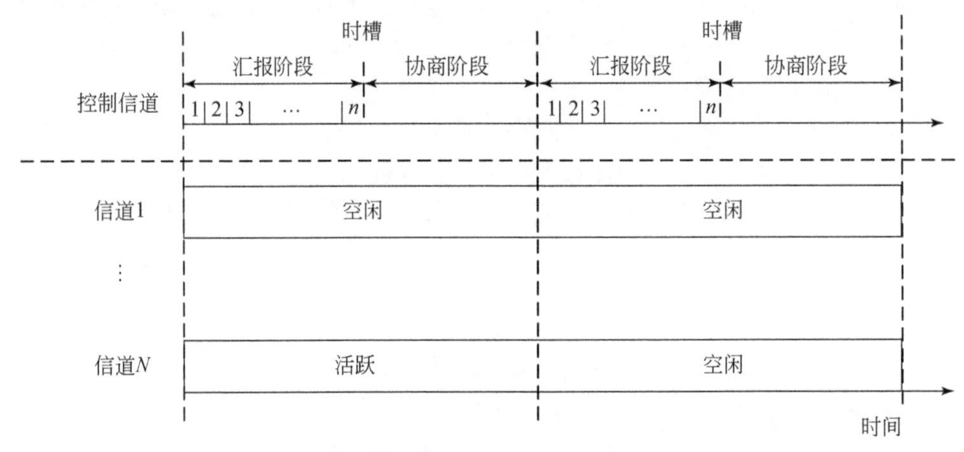

图 5-12　O-MAC 工作机制

5.1.3　频谱分配

频谱分配是主要用户按照次要用户的优先等级、QoS 等条件，公平而合理地将自己可用频谱分配给一个或多个指定次要用户。由此可见，次要用户要想在各时隙里充分地使用可用频谱，就需要设计出一种公平而有效的频谱分配算法。

首先，本节对频谱分配技术进行了分类，主要包括以下四方面：网络架构、用户行为、频谱共享方式和频谱接入方式。其中从网络架构方面又分为分布式和集中式，从用户行为方面又分为合作式和非合作式，从频谱共享方式方面又分为重叠式和下垫式，从频谱接入方式方面又分为竞争接入、非竞争接入和混合接入，如图 5-13 所示。

在实际应用中，对频谱分配技术的研究涉及多个方面，因此，需要建立一种适用于混合使用的频谱分配模型。目前，就频谱分配模型来说，许多学者通过经典数学模型或者微观经济学理论等模型对其进行了分析研究。现有的研究模型通常基于以下四种：基于图论的图着色模型、基于拍卖竞价模型、基于干扰温度模型、基于博弈论模型。

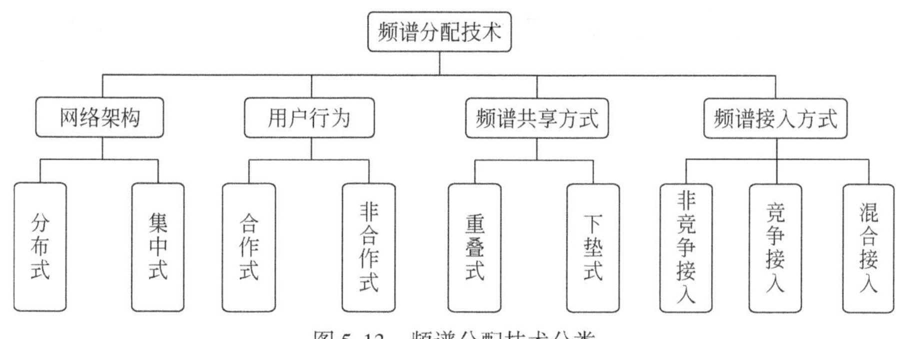

图 5-13　频谱分配技术分类

1. 基于图论的图着色模型

图着色模型是基于图论知识提出的，其核心思想就是将次要用户构成的网络拓扑结构抽象成图，以图的方式来研究频谱分配问题，并根据其对应的干扰与约束限制条件建立基于图着色的频谱分配模型[31]。

在一个认知无线电环境中，图着色模型中的所有顶点都表示次要用户；每个顶点的可选颜色表示次要用户可选的空闲频谱；每条边表示每对顶点间产生了干扰。如图 5-14 所示，顶点 1、2、3、4 表示四个次要用户节点，{*B*，*C*，*D*，*E*}、{*C*，*E*}、{*B*，*E*}、{*A*，*B*，*C*} 分别代表四个顶点的可用频谱集，每条边上的字母表示相邻两个顶点间在某段频谱上存在冲突。因此，每个次要用户的频谱分配问题通过此映射关系就可以转变成给各个顶点着色的问题。另外，其干扰约束条件表示为：相邻两个顶点间如果有一条色边，它们就不能同时使用相同的颜色。

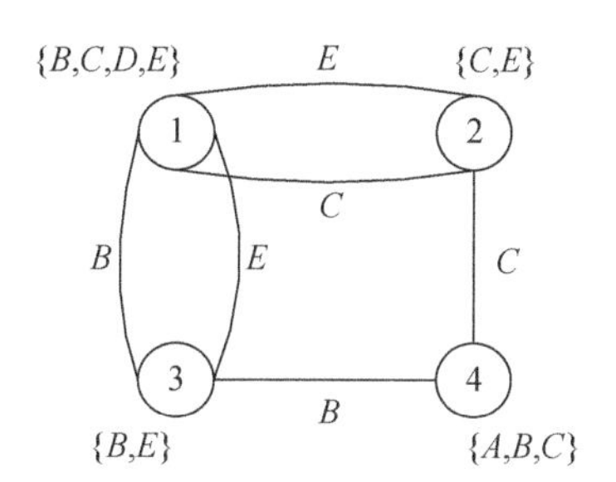

图 5-14　基于图着色的频谱分配模型

大多数文献使用图着色模型来解决频谱分配问题的具体算法主要包括以下两种：基于列表图着色模型的频谱分配算法和基于敏感图着色模型的频谱分配算法。

1）基于列表图着色模型的频谱分配算法

基于列表图着色算法的核心思想就是在满足干扰约束条件的情况下，以最大化系统的效用为目标完成频谱资源的分配。如果只考虑空闲频谱的最大化利用率，文献［32］提出了基于贪婪列表图着色的频谱分配算法，它是将数量有限的空闲频谱优先分配给连接数较少或者干扰点数少的顶点，使可用频谱得到充分利用，从而最大化整个系统的效用。但是那些受到干扰点数多的顶点所分配的信道将会减少，使这些用户很难获得可用频谱，从而无法保证次要用户间可用频谱分配的公平性。因此，为了解决次要用户间可用频谱分配的公平性问题，该文献作者同时给出了相应的解决办法，就是采用公平列表图着色模型来分析频谱分配问题，该算法优先考虑对存在干扰点数多的次要用户分配信道。

2）基于敏感图着色模型的频谱分配算法

由于上述算法只涉及次要用户效用和干扰在同一信道对频谱分配的影响，在不同信道间如何影响频谱分配却没有涉及，因此，Peng 等就此给出了基于敏感图着色模型的频谱分配算法[33,34]，设计了三维矩阵表示不同频谱上次要用户间的干扰约束关系和以用户效用来表示次要用户使用不同频谱所获效用的差异性，同时给出了不同频谱上的效用函数。与上述算法相比，此算法的核心思想是在满足干扰约束条件的情况下，以最大化频谱效用为目标完成频谱资源的分配。

基于图着色模型的频谱分配在满足干扰约束的条件下，解决了最大化系统的效用以及考虑了次要用户效用和干扰在不同信道间的差异性。但一个完整的频谱分配过程所需要的时间与可用频谱数量以及动态的网络环境相关，因此，该算法不适应研究在可用频谱快速时变的情况下，更不适应动态多变的网络环境下的频谱分配。

2. 基于拍卖竞价模型

基于该模型的频谱分配算法是采用微观经济学理论中的拍卖竞价原理而提出来的[35]。一般情况下，它主要应用在集中式网络中。拍卖竞价模型可以看做现实中的拍卖过程，如图 5-15 所示。在认知无线电网络中，频谱管理中心或者是基站来充当拍卖人，它将感知到的空闲频谱放入频谱池中，而将每个次要用户看做竞拍者。在每次竞拍周期中，每个竞拍者会根据自身需要对频谱池中的可用频谱进行竞价并提交给拍卖者。拍卖者收到所有竞拍者的信息后，以最大化整个系统效用为目标确定最终拍卖结果，最后竞拍成功者获得频谱资源的暂时使用权。

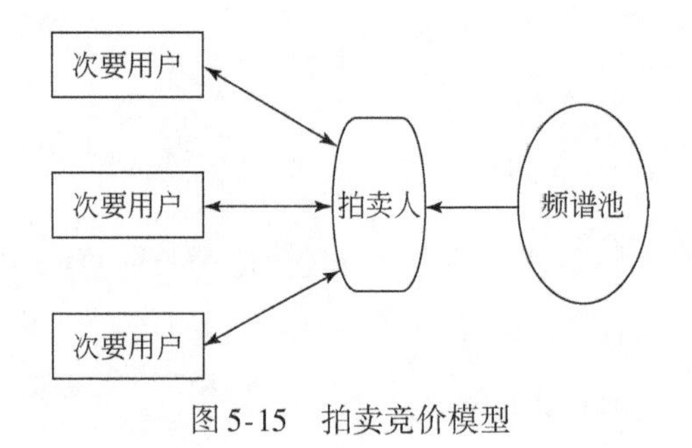

图 5-15　拍卖竞价模型

3. 基于干扰温度模型

干扰温度模型是由美国联邦通信委员会（federal communications commission，FCC）提

出的，如图 5-16 所示[36]。干扰温度应用在认知无线电网络中用来表示次要用户间在共享频谱资源期间对主要用户带来的干扰程度。它的核心思想就是把主要用户能够容忍次要用户对其造成的干扰程度作为判决阈值，认知无线电系统首先要估计其能够承受的最大干扰值，其次预测当引入某一次要用户之后所增加的干扰值，最后判断是否引入此次要用户[37,38]，而次要用户会通过周期性地检测对主要用户系统的干扰状况来自适应地调整自己的发射功率，前提条件是次要用户对主要用户系统的干扰必须在主要用户系统所能容忍的范围内[39]。

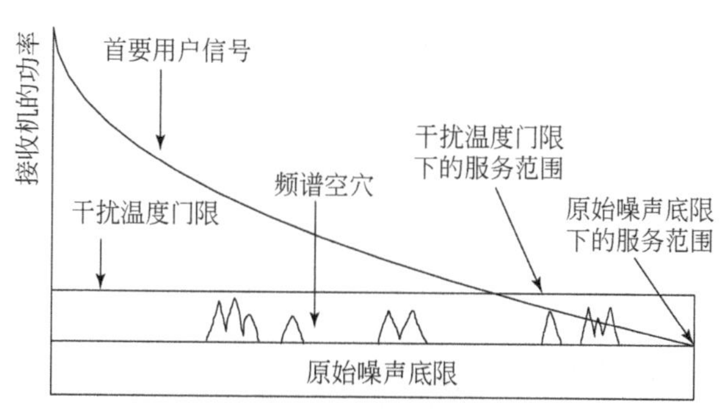

图 5-16　干扰温度模型

一般情况下，基于该模型的频谱分配算法主要由干扰功率强度和频谱带宽大小所决定，解决了次要用户对主要用户系统的干扰在主要用户系统所能容忍的范围之内对可用频谱资源的充分使用问题。但是基于该模型的频谱分配方案只能与基于下垫式的频谱共享方式相结合，具有一定的局限性。

4. 基于博弈论模型

1）博弈论的基本概念

博弈论是研究博弈参与者的博弈行为在互相产生直接影响时决策选择以及这种决策选择的均衡问题的理论[40]。在认知无线电网络环境中，博弈论研究的主体是次要用户和主要用户系统，并为次要用户和主要用户系统的决策选择问题提供了数学依据，研究的内容是某一部分主体的决策选择会受到除本身以外的其他主体的决策选择的影响，并且反向影响到除本身以外的其他主体时的决策选择以及均衡问题。

博弈论是一种使用严谨数学模型来分析个体与个体之间、个体与群体之间或者群体与群体之间在特定条件制约下的合作、竞争和冲突关系的有效工具，不仅在经济学领域中扮演了重要的角色，而且在计算机科学、生物学、军事战略、工程学、国际关系学等领域也得到越来越多的应用。

2）博弈论的基本构成

博弈论的基本元素包括博弈参与者、行为、策略集、博弈的信息和参与者的收益。

（1）参与者(player)：每个有策略选择权限的人或组织团体都可以称为参与者。

（2）行为(action)：开始博弈时，每个博弈参与者在某一时刻作出决策选择时所采取的决策变量。

（3）策略(strategies)：在一场博弈开始时，每个博弈参与者都会有选择合理可行的整个阶段过程的行动方案，它决定了每个信息集对应的决策选择者具体实施的行动是什么。例如，有时候在博弈过程中需要保证接入频谱的公平性和合理性，每个博弈参与者必须没有延迟，同时作出策略选择；而有些情况下有些博弈参与者会有优先选择的权利，导致博弈参与者先后作出策略选择；甚至更有一些情况下每个博弈参与者需要作出多次策略选择的过程。

（4）博弈的信息(information)：参与者在采取决策选择前所检测到的所有博弈参与者的各种信息，如自身或其他博弈参与者的行动集合、决策选择策略集以及收益情况等信息。博弈的信息对于博弈参与者来说是相当重要的，它直接影响着每位博弈参与者在当前决策选择过程中所作出的具体决策。

（5）参与者的收益(utility)：对应所有博弈参与者在一场博弈完成过程中所作出策略选择后的盈亏情况。在一场博弈中，参与者的收益状况不仅受到博弈参与者自身作出决策的影响，而且受到其他博弈参与者作出决策的影响。因此，把在一场博弈完成时所有博弈参与者所作出策略选择后的盈亏状况定义为他们作出具体决策选择集的函数，该函数就是所谓的收益函数。

3）博弈论的分类

按照不同的方式对博弈论进行了具体分类。

从合作方式上，博弈论分为两类：一类是合作博弈，另一类是非合作博弈。合作博弈指的是互相产生影响的参与者间必须遵守某一项具体的规章准则的博弈，否则就是非合作博弈。

从执行某具体行为的先后顺序性上，博弈论分为静态博弈和动态博弈。静态博弈是互相产生影响的参与者之间没有延迟，同时作出策略选择，也可以不同时作出策略选择，前提条件是每个博弈参与者在作出决策前都不知道其他博弈参与者的策略选择情况。动态博弈指的是互相产生影响的参与者必须先后作出策略选择，并且后采取策略的参与者掌握了先采取策略的参与者的所有信息。

从博弈参与者对其他博弈参与者的信息的掌握程度上，博弈论又分为两类：一类是完全信息博弈，另一类是不完全信息博弈。完全信息博弈指的是每个博弈者对除他以外的所有博弈者的信息，如行动集合、决策选择策略集以及收益情况等有充分的把握的博弈。不完全信息博弈指的是在整个博弈过程当中，每个博弈参与者对除他以外的所有博弈者的信息，如行动集合、决策选择策略集以及收益情况等把握得不够或者一无所知。

此外，本节根据执行某具体行为的先后顺序性和博弈参与者对其他博弈参与者的信息的掌握程度上将非合作博弈划分为四种不同的类型以及与之相对应的均衡解：①完全信息静态博弈，与之相应的均衡解为纳什均衡；②不完全信息静态博弈，与之相应的均衡解为贝叶斯纳什均衡；③完全信息动态博弈，与之相应的均衡解为子博弈精炼纳什均衡；④不完全信息动态博弈，与之相应的均衡解为精炼贝叶斯纳什均衡[41]。同时把非合作博弈所划分的四种类型以及相应的均衡解用表格的形式展示，如表 5-1 所示。

表 5-1　非合作博弈的四种类型以及相应的均衡解[39]

信息掌握度 \ 执行顺序	静态	动态
完全信息	完全信息静态博弈 纳什均衡	完全信息动态博弈 子博弈精炼纳什均衡
不完全信息	不完全信息静态博弈 贝叶斯纳什均衡	不完全信息动态博弈 精炼贝叶斯纳什均衡

4）博弈论研究 CR 中频谱接入问题

认知无线电能够智能地感知到周边的无线电通信环境，并通过频谱感知技术来获取可用的空闲频谱资源，从而实时地调整自身工作参数，如频率、发射功率等，以适应 CR 环境中进行数据信息传输的新一代无线电通信技术。而频谱接入技术作为 CR 中的关键技术之一，它为次要用户合理高效地在多变环境中伺机接入空闲频谱，并在某段时间上、空间上和频率上出现的空闲频谱中进行数据信息传输提供了可行方案，其中在很多问题上都涉及决策选择的问题。很显然，CR 中频谱接入的决策选择问题与博弈论的思想不谋而合。由此可见，采用合理的博弈论方法来研究 CR 中频谱接入问题必然是可行的。

5）博弈论的常见模型

（1）进化博弈模型。

进化是生物领域的一种常见现象，体现了生物种群从低等到高等的逐渐演变过程。进化博弈则是借用了这一规律，广泛应用于博弈论领域来解决博弈参与者行为的一般问题。进化博弈的研究对象是“有限理性”的博弈参与者，这些参与者不能掌握周边其他所有参与者的信息，只是对部分参与者的信息有所了解，他们通过自身获得的信息进行一系列局部动态的调整过程，如通过效仿、学习等方式来逐渐适应周边环境的变化。由此可见，把进化博弈与频谱分配问题相结合，就有了全新的概念。

文献［42］提出了基于进化博弈的动态频谱接入算法，该算法采用基于群体进化的方案。在认知无线电通信环境下，把需要进行数据信令传输的所有次要用户看做一个群体，群体里的次要用户伺机地接入到各个主要用户系统的空闲频谱中进行通信，当主要用户使用次要用户已占用的信道时，次要用户需要立刻释放信道资源给主要用户。基于该博弈的进化过程主要包括两个阶段：第一阶段，主要用户将自身的频谱资源出让给次要用户，当其中一个主要用户所提供的频谱资源太少或是价格太高时，次要用户就放弃购买该主要用户的可用频谱资源，并转投其他主要用户；第二阶段，次要用户群体接入到某个主要用户系统的可用频谱资源的数量过高，就会导致该主要用户系统的频谱出租价格上涨，而使次要用户本身得到的收益下降。如果次要用户检测到自身的收益值小于群体内所有次要用户的平均收益值时，它就会逐渐转投到其他主要用户系统中进行数据信令传输，即完成进化。各群体中的次要用户通过不断进化，伺机地接入到不同主要用户系统中，最终使得各自所获得收益到达相同，也就是达到进化均衡。该文献假设在一个认知无线电通信环境内存在 2 个主要用户和 10 个具有相同条件的次要用户，各主要用户的可用频谱量相同。

在进化博弈模型中，当群体中所有次要用户伺机地接入到主要用户系统达到进化均衡时，选择每个主要用户系统的次要用户数量逐渐趋于稳定状态，从而大大提高了各次要用户以及各主要用户系统的收益。但该算法的计算效率不高且在公平性方面缺乏一定的考虑。

具体的频谱接入选择算法如图 5-17 所示。

次要用户频谱接入选择算法 输入：次要用户总数 N 输出：次要用户接入频段 i 的收益 π_i^a
1. 群体 a 的所有次要用户随机地接入到主要用户系统 $i(i=1,\ 2)$ 的可用频谱 2. 迭代时刻为 $t(t=1,\ 2,\ 3,\ 4,\ \cdots)$ 3. 群体 a 中的次要用户计算在任意时间 t 接入到主要用户所得到的收益，记作 π_i^a，a 将收益信息传送到认知无线电通信环境中的基站 4. 基站通过收到的所有次要用户的收益信息来算出该群体 a 的平均收益值 $\bar{\pi}^a$ 5. 如果 $\pi_i^a<\bar{\pi}^a$，且随机数$<(\pi_i^a-\bar{\pi}^a)/\bar{\pi}^a$，则转投其他主要用户系统，重复执行步骤 2～步骤 5，否则执行下一步 6. 选择每个主要用户系统的次要用户数量逐渐趋于稳定状态时，即进化均衡，博弈结束

图 5-17　次要用户频谱接入选择算法

（2）潜在博弈模型。

对于潜在博弈，它有一个重要特性就是博弈中存在一个潜在函数(potential function)，记作 P，此潜在函数能够准确地表述任意博弈者的策略单独发生改变时效用函数的变化情况[43]。该潜在函数 P 定义如下

$$U_i(s_i,\ s_{-i})-U_i(s'_i,\ s_{-i})\geqslant\lambda_i(P(s_i,\ s_{-i})-P(s'_i,\ s_{-i}))\tag{5-1}$$

式中，U_i 为博弈参与者 i 的收益；s_i 为博弈参与者 i 选择的具体决策；λ_i 为博弈参与者 i 的权值；P：$S\to R$。根据式中不等式的符号以及λ_i 的取值大小，潜在博弈分成以下三种：严格潜在博弈、加权潜在博弈和顺序潜在博弈。其中当不等式为等号且$\lambda_i=1$ 时，为严格潜在博弈；当不等式为等号时，为加权潜在博弈；当不等式的符号取大于号且$\lambda_i=1$ 时，为顺序潜在博弈。

文献［43］采用严格潜在博弈模型来研究 CR 中的频谱分配算法。假定场景：把 N 个次要用户均匀地分布在某个方形范围内，次要用户的位置可以是静止不变的或慢慢匀速移动。K 表示可用的空闲频谱数量，并且满足条件 $K<N$。同时该方案的频谱共享方式属于下垫式的，也就是说当某次要用户伺机接入到主要用户已占用的信道时，其他次要用户也能同时接入到该信道上。此外，各次要用户采用了分布式的方式对频谱空洞进行检测。同时考虑了次要用户之间的干扰情况和次要用户与主要用户系统之间的干扰情况，并建立了相应的频谱分配模型，详细描述如下：

①该博弈参与者集合为 N 个次要用户；

②次要用户 i 的空闲频谱资源集表示为该次要用户 i 的决策集 S_i；

③定义对主要用户系统总干扰比为某次要用户 i 的效用函数。

该模型为了最小化各次要用户 i 对主要用户系统的总干扰比，同时考虑了次要用户之间的干扰情况和次要用户与主要用户系统之间的干扰情况对频谱分配决策的影响，并设计了基于改进型策略的动态调整规则对空闲频谱资源进行动态选择，且通过多次决策改进选择使次要用户能够迅速收敛到纳什均衡点。但该模型不适合自私用户以及异构用户网络场景，并且很难判断复杂模型的收敛性。

文献［44］分析了基于潜在博弈模型的动态频谱分配算法，并建立了相应的数学模型。该模型也是为了最小化各次要用户 i 对主要用户系统的总干扰比，让次要用户在动态博弈过程中自适应地对空闲频谱资源进行共享，进而收敛到纳什均衡点，最终实现 CR 中频谱资源的分配。该模型具有快速收敛性，并明显改善了系统总干扰水平，保证了主要用户的无线通信质量。

（3）拍卖博弈模型。

在认知无线电通信环境中，根据拍卖参与者的对象不同，拍卖博弈模型[45]可分为：主要用户系统之间的拍卖博弈模型和次要用户之间的拍卖博弈模型。

在次要用户之间的拍卖博弈模型下，系统中存在着一个主要用户(拍卖者）和多个次要用户(竞拍者)。首先，拍卖者在干扰容限允许的条件下对空闲频谱进行拍卖。竞拍者想要租借空闲频谱时，将会向拍卖者上交对空闲频谱租借的价格。其次，出得最高价格的竞拍者将有机会使用可用频谱资源的权限；如果有多个竞拍者同时报出最高价格，拍卖者将会选择其中某个竞拍者作为获得其空闲频谱使用权的赢家。最后，获得可用频谱的竞拍者必须支付其竞拍的价格给拍卖者，其他的竞拍者不必支付任何价格。

在主要用户之间的拍卖博弈模型下，系统中存在着多个主要用户和多个次要用户。首先，当次要用户想要获得使用可用频谱资源的权限时，会向主要用户系统发出对频谱租借的请求，当主要用户系统得到次要用户发出的请求后，会决定以多少出租价格把可用频谱资源租借给次要用户。其次，由于次要用户租借某一个主要用户的空闲频谱是具有选择权的，因此，多个主要用户通过相互竞价来吸引次要用户。最后，在保证自身利益的前提下，出最低价的主要用户将会把其空闲频谱交给次要用户使用。

文献［46］提出了基于拍卖理论的子载波分配算法。在该算法中，系统存在着一个主要用户系统和多个次要用户，其中主要用户系统假设成一个频谱管理节点(如基站)。首先，将主要用户的频谱情况上报控制中心，控制中心将要拍卖的子载波汇聚在一起。其次，拍卖中心通过公共控制信道向所有次要用户发起其要拍卖的子载波，随后所有次要用户将根据对不同载波的感兴趣程度对不同的子载波进行竞拍。最后，经过多轮竞拍竞价过后，出价最高的次要用户将获得子载波的使用权。

文献［47］分析了基于拍卖博弈模型来解决认知无线电通信系统环境中多媒体流问题。假设在系统中存在一个主要用户系统和多个次要用户。把频谱分配问题形象地描述为现实生活中存在的拍卖博弈问题，并给出了三种基于拍卖博弈模型的具体频谱分配解决方案：单一对象出价成交升序时钟拍卖博弈模型、传统升序时钟拍卖博弈模型和替代升序时钟拍卖博弈模型，并建立了基于这三种拍卖博弈的具体频谱分配算法的数学模型。作者通过仿真实验验证了三种算法都收敛于一个有限数量的时钟。此外，还论证了基于替代升序时钟拍卖博弈模型在解决认知无线电网络中多媒体流问题优越于其他两种模型。

（4）重复博弈模型。

重复博弈模型定义为博弈参与者不止一次地作出决策，因此该博弈模型应该是动态博弈模型的一种。另外，博弈参与者掌握了上一次博弈参与者的信息，即参与者的行动、收益、策略等。博弈参与者会依据历史决策信息采取适合于自己的决策选择策略。由此可见，重复博弈是属于多个阶段的博弈，各个阶段的博弈过程是一样的，但是它的复杂性远大于一次博弈，并且它的策略集也比较大。不过，与单次博弈过程相比，重复博弈能够找到更好的均衡。

文献［48］采用了重复博弈模型来研究认知无线电通信系统环境中的频谱分配算法。系统假设：频谱是未授权的且存在多个主要用户系统，他们之间同时存在相互干扰。该算法解决了这种环境下的频谱共享问题，并给出了对应频谱分配算法的数学模型。在重复博弈过程中，博弈者会根据建立名声和施加惩罚获得一系列收益，这些收益包括最佳操作点、高效性、公平性和激励相容的共享频谱。另外，博弈者都具有非常高的主动性来舍去当前获得的效益，从而能够得到更加长远的效益。

文献［49］提出了一个基于主要用户系统空闲概率的效用函数算法，该算法采用的就是重复博弈模型。假定场景：在认知无线电通信系统环境中存在多个主要用户系统和一个次要用户，网络架构采用分布式架构。主要用户系统依据重复博弈理论通过不断地调整模仿率来达到纳什均衡。最后，仿真结果表明，主要用户系统的空闲概率越大，它的效用就越高；当主要用户系统所提供的频谱全部空闲时，它的效用达到最大。除此之外，当主要用户系统获得的效用总额没有达到最大时，纳什均衡也是无效的。

（5）超模博弈模型。

超模博弈理论是建立在格子理论的基础之上的一种新的分析方法[50]，它去掉了传统最优化理论中收益函数的凸性及可微性的假设，并且只要在决策选择集合上存在一定的序结构和对收益函数有一定的弱连接性和单调性。超模博弈还有一个重要特点就是具有在纯决策选择情况下的纳什均衡，并且纳什均衡集也存在一定的序结构。

文献［50］论证了 Topkis 不动点定理[51]中不动点最值点是存在着稳定性的，并依据其收益函数来构建适合自身的拓扑结构，以此为根据证明了超模博弈的最大纳什均衡和最小纳什均衡的稳定性。文献［52］对认知无线电通信系统环境中基于不同博弈模型的收敛性进行了探讨，并特别详细地探讨了基于超模博弈模型以及基于严格位势博弈模型[53]下的频谱资源分配问题，给出了对应的频谱分配算法。

文献［54］采用超模博弈模型来研究认知无线电通信系统环境中的频谱分配算法。为了最大化系统吞吐量，本文采用了正交频分复用的方式来构建相应的系统模型，并建立了基于超模博弈的频谱分配算法的数学模型。该算法在构造效用函数以及成本函数上不但考虑到主要用户系统对次要用户的干扰程度以及次要用户间的干扰程度，而且通过引入价格惩罚函数判断次要用户对主要用户系统的干扰程度，并且据此对主要用户系统产生不同干扰程度的次要用户给予相应的价格处罚，从而能够有效地减少次要用户对主要用户系统的干扰。实验结果表明，基于超模博弈模型的频谱分配算法经过多次博弈过程后能够达到收敛状态，最终完成了次要用户间可用频谱资源的再分配，同时在次要用户对主要用户系统干扰降低的情况下，显著地提高了整个系统的频谱资源利用率。

（6）多维博弈模型。

多维博弈定义为考虑两个或者两个以上参数指标的博弈。在认知无线电网络中，多维博弈相对于一维博弈来说，可以将无线通信中的多项重要参数作为频谱划分的重要指标。基于多维空间的博弈过程可以选择基于分布式的博弈学习算法来解决。在这个多维空间中，每个次要用户会依据无线电网络中的多项重要参数自动地选择频谱信道进行通信，最大化自己的效益。

文献［55］分析了基于一维博弈和基于多维博弈的 CR 中的频谱分配算法，并建立了其相应的数学模型。文中将带宽、干扰温度和频谱效率作为无线通信中的重要指标来分析频谱分配问题。仿真结果表明，有关带宽、干扰温度、频谱效率等无线通信中重要指标的纳什均衡解问题均可以采用基于一维博弈的数学模型来解决。该模型不仅能避免同频干扰，而且能使整个系统的全局效用均衡化。但是在当前的认知无线电通信环境中，由于系统结构复杂且通信业务多样化，仅仅考虑单个参数指标的收益行为已经行不通了，因此，必须同时考虑多个参数指标，导致这种情况已经不符合一维博弈的范畴了。为了解决上述问题，文献［55］同时提出了基于多维博弈的 CR 中的频谱分配算法，该算法能够有效地解决存在多个参数指标的频谱分配问题，并能够找到其相应的纳什均衡解，进而使整个系统达到在多个参数指标内频谱分配的均衡化以及收益总量的最大化。

（7）古诺博弈模型。

古诺博弈模型又称为双寡头竞争博弈模型，其中博弈参与者是相互竞争而没有相互协调的厂商，并把产量的大小看做决策变量。假设场景：在该模型中存在生产完全相同商品的两家厂商 A 和 B，每件商品的成本函数是等同的，且厂商生产某件商品的成本不能超过该商品的边际成本，两家厂商同时进行产量决策。

在认知无线电网络中，古诺博弈模型对于研究任意战略选择问题以及频谱分配问题都提供了可行的解决方案。在采用古诺博弈模型来分析频谱分配问题时，假设博弈参与者是主要用户系统或者次要用户，并以出租频谱带宽量或者租借频谱带宽量为决策变量，博弈参与者出租或租借品质相同的频谱，成本价格也一样，且随着出租频谱的主要用户数量或者租借频谱的次要用户数量的多少上下波动。博弈参与者出租频谱量或者租借频谱带宽的过程互不干扰，并以出租的频谱量或者租借的频谱带宽进行相互博弈。所有博弈参与者同时采取出租或者租借策略，且能够掌握其他博弈参与者采取的历史策略值。博弈参与者就会根据历史策略信息作出相应的反应，并选择最适合自己的策略值。通过多次博弈，各博弈参与者出租的频谱量或者租借的频谱带宽才将逐渐趋向纳什均衡点。

文献［56］采用古诺博弈模型来研究认知无线电通信系统环境中的频谱分配算法。它以次要用户间对争夺空闲频谱数量的博弈进行了分析。此外，文中也详细研究了认知用户在租借频谱带宽的博弈过程中的收益函数，并论证了认知用户在租借频谱带宽的博弈过程中存在收敛性。

（8）伯川德模型。

在伯川德博弈模型中，博弈参与者把商品出售价格看做决策变量。假定场景：在市场上存在多个生产相同产品的厂商，相互之间是独立的，每件商品的成本函数是等同的，且厂商生产某件商品的成本不能超过该商品的边际成本，厂商以商品价格战进行互相竞争，并且依据市场供需情况来标出各自的商品价格。

文献［57］基于伯川德博弈模型来研究 CR 中的频谱分配算法。该算法分析了多个主要用户系统在同时具有空闲频谱时，为了使自己的利益最大化而产生价格博弈的情况。文献［58］采用动态伯川德博弈模型来分析频谱分配算法。在博弈过程中，由于主要用户系统的相关信息是不可能被其他主要用户系统随意获得的，但是主要用户系统对其他用户的出租价格策略可以通过学习其他主要用户系统的历史行为信息获得。此外，文献［58］采用分布式的价格调整算法经过重复多次的博弈使主要用户系统的出租价格逐渐达到一个稳定状态，即纳什均衡点。

文献［59］将频谱分配中主要用户系统的行为构建为伯川德博弈模型。在该模型中，假设场景：系统中存在多个主要用户系统和一个次要用户，多个主要用户根据频谱定价进行相互竞争，在确保主要用户系统 QoS 约束的前提下，获胜的一方提供可用频谱资源给次要用户进行数据信息传输。文中还引入惩罚机制解决主要用户在博弈过程中偏离最优解的问题。

（9）斯坦科尔伯格模型。

斯坦科尔伯格模型又称为双寡头竞争博弈模型。假设场景：在该模型中存在两个厂商 A 和 B，厂商 A 先作出决策，厂商 B 会通过厂商 A 作出的决策来选择适合自己的策略值，同时厂商 A 也知道自己选择的策略情况会被厂商 B 获得。其中博弈参与者可以把产量的大小看做决策变量，也可以把产品价格看做决策变量。如果厂商以商品价格作为决策变量，则后作出决策的厂商的收益大于先作出决策的厂商的收益，即称为“后动优势”；而如果厂商以产量的大小作为决策变量，则先作出决策的看做的效用大于后作出决策的看做的效用，即称为“先动优势”。

在采用斯坦科尔伯格模型来分析频谱分配问题的过程中，假设博弈参与者是主要用户系统或者次要用户，并以出售的频谱数量或者租借的频谱带宽作为决策变量，博弈参与者出租或者租借品质相同的频谱，成本价格也一样，且随着出租频谱的主要用户数量或者租借频谱的次要用户数量的多少上下波动。博弈参与者出售频谱量或者租借频谱带宽的过程互不干扰，并以出租的频谱量或者租借的频谱带宽进行相互博弈。由于系统中的某些原因，博弈参与者不是同时作出出租或者租借策略，而是由一部分博弈参与者先作出决策，后面一部分博弈参与者借鉴前面一部分博弈参与者作出的决策，选择最适合自己的出租策略值或租借策略值。先作出决策的博弈参与者知道自己采取的策略会被后采取策略的博弈参与者所获得。各次要用户经过多次博弈之后，他们所出售的频谱数量或租借的频谱带宽将逐渐趋向各自的纳什均衡点。

为了联合优化主要用户和次要用户的服务质量问题，文献［60］采用基于斯坦科尔伯格模型的频谱分配算法进行资源分配。同时，文中引入了定价函数以实现主要用户系统的可用频谱资源与次要用户功率的互换。文献［61］提出了基于斯坦科尔伯格模型的频谱分配算法，并根据博弈参与者的不同(如主要用户系统或次要用户) 建立了其相应的数学模型。文中引入了定价函数，通过学习算法来详细分析整个模型中基于价格的博弈过程。实验数据表明，当速率调整因子在特定的区域内时，系统价格经过多次博弈后将逐渐趋向纳什均衡点。

5.1.4 小结

本节详细阐述了频谱接入技术具体研究的两大领域，即 MAC 协议和频谱分配技术。

首先详细阐述了有关认知无线电 MAC 协议的定义、功能以及优势，并根据频谱接入方式不同，将认知无线电 MAC 协议大致分成以下三类：基于时槽的 MAC 协议、基于控制信道的 MAC 协议和混合式的 MAC 协议。其中基于控制信道的 MAC 协议又具体划分成基于专用控制信道的 MAC 协议、基于公共跳频序列的 MAC 协议、基于缺省跳变序列的 MAC 协议和基于时段拆分的 MAC 协议四种，并着重分析了每种具体 MAC 协议的利与弊。

其次详细分析了频谱分配技术，并对其进行了分类，主要集中在以下四方面：网络架构、用户行为、频谱共享方式和频谱接入方式。其中从网络架构方面又分为分布式和集中式，从用户行为方面又分为合作式和非合作式，从频谱共享方式方面又分为重叠式和下垫式，从频谱接入方式方面又分为竞争接入、非竞争接入和混合式接入。

最后将按照不同性质分类的频谱分配技术通过经典数学模型或者微观经济学理论模型等进行了系统的分析研究，并指出具体的研究模型通常基于以下四种：基于图论的图着色模型、基于干扰温度模型、基于拍卖竞价模型和基于博弈论模型。此外，重点阐述了采用博弈论方法来研究认知无线电通信环境中频谱资源分配的问题。

5.2 基于博弈论的频谱接入算法研究

5.2.1 引言

认知无线电能够智能地感知周边的无线电通信环境，并通过频谱感知技术来获取可用的空闲频谱资源，从而实时地调整自身工作参数，如频率、发射功率等以适应认知无线电网络进行数据信息传输。而频谱接入技术作为 CR 中的关键技术之一，它为次要用户合理高效地在多变环境中伺机接入空闲频谱，并在某段时间上、空间上和频率上出现的空闲频谱中进行数据信息传输提供了可行方案，其中在很多问题上都涉及决策选择的问题。而博弈论是研究博弈参与者的博弈行为在互相产生直接影响时决策选择以及其决策选择的均衡问题的理论，并为相互产生影响的次要用户和主要用户的决策选择问题提供了数学依据，它的最大特点就是能够为相应的决策选择找到纳什均衡点，纳什均衡点大多数状况下也是寻找决策选择的最优解。由此可见，采用博弈论的方法对认知无线电技术作深入的研究是解决频谱接入问题的最有效方法。

在 CR 系统中，次要用户能够伺机接入到主要用户系统的空闲频谱中进行数据传输。因此，这样的频谱接入过程可以看成一个频谱租借市场。其中主要用户系统即为空闲频谱资源的出租者，他们之间相互竞争出租自己的空闲频谱资源给次要用户来获得额外的收益，次要用户即空闲频谱资源的租借方，他们之间相互竞争租借主要用户的空闲频谱资源进行数据信息传输，他们都可以用博弈论来模拟分析。

5.2.2 节给出了基于博弈论的 CR 频谱接入的一般模型；5.2.3 节给出了次要用户伺机地接入到 CR 的系统模型；5.2.4 节详细分析了频谱接入中次要用户间的博弈过程，即古诺博弈过程和斯坦科尔伯格博弈过程。5.2.5 节详细分析了这两种算法的求解方法及过程，并利用求导的方式使得次要用户的效用最大化，同时得到各次要用户租借的频谱带宽值，即纳什均衡解。为了便于读者理解，本节将要用到的所有参数代表的含义列于表 5-2 中。

表 5-2　各参数的含义

参数	代表的含义
N	博弈参与者的数量
S_i	博弈参与者 i 的战略空间
μ_i	博弈参与者 i 获得的收益
s_i	博弈参与者 i 的任意特定的战略值
$u_s(b_i)$	次要用户 i 的效用函数
$u_s(B_{i_f})$	先采取策略的次要用户 i 的效用函数
$u_s(B_{i_b})$	后采取策略的次要用户 i 的效用函数
$u_p(B)$	主要用户的总收益函数
$C(B)$	主要用户系统的出租成本
$k_i^{(s)}$	次要用户的频谱资源利用率
ν	频谱替代性因子
γ	接收机信噪比
$\mathrm{BER}_{\mathrm{tar}}$	比特错误概率的门限值
b_i	次要用户 i 租借的频谱带宽，单位为 Hz
B_{i_f}	先采取策略的次要用户 i 租借的频谱带宽，单位为 Hz
B_{i_b}	后采取策略的次要用户 i 租借的频谱带宽，单位为 Hz
p	次要用户支付给主要用户的租用价格
x，y，τ	非负常数

5.2.2　一般模型

在一个 N 个参与者的标准式中，S_1，…，S_N 是这 N 个参与者的战略空间，收益函数为μ_1，…，μ_N，因此博弈论的一般模型表示为

$$G=\{N,\ S_1,\ \cdots,\ S_N;\ \mu_1,\ \cdots,\ \mu_N\} \tag{5-2}$$

式中，博弈参与者 i 的战略空间为S_i，其中用s_i 表示具体某一个战略且$s_i \in S_i$，$\{s_1,\ \cdots,\ s_N\}$

为某个博弈参与者 i 在某一次博弈中选定的战略组合。对于任意一个参与者 i，其收益函数为μ_i，其中$\mu_i\{s_1, \cdots, s_N\}$表示为参与者 i 在某一次博弈中选择战略组合$\{s_1, \cdots, s_N\}$时的收益。

博弈论的标准式包括：①博弈参与者 N；②博弈参与者 i 的战略空间S_i；③博弈参与者 i 的战略组合 $\{s_1, \cdots, s_N\}$ 以及收益μ_i $\{s_1, \cdots, s_N\}$。

5.2.3 系统模型

认知无线电的频谱接入系统包括三部分：主要用户系统、次要用户、频谱池。系统模型如图 5-18 所示。这里只探讨次要用户间的博弈过程，将主要用户系统看做一个整体。

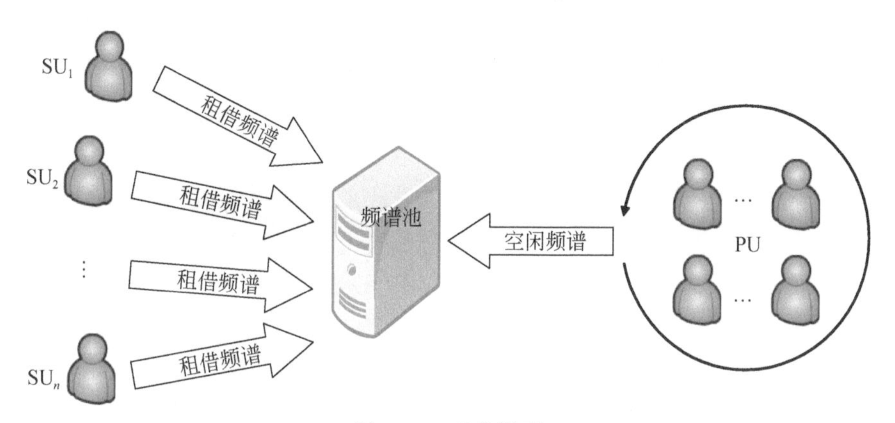

图 5-18　系统模型

下面分别介绍各个部分的构成：主要用户系统由一个基站和多个用户驻地设备构成。频谱池就像一个指挥官，用于完成一定范围内可用空闲频谱资源的集中分配。次要用户没有使用频谱资源的权限，它只能伺机接入到主要用户系统的空闲频谱资源进行数据信息传输。

频谱接入的系统模型流程图如图 5-19 所示。

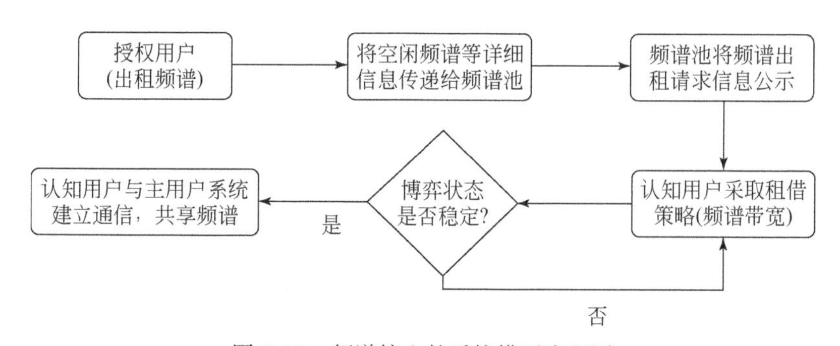

图 5-19　频谱接入的系统模型流程图

该系统模型流程图解释如下。

(1) 主要用户系统希望出租频谱资源，向频谱池发送请求并与频谱池建立连接，将它的空闲频谱情况、效用函数等信息传送给频谱池，请求出租频谱。

(2) 频谱池将主要用户的频谱出租请求信息广播给各次要用户，假设各次要用户租借频谱的价格是一样的，但随频谱资源的供需情况上下浮动。

(3) 各次要用户在租借频谱带宽的过程中，随时观察频谱资源的供需情况，并及时调整自己租借的频谱带宽，使自己的效益最大化。

(4) 频谱池会不定时地判断次要用户间的博弈是否达到稳定状态，也就是说，各次要用户所租借的频谱带宽值是不是达到稳定状态。若为否，则执行第(3)步，如果已经达到稳定状态，则把租借的频谱带宽值广播给各次要用户。

(5) 各次要用户收到频谱池的广播消息后，表明博弈过程完成，向主要用户发送请求并建立连接，将频谱池广播的频谱带宽值以当前的租借价格向主要用户申请占用。

(6) 各次要用户申请到主要用户的频谱资源后进行数据通信，并在数据通信完成后主动把频谱资源归还给主要用户。

在 CR 中，基于博弈模型的频谱接入问题涉及不同类型用户的策略选择问题，其中包括次要用户间的博弈、主要用户间的博弈和主次要用户联合间的博弈。在次要用户间的博弈中，博弈参与者是 CR 用户，CR 用户采取的策略是租借多少频谱带宽，决策过程是次要用户采用多大的频谱带宽进行数据传输；在主要用户间的博弈中，博弈参与者是主要用户系统，主要用户系统采取的策略是出租多少频谱带宽，决策过程是主要用户系统出租多少频谱带宽；在主次要用户联合间的博弈中，博弈参与者是 CR 用户和主要用户系统，CR 用户采取的策略是租借多少频谱带宽，主要用户系统采取的策略是出租多少频谱带宽，决策过程就是主要用户决定出租多少频谱带宽，而次要用户决定租借多少频谱带宽。

本节将博弈论模型引入到 CR 频谱接入中，详细阐述了有关次要用户间的博弈过程，并将该博弈过程抽象为博弈论中的双寡头竞争模型，即古诺博弈模型和斯坦科尔伯格博弈模型，将频谱接入这种抽象的问题更加形象、直观地理解为次要用户为最大化自己的效益在租借频谱时的博弈过程，及主要用户为了最大化自己的收益合理地决定频谱出售价格的行为。

5.2.4 算法描述

1. 古诺博弈模型

在该模型中，任意次要用户 i 都租借相同的频谱资源，频谱租借价格也一样，且随着租借频谱的次要用户数量的多少上下波动。各次要用户租借频谱带宽的过程互不干扰，并以租借的频谱带宽进行相互博弈。任意次要用户 i 同时作出租借策略s_i，且能掌握其他次要用户作出的历史策略值。次要用户 i 就会根据这些历史信息作出相应的反应，并选择最适合自己的策略值。各次要用户经过多次博弈之后，他们所租借的频谱带宽将逐渐趋向纳什均衡点。

该算法可以理解为次要用户 i 为最大化自己的效益在选择频谱时的博弈过程，根据文献 [62]，能够得到次要用户 i 利用频谱 b_i 进行数据传输的收益效用函数表示为

$$u_s(b_i) = k_i^{(s)} b_i - \frac{1}{2}\left(Nb_i^2 + 2\nu b_i \sum_{j\neq i}^{N} b_j\right) - pb_i \tag{5-3}$$

式中，ν 表示频谱带宽替代性因子[59]，意思就是说次要用户能够获得多少频谱资源与其他次要用户的影响程度息息相关，ν 的取值范围为 [0, 1]，随着 ν 的值逐渐增加，次要用户受其他次要用户的影响也会随着增大；在此，只考虑 $\nu=0$ 时的次要用户的收益，由式(5-3) 可得次要用户的效益函数为

$$u_s(b_i) = k_i^{(s)} b_i - \frac{1}{2} Nb_i^2 - pb_i \tag{5-4}$$

为了保证主要用户系统的收益，这里设定主要用户系统的收益函数与其定义的频谱价格有关，进而得到主要用户系统的总收益函数为

$$u_p(B) = \sum_{i=1}^{N} pb_i - \sum_{i=1}^{N} C(B) \tag{5-5}$$

式中，p 表示次要用户 i 租借的频谱价格；b_i 表示次要用户 i 租借的频谱带宽；$C(B)$ 为主要用户的出租成本，定义为

$$C(B) = x + y\left(\sum_{i=1}^{N} b_i\right)^{\tau} \tag{5-6}$$

式中，x、y 和 τ 是自然数，并且要求 $\tau \geqslant 1$，这样才能保证主要用户的出租价格是凸函数。

为了得到次要用户所租借频谱的频带利用率 $k_i^{(s)}$，需要熟悉 CR 的无线传输模型，具体介绍如下[63]：采用多进制正交幅度调制(multiple quadrature amplitude modulation，MQAM) 方式，这种调制方式可以得到非常高的频谱利用率，当调制进制数比较高时，信号矢量集的分布也十分合理。接下来需要得到单输入单输出(single input single output，SISO) 高斯噪声信道的误码率(bit error ratio，BER) 如下

$$\text{BER} \approx 0.2\exp[-1.5\gamma/(2^k - 1)] \tag{5-7}$$

式中，γ 代表接收机信噪比；k 是次要用户所租借频谱的频带利用率，即式(5-10) 中的 $k_i^{(s)}$。

设定误码率的门限值为 BER_{tar}，则频带利用率为

$$k = \log_2(1 + K\gamma) \tag{5-8}$$

式中

$$K = \frac{1.5}{\ln(0.2/\text{BER}_{\text{tar}})} \tag{5-9}$$

结合式(5-7)、式(5-8) 和式(5-9) 可得 $k_i^{(s)}$ 的值为

$$k_i^{(s)} = \log_2\left(1 + \frac{1.5}{\ln(0.2/\text{BER}_{\text{tar}})}\gamma\right) \tag{5-10}$$

结合式(5-5) 和式(5-6) 可求得主要用户的效用函数，对该效用函数求导可以得到 $u_p(B)$ 取最大值时主要用户的出售价格 p，同时从式(5-13) 可以看出 p 与 b_i 有关

$$u_p(B)=\sum_{i=1}^{N} pb_i-\sum_{i=1}^{N} C(B)=\sum_{i=1}^{N} pb_i-\sum_{i=1}^{N}\left(x+y\left(\sum_{i=1}^{N} b_i\right)^{\tau}\right) \tag{5-11}$$

$$\frac{\partial u_p(B)}{\partial b_i}=p-\tau y\left(\sum_{i=1}^{N} b_i\right)^{\tau-1}=0 \tag{5-12}$$

$$p=\tau y\left(\sum_{i=1}^{N} b_i\right)^{\tau-1} \tag{5-13}$$

结合式(5-4)、式(5-10) 和式(5-13)，求得次要用户的效用函数为

$$\begin{aligned} u_s(b_i) &= k_i^{(s)} b_i-\frac{1}{2}N b_i^2-pb_i \\ &= k_i^{(s)} b_i-\frac{1}{2}Nb_i^2-\tau y\left(\sum_{i=1}^{N} b_i\right)^{\tau-1} b_i \\ &= \log_2\left(1+\frac{1.5}{\ln(0.2/\mathrm{BER_{tar}})}\gamma\right) b_i-\frac{1}{2}N b_i^2-\tau y\left(\sum_{i=1}^{N} b_i\right)^{\tau-1} b_i \end{aligned} \tag{5-14}$$

2. 斯坦科尔伯格博弈模型

在该模型中，任意次要用户都租借相同的频谱资源，频谱租借价格也一样，且随着租借频谱的次要用户数量的多少上下波动。各次要用户在租借频谱带宽的过程中互不干扰，并以租借的频谱带宽进行博弈。由于数据信令在交换过程中可能产生网络时延，各次要用户采取租借策略有先后，先采取策略的次要用户具有先动能力，称为先动者；后采取策略的次要用户(称为后动者) 根据先动者的策略，选择适合自己的租借策略。先动者也知道自己选择的策略情况会被后动者获得，因此，一旦先动者采取自己的租借策略后，后动者就会根据历史策略信息作出相应的反应，并选择最适合自己的策略值。各次要用户经过多次博弈之后，他们所租借的频谱带宽将逐渐趋向纳什均衡点。

由于该算法中的效用函数、定价函数、纳什均衡点的存在性以及整个无线传输过程都和古诺博弈模型算法一模一样，只不过次要用户的博弈过程及收敛性、认知用户租借频谱总量不一样。在古诺模型算法中，各次要用户同时采取租借策略，且能获悉其他次要用户之前采取的策略值，但是斯坦科尔伯格博弈模型算法不同，各次要用户是先后采取租借策略值的，先采取策略的次要用户具有先动能力，称为先动者，后采取策略的次要用户(称为后动者) 根据先动者的策略选择适合自己的租借策略值。

5.2.5 博弈算法分析

1. 古诺博弈模型算法分析

在算法过程中，系统假设：次要用户 i 可通过频谱池来获得自己的效用函数$u_s(b_i)$，各次要用户 i 同时采取租借策略s_i，且能获悉其他次要用户之前采取的策略。次要用户 i 就会根据历史策略信息作出相应的反应，并选择最适合自己的策略值。各次要用户经过多次博弈之后，他们所租借的频谱带宽将逐渐趋向纳什均衡点。

图 5-20 展示了基于古诺博弈模型的频谱接入算法求解流程图。

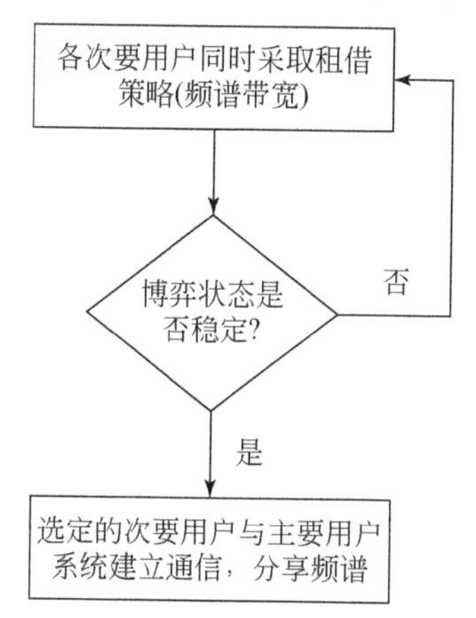

图 5-20　基于古诺博弈模型的频谱接入算法流程图

由此，基于古诺博弈模型的次要用户频谱接入算法具体步骤如图 5-21 所示。

次要用户频谱接入算法 输入：次要用户总数 N，比特错误概率的门限值$\mathrm{BER}_{\mathrm{tar}}$，接收机信噪比 γ，非负常数 y、τ。 输出：各次要用户 i 租借的频谱带宽达到纳什均衡时的频谱带宽 b_i 和效用$u_s(b_i)$
1. 将初值代入式(5-14)，求得任意次要用户 i 的效用函数 $u_s(b_i)$ 2. 根据式(5-15) 计算出当次要用户 i 的效用函数取得最大值时所获得的频谱带宽 b_i 3. 根据式(5-16) 可知任意次要用户 i 的策略值为b_i，因此，求 n 个 b_i 的和为 $\sum\limits_{i=1}^{n} b_i$

图 5-21　次要用户频谱接入选择算法描述

该算法步骤解释如下。

步骤 1：将初值$\mathrm{BER}_{\mathrm{tar}}=10^{-4}$，$\gamma=15.4\mathrm{dB}$，$\tau=2$，$y=\dfrac{1}{2}$代入式(5-14) 中,得到任意次要用户 i 的效用函数为

$$u_s(b_i)=\left(2-\sum_{j\neq i}^{n} b_j-b_i\right)b_i-\frac{1}{2}n\,b_i^{2} \tag{5-15}$$

步骤 2：根据式(5-15)可知，该函数为二次函数，对其求导得到$u_s(b_i)$ 取得最大值时的 b_i 值

$$b_i=\frac{1}{2+n}\left(2-\sum_{j\neq i}^{n} b_j\right) \tag{5-16}$$

步骤 3：由式(5-16)可知任意次要用户 i 的策略值为b_i，因此，求 n 个 b_i 的和为

$\sum_{i=1}^{n} b_i$，根据 $\sum_{i=1}^{n} b_i$ 便可获得任意次要用户 i 的纳什均衡解

$$\sum_{i=1}^{n} b_i = \frac{2n}{1+2n} \tag{5-17}$$

2. 斯坦科尔伯格博弈模型算法分析

下面给出基于斯坦科尔伯格博弈模型的频谱接入算法求解流程图，如图 5-22 所示。

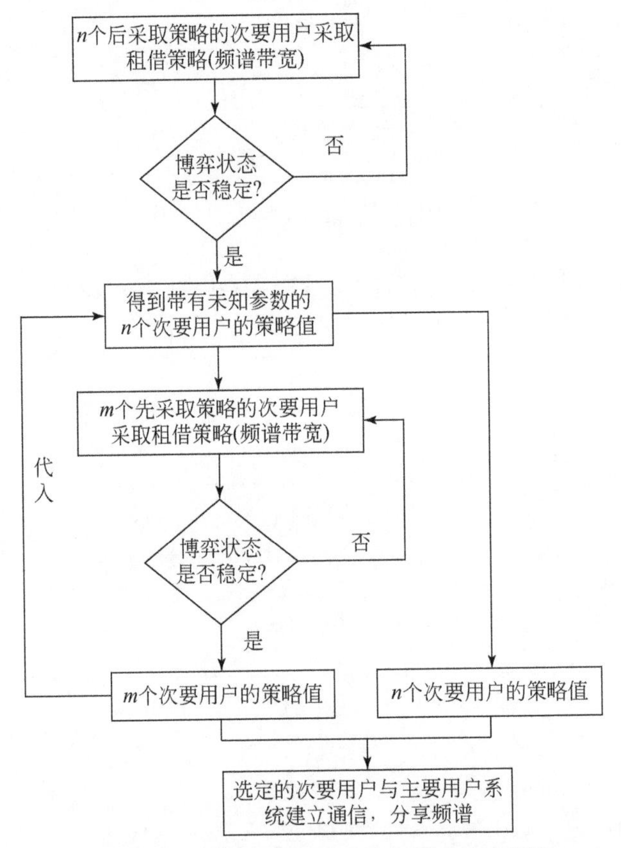

图 5-22　基于斯坦科尔伯格博弈模型的流程图

在算法执行过程中，假设次要用户 i 可通过频谱池来获得自己的效用函数 $u_s(b_i)$。各次要用户先后采取租借策略，先采取策略的次要用户具有先动能力，称为先动者，后采取策略的次要用户(称为后动者) 根据先动者的策略作出适合自己的租借策略。先动者也知道自己的策略情况会被后动者获得，因此，一旦先动者采取自己的租借策略后，后动者就会根据历史策略信息作出相应的反应，并作出最适合自己的租借策略。所有次要用户经过多次博弈之后，他们所租借的频谱带宽将逐渐趋向各自的纳什均衡点。

由此，基于该博弈模型的次要用户频谱接入算法具体步骤如图 5-23 所示。

次要用户频谱接入算法 输入：次要用户总数 N，比特错误概率的门限值$\mathrm{BER}_{\mathrm{tar}}$，接收机信噪比 γ，非负常数 y、τ 输出：各次要用户 i 租借的频谱带宽达到纳什均衡时的频谱带宽 b_i 和效用$u_s(b_i)$
1. 将初值代入式(5-14)，得到后动者 i 的效用函数$u_s(B_{i_b})$ 2. 根据式(5-18) 计算出后动者 i 的效用函数取得最大值时所获得的频谱带宽 B_{i_b} 3. 根据式(5-19) 可知，任意次要用户 i 的策略值为B_{i_b}，求得 n 个 B_{i_b} 的和为 $\sum_{i=1}^{n} B_{i_b}$ 4. 将相同的初值代入式(5-14) 中，得到先采取策略的次要用户 i 的效用函数$u_s(B_{i_f})$ 5. 将式(5-20) 代入式(5-21) 中，计算出先采取策略的次要用户 i 的效用函数取得最大值时所获得的频谱带宽 B_{i_f} 6. 由式(5-23) 可知任意次要用户 i 的策略值为B_{i_f}，求得 m 个 B_{i_f} 的和为 $\sum_{i=1}^{m} B_{i_f}$ 7. 将式(5-24) 代入式(5-20) 中，便可推导出 n 个后作出决策的次要用户的决策值 $\sum_{i=1}^{n} B_{i_b}$

图5-23　次要用户频谱接入选择算法描述

该算法步骤解释如下。

步骤1：将初值$\mathrm{BER}_{\mathrm{tar}}=10^{-4}$，$\gamma=15.4\mathrm{dB}$，$\tau=2$，$y=\frac{1}{2}$代入式(5-14)中，该博弈模型算法的求解过程采用逆序求解法，因此，首先得到后动者的策略值B_{i_b}，设其总和为 $\sum_{i=1}^{n} B_{i_b}$；此时已知先动者的策略值为B_{i_f}，设其总和为 $\sum_{i=1}^{m} B_{i_f}$（设 m 为先动者的个数，n 为后动者的个数），可得单个后动者的效用函数为

$$u_s(B_{i_b}) = \left(2 - \sum_{i=1}^{m} B_{i_f} - \sum_{j\neq i}^{n} B_{j_b} - B_{i_b}\right) B_{i_b} - \frac{1}{2}(n+m) B_{i_b}^{2} \tag{5-18}$$

步骤2：根据式(5-18)可以看出，该效用函数为二次函数，对其求导得到$u_s(B_{i_b})$ 取得最大值时的 B_{i_b} 值

$$B_{i_b} = \frac{1}{2+n+m}\left(2 - \sum_{i=1}^{m} B_{i_f} - \sum_{j\neq i}^{n} B_{j_b}\right) \tag{5-19}$$

步骤3：由式(5-19)可知任意次要用户 i 的策略值为B_{i_b}，由此求得 n 个 B_{i_b} 的和为 $\sum_{i=1}^{m} B_{i_b}$，计算结果如下

$$\sum_{i=1}^{n} B_{i_b} = \frac{n\left(2 - \sum_{i=1}^{m} B_{i_f}\right)}{1+2n+m} \tag{5-20}$$

步骤4：接着求B_{i_f}，根据式(5-20)可以得到任意次要用户 i 的效用函数$u_s(B_{i_f})$ 为

$$u_s(B_{i_f}) = \left(2 - \sum_{i=1}^{n} B_{i_b} - \sum_{j\neq i}^{m} B_{j_f} - B_{i_f}\right) B_{i_f} - \frac{1}{2}(n+m) B_{i_f}^{2} \tag{5-21}$$

步骤5：将式(5-20)代入式(5-21)中，求得式(5-22)，对其求导得到$u_s(B_{i_f})$ 取得最大值时的 B_{i_f} 值，计算结果为

$$u_s(B_{i_f}) = \left(2 - \frac{n\left(2 - \sum_{i=1}^{m} B_{i_f}\right)}{1 + 2n + m} - \sum_{j \neq i}^{m} B_{j_f} - B_{i_f}\right) B_{i_f} - \frac{1}{2}(n + m) B_{i_f}^{\ 2} \tag{5-22}$$

可得

$$B_{i_f} = \frac{1}{2n^2 + m^2 + 3nm + 3n + 3m + 2}\left(2 + 2n + 2m - (1 + n + m) \sum_{j \neq i}^{m} B_{j_f}\right) \tag{5-23}$$

步骤6：由式(5-23)可知，任意次要用户 i 的策略值为B_{i_f}，由此求得 m 个 B_{i_f} 的和为 $\sum_{i=1}^{m} B_{i_f}$，计算结果如下

$$\sum_{i=1}^{m} B_{i_f} = \frac{2m(1 + n + m)}{2n^2 + 2m^2 + 4mn + 2n + 3m + 1} \tag{5-24}$$

步骤7：将式(5-24)代入式(5-20)中，便可推导出 n 个后作出决策的次要用户的决策值 $\sum_{i=1}^{n} B_{i_b}$，计算结果如下

$$\sum_{i=1}^{n} B_{i_b} = \frac{n(4n^2 + 2m^2 + 6mn + 4n + 4m + 2)}{(1 + 2n + m)(2n^2 + 2m^2 + 4mn + 2n + 3m + 1)} \tag{5-25}$$

5.2.6 小结

将博弈论引入到认知无线电频谱分配的研究中，给出了基于博弈论研究认知无线电频谱分配的一般模型并构建了适合于认知无线电频谱分配的系统模型。在该系统模型中，首先，重点研究了次要用户之间对频谱带宽租借的博弈过程；其次，考虑了不同场景下的频谱资源分配，由于古诺博弈模型是属于完全信息静态博弈模型，应用于所有次要用户无延迟状况，并同时作出决策选择的场景，而斯坦科尔伯格博弈模型属于完全信息动态博弈模型，应用于次要用户作出决策选择的时间存在先后顺序的场景，因此借助博弈论中的双寡头竞争博弈模型(古诺博弈模型和斯坦科尔伯格博弈模型）给出了基于相应博弈模型的频谱分配算法，并建立了基于相应博弈模型的频谱分配的数学模型。最后，对不同博弈算法进行详细的分析研究，在保证纳什均衡点稳定性的条件下，找到了相应博弈算法的纳什均衡解。

5.3 仿真分析

本节利用 MATLAB 7.1 仿真平台来验证所提的基于博弈论模型的频谱接入算法的有效性。假设所有主要用户作为一个整体，所有次要用户具有相同的条件。本节将从频谱接入过程中次要用户租借频谱的选择问题、次要用户间的相互干扰问题以及认知无线电网络环境的规模这三方面来分析次要用户之间共同竞争整个主要用户空闲频谱的行为。从纳什均

衡、博弈过程和收敛性、次要用户租借频谱总量以及次要用户收益四方面分析次要用户合理地调整频谱带宽租借的行为。

5.3.1 仿真实验与性能分析

1. 纳什均衡

根据前面的分析可以看出，每个次要用户租借的频谱带宽b_i受到其他次要用户租借策略的影响，并且每个次要用户 i 所租借频谱带宽b_i 的取值范围都为［0，2］。假设系统中存在两个次要用户 1 和 2，两个次要用户具有相同的条件，设定次要用户 1 所租借频谱带宽为b_1，次要用户 2 所租借频谱带宽为b_2，且这两个次要用户租借频谱带宽的初值是随机的。根据式(5-16)可以得到这两个次要用户之间租借频谱带宽的反应函数，并通过 MATLAB 7.1 仿真平台进行仿真，如图 5-24 所示。在图 5-24 中存在两条曲线，其中一条曲线为b_2 随着b_1 取值的变化而逐渐变化；另一条曲线为b_1 随着b_2 取值的变化而逐渐变化；当b_1 的取值范围为［0，0.4）时，b_2 大于b_1；当b_1 的取值范围为(0.4，2］时，b_2 小于b_1；当b_1 的取值为 0.4 时，b_2 等于b_1。从这几组数据可以看出，这两条曲线存在一个交点，也就是存在纳什均衡点。

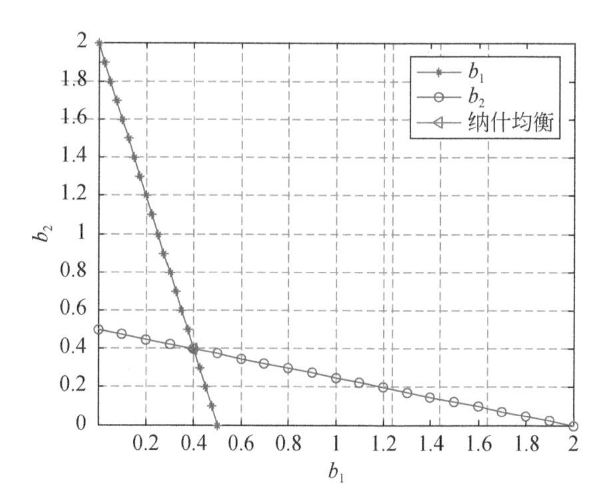

图 5-24　两个次要用户之间的反应函数

2. 古诺博弈模型仿真

1）博弈过程和收敛性

图 5-25 ~ 图 5-27 分别给出了在次要用户数量不同的情况下，次要用户之间共同竞争整个主要用户空闲频谱需要的博弈过程，以及当达到稳定状态时，所有次要用户租借的频谱带宽都收敛于纳什均衡点。

图 5-25 给出了两个次要用户之间共同竞争整个主要用户空闲频谱的博弈过程，其中横轴表示博弈的次数，纵轴表示次要用户租借的频谱带宽。开始时，假定次要用户 1 采取策略的值为 0. 25MHz，次要用户 2 采取策略的值为 0. 8MHz，由于次要用户 1 采取策略的值小于次要用户 2 采取策略的值，并且次要用户 1 采取策略的值小于纳什均衡点，次要用户 2 采取策略的值大于纳什均衡点，所以，每个次要用户会调整自己的策略，从图中可以看出，两个次要用户采取的策略值在博弈过程中逐渐靠近纳什均衡点，经过 5 次博弈后达到稳定状态且收敛于纳什均衡点。

图 5-26 给出了四个次要用户之间共同竞争整个主要用户空闲频谱的博弈过程，其中横轴表示博弈的次数，纵轴表示次要用户租借的频谱带宽。开始时，假定次要用户 1 采取策略的值为 0. 75MHz，次要用户 2 采取策略的值为 0. 5MHz，次要用户 3 采取策略的值为 0. 25MHz，次要用户 4 采取策略的值为 0. 1MHz。由于次要用户 1 采取策略的值大于其他次要用户采取策略的值，并且次要用户 1 采取策略的值、次要用户 2 采取策略的值和次要用户 3 采取策略的值都大于纳什均衡点，而次要用户 4 采取策略的值小于纳什均衡点，所以，每个次要用户会调整自己的策略，从图中可以看出，四个次要用户采取的策略值在纳什均衡点上下浮动并逐渐靠近纳什均衡点，并经过 8 次博弈后达到稳定状态且收敛于纳什均衡点。

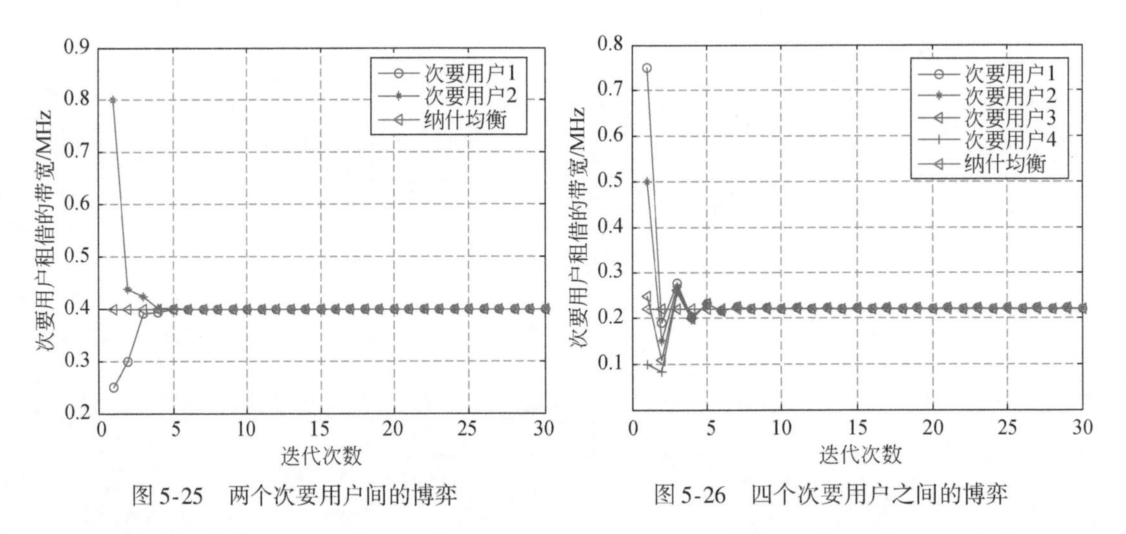

图 5-25　两个次要用户间的博弈

图 5-26　四个次要用户之间的博弈

图 5-27 给出了六个次要用户之间共同竞争整个主要用户空闲频谱的博弈过程，其中横轴表示博弈的次数，纵轴表示次要用户租借的频谱带宽。开始时，假定次要用户 1 采取策略的值为 0. 9MHz，次要用户 2 采取策略的值为 0. 7MHz，次要用户 3 采取策略的值为 0. 5MHz，次要用户 4 采取策略的值为 0. 3MHz，次要用户 5 采取策略的值为 0. 2MHz，次要用户 6 采取策略的值为 0. 05MHz，由于次要用户 6 采取策略的值小于其他所有次要用户采取策略的值，并且次要用户 6 采取策略的值小于纳什均衡点，而其他次要用户采取策略的值都大于纳什均衡点，所以，每个次要用户会调整自己的策略，从图中可以看出，六个次要用户采取的策略值在纳什均衡点上下浮动并逐渐靠近纳什均衡点，经过 10 次博弈后

达到稳定状态且收敛于纳什均衡点。

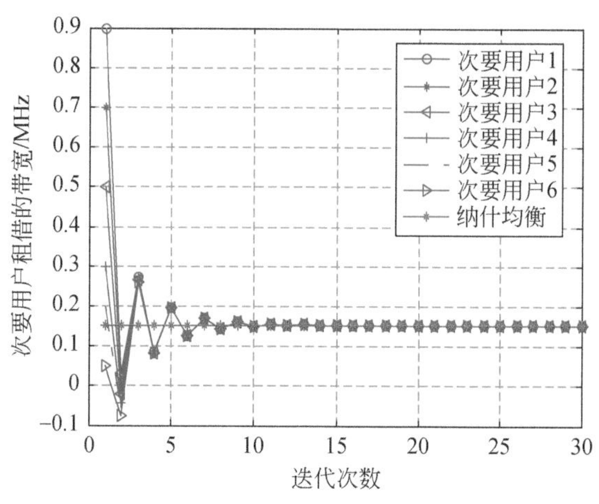

图 5-27　六个次要用户之间的博弈

从图 5-25 ~ 图 5-27 可以看出，在整个主要用户系统空闲频谱有限的情况下，次要用户之间在租借空闲频谱的博弈过程中，随着次要用户数量的增多，次要用户采取的策略值在纳什均衡点附近上下的浮动值也越来越大，同时博弈次数也越来越多，但最终会逐渐靠近纳什均衡点并达到稳定状态且收敛于纳什均衡点。虽然随着次要用户数量的增多，每个次要用户所租借的空闲频谱带宽会减小，但解决了次要用户间租借空闲频谱资源的公平性问题且所有次要用户所租借的频谱带宽总量增加了，最大化了频谱资源的利用率。

2）租借频谱总量

图 5-28 给出了在不同 SNR 的情况下，次要用户数量从 2 增加到 30 的过程中，当其达到稳定状态时，次要用户租借的频谱带宽总量的变化，其中横轴表示次要用户总数，纵轴表示次要用户租借的频谱带宽总量。随着次要用户数量的增多，次要用户所租借的频谱带宽总量呈现出曲线形上升的走势，当次要用户数量接近 30 时，租借的频谱带宽总量上升的走势就不太明显了。在 SNR 不同的情况下，次要用户租借的频谱带宽总量也不同，且 SNR 越高，次要用户租借的频谱带宽总量也越大，如图 5-28 所示。

3）次要用户收益

图 5-29 给出了在 SNR 不同的情况下，次要用户数量从 2 增加到 30 的过程中，对其达到稳定状态时，次要用户收益总量的变化，其中横轴表示次要用户总数，纵轴表示次要用户收益。从图 5-29 可以看出，随着次要用户数量的增加，次要用户收益有明显的下降，并在次要用户数量接近 30 时开始趋向平稳。这是由于主要用户的频谱资源有限，当想要租借空闲频谱资源的次要用户数量增多时，频谱市场供不应求，频谱租借价格则相应地会增大。从图 5-29 还可以看出，在 SNR 不同的情况下，次要用户收益也不同，且 SNR 越高，次要用户收益也越多。

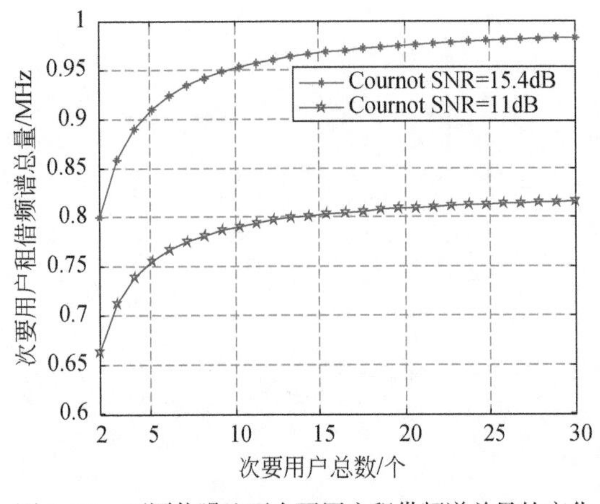

图 5-28　不同信噪比下次要用户租借频谱总量的变化

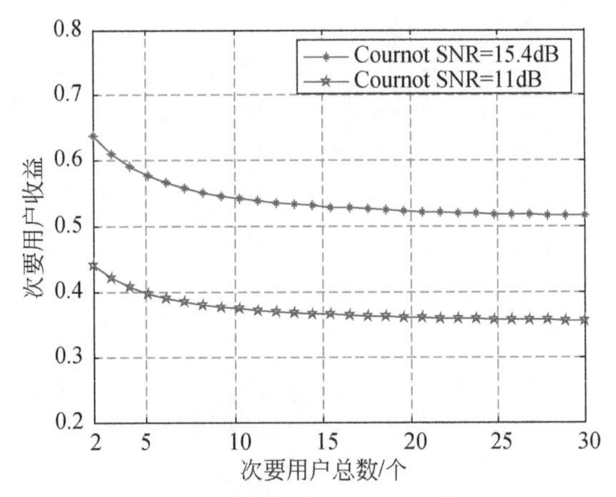

图 5-29　不同信噪比下次要用户收益的变化

3. 斯坦科尔伯格博弈模型仿真

1）博弈过程和收敛性

图 5-30 ~ 图 5-32 分别给出了在次要用户数量不同的情况下，次要用户先后竞争整个主要用户空闲频谱需要的博弈过程，以及当达到稳定状态时，先后采取租借策略的次要用户的策略值都收敛于各自的纳什均衡点。

图 5-30 给出了四个次要用户先后竞争整个主要用户空闲频谱的博弈过程，其中横轴表示博弈的次数，纵轴表示次要用户租借的频谱带宽。开始时，假定先采取策略的次要用户 1 的策略值为 0.125MHz 和次要用户 2 的策略值为 0.75MHz，后采取策略的次要用户 1 的策略值为 0.08MHz 和次要用户 2 的策略值为 0.5MHz，由于所有次要用户初次采取的策略值各不相同，且都不等于纳什均衡点，所以，每个次要用户都会调整自己的策略，从图中可以看出，先后采取策略的四个次要用户的策略值在博弈过程中逐渐靠近纳什均衡点，经过 5 次博弈后达到稳定状态且收敛于纳什均衡点。从图中还可以看出，先采取策略的纳什均衡点大于后采取策略的纳什均衡点，这体现了斯坦科尔伯格模型算法的先动优势。

图 5-31 给出了六个次要用户先后竞争整个主要用户空闲频谱的博弈过程，其中横轴表示博弈的次数，纵轴表示次要用户租借的频谱带宽。开始时，假定先采取策略的次要用户 1、次要用户 2 和次要用户 3 的策略值分别为 0.1MHz、0.4MHz 和 0.8MHz，后采取策略的次要用户 1、次要用户 2 和次要用户 3 的策略值分别为 0.05MHz、0.25MHz 和 0.6MHZ，由于所有次要用户初次采取的策略值各不相同，并且在纳什均衡点附近上下浮动，所以，每个次要用户都会调整自己的策略，从图中可以看出，先后采取策略的六个次要用户的策略值在博弈过程中逐渐靠近纳什均衡点，经过 6 次博弈后达到稳定状态且收敛于纳什均衡点。从图中还可以看出，先采取策略的纳什均衡点大于后采取策略的纳什均衡点，这体现了斯坦科尔伯格模型算法的先动优势，但不是很明显。

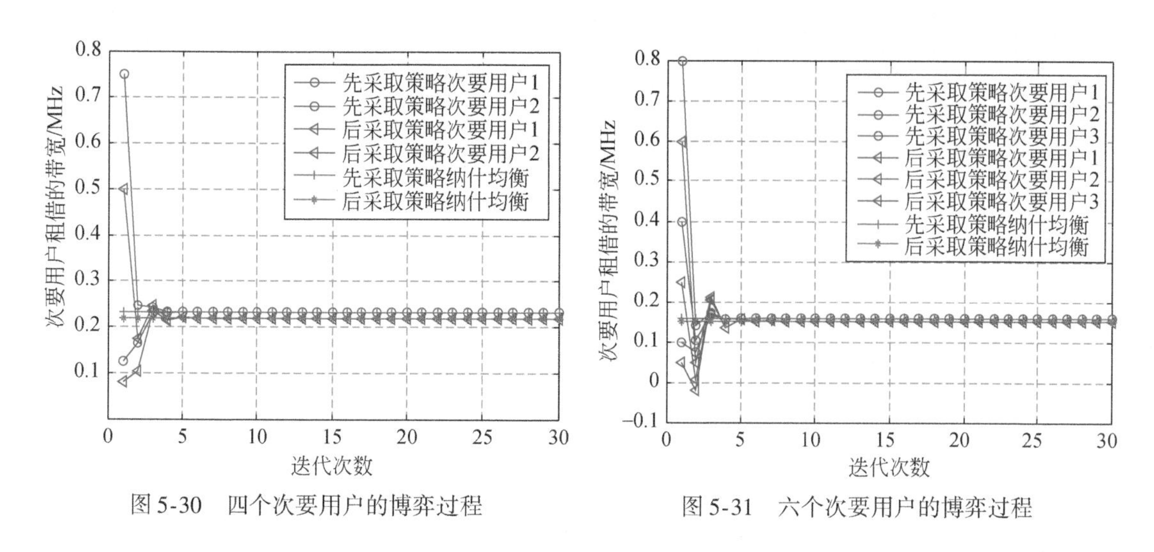

图 5-30　四个次要用户的博弈过程

图 5-31　六个次要用户的博弈过程

图 5-32 给出了八个次要用户先后竞争整个主要用户系统空闲频谱的博弈过程，其中横轴表示博弈的次数，纵轴表示次要用户租借的频谱带宽。开始时，假定先采取策略的次要用户 1 的策略值为 0. 1MHz，次要用户 2 的策略值为 0. 2MHz，次要用户 3 的策略值为 0. 4MHz，次要用户 4 的策略值为 0. 8MHz；后采取策略的次要用户 1 的策略值为 0. 05MHz，次要用户 2 的策略值为 0. 3MHz，次要用户 3 的策略值为 0. 5MHz，次要用户 4 的策略值为 0. 75MHz。由于所有次要用户初次采取的策略值各不相同，且都不等于纳什均衡点，所以每个次要用户都会调整自己的策略。从图中可以看出，先后采取策略的八个次要用户的策略值在博弈过程中逐渐靠近纳什均衡点，经过 7 次博弈后达到稳定状态且收敛于纳什均衡点。从图中还可以看出，先采取策略的纳什均衡点大于后采取策略的纳什均衡点，这体现了斯坦科尔伯格模型算法的先动优势，但不是很明显。

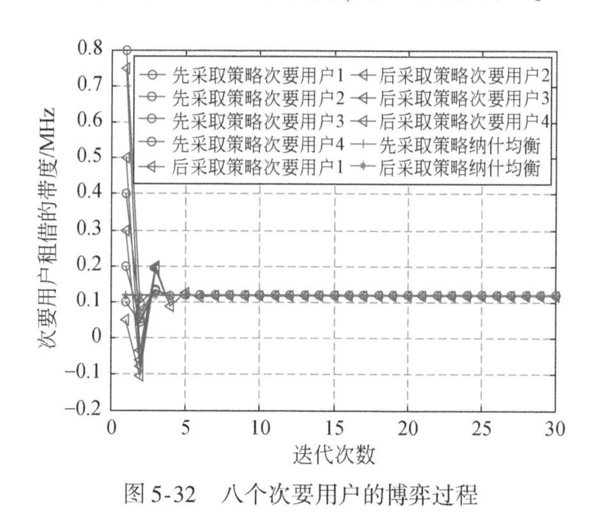

图 5-32　八个次要用户的博弈过程

从图 5-30 ~ 图 5-32 可以看出，在整个主要用户系统空闲频谱有限的情况下，次要用户之间在租借空闲频谱的博弈过程中，如果博弈参与者的数量很少，那么先采取策略的次要用户的策略值(租借频谱的带宽）达到稳定状态时要大于后采取策略的次要用户的策略值，这体现了斯坦科尔伯格模型算法中的先动优势；但是随着次要用户数量的增加，先采取策略的次要用户达到稳定状态时的策略值越来越接近后采取策略次要用户的策略值，并且先后采取策略的次要用户的策略值在纳什均衡点附近上下浮动改变很小，同时博弈次数也没有明显增加，说明博弈参与者的数量越多，斯坦科尔伯格模型算法的先动优势就越不明显。与此同时，每个次要用户所租借的空闲频谱带宽也会减小，但解决了次要用户间租借空闲频谱资源的公平性问题且所有次要用户所租借的频谱带宽总量也增加了，最大化了频谱资源的利用率。

2）租借频谱总量

图 5-33 给出了在 SNR 不同的情况下，次要用户数量从 2 增加到 30 的过程中，当其达到稳定状态时，次要用户租借的频谱带宽总量的变化，其中横轴表示次要用户总数，纵轴表示次要用户租借的频谱带宽总量。从图 5-33 可以看出，当次要用户数量为 2 时，次要用户租借的频谱带宽总量最少，并随着次要用户数量的增多，次要用户所租借的频谱带宽总量呈现出曲线形上升的走势，但是当次要用户数量接近 30 时，租借的频谱带宽总量上升的走势就不太明显了，并且接近主要用户系统提供的空闲频谱带宽总量值。从图 5-33 还可以看出，在 SNR 不同的情况下，次要用户租借的频谱带宽总量也不同，且 SNR 越高，次要用户租借的频谱带宽总量也越多。

3）次要用户收益

图 5-34 给出了在 SNR 不同的情况下，次要用户数量从 2 增加到 30 的过程中，当其达到稳定状态时，次要用户收益总量的变化，其中横轴表示次要用户总数，纵轴表示次要用户收益。从图 5-34 可以看出，当次要用户数量为 2 时，次要用户收益最大，这是由于频

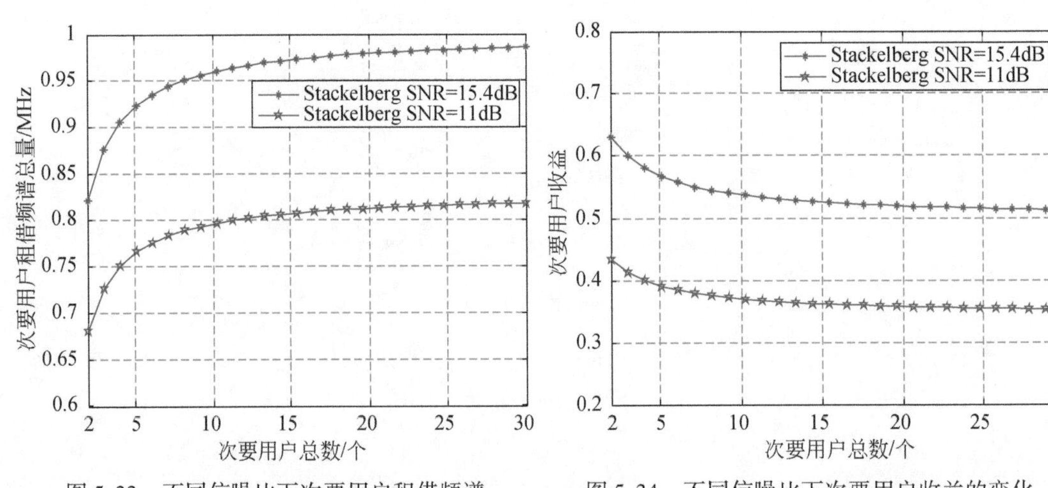

图 5-33　不同信噪比下次要用户租借频谱总量的变化

图 5-34　不同信噪比下次要用户收益的变化

谱市场供大于求，频谱资源相对丰富，主要用户出售频谱价格便宜，但随着次要用户数量的增加，次要用户收益有明显的下降，并在次要用户数量接近 30 时开始趋向平稳。这是由于主要用户的频谱资源有限，随着租借空闲频谱资源的次要用户数量的增多，频谱市场供不应求，频谱租借价格相应地会增大。从图 5-34 还可以看出，在 SNR 不同的情况下，次要用户收益也不同，且 SNR 越高，次要用户收益也越多。

4. 两种博弈模型算法比较

1）租借频谱总量

图 5-35 分别给出了在不同 SNR 情况下，次要用户数量从 2 增加到 30 的过程中，当其达到稳定状态时，两种博弈模型算法对次要用户租借频谱总量变化的比较，其中横轴表示次要用户总数，纵轴表示次要用户租借频谱总量。

从图 5-35 可以看出，在 SNR 相同的情况下，基于斯坦科尔伯格博弈模型的次要用户租借频谱总量大于基于古诺博弈模型的次要用户租借频谱总量，这是由于古诺博弈模型属于完全信息静态博弈模型，所有博弈参与者同时采取租借策略；而斯坦科尔伯格博弈模型属于完全信息动态博弈模型，是由一部分博弈参与者先作出策略，后面一部分博弈参与者根据前面一部分博弈参与者作出的决策采取适合自己的租借策略，因此能够追求更多的租借频谱数量，最终使得次要用户的频谱租借总量变大。但随着次要用户数量的增加，这两种算法的次要用户租借频谱总量越来越接近，并在次要用户数量接近 30 时开始趋向重叠，这是斯坦科尔伯格模型的先动优势不明显导致的。从图 5-35 还可以看出，在 SNR 不同的情况下，次要用户租借的频谱带宽总量也不同，且 SNR 越高，次要用户租借的频谱带宽总量也越多。

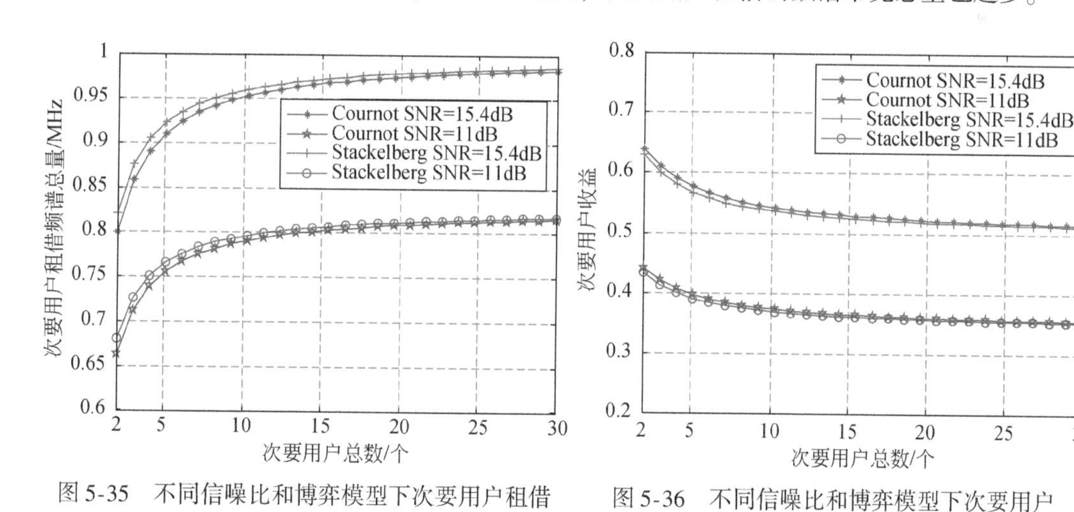

图 5-35 不同信噪比和博弈模型下次要用户租借频谱总量的变化

图 5-36 不同信噪比和博弈模型下次要用户收益的变化

2）次要用户收益

图 5-36 分别给出了在不同 SNR 情况下，次要用户数量从 2 增加到 30 的过程中，当其

达到稳定状态时，两种博弈模型算法对次要用户收益变化的比较，其中横轴表示次要用户总数，纵轴表示次要用户收益。

在SNR相同的条件下，随着次要用户数量的增加，两种算法模型的次要用户收益都有明显的下降，这是主要用户的频谱资源有限，随着租借空闲频谱资源的次要用户数量增多，频谱租赁供不应求，主要用户的频谱出售价格也会随之增加导致的，如图5-36所示。此外，基于斯坦科尔伯格博弈模型的次要用户收益要比基于古诺博弈模型的次要用户收益低，导致这种结果的原因是基于斯坦科尔伯格博弈模型的次要用户的频谱租借总量大于基于古诺博弈模型的，增加了频谱租借价格，但最终在次要用户数量接近30时两种算法的收益逐渐趋向重叠。另外，在SNR不同以及次要用户数量相同的条件下，次要用户收益也不同。例如，当SNR下降时，这两种博弈算法的次要用户收益都比原先的低，导致这种结果的原因是租借频谱总量降低了，且租借频谱价格不变。

5.3.2 小结

本节从纳什均衡点的存在性、次要用户的博弈过程及收敛性、次要用户租借频谱总量、次要用户收益四方面分析了不同参数设置下次要用户频谱带宽租借行为的变化。通过以上仿真结果可以看出：①这两种算法在分析认知无线电网络的频谱带宽租借过程中都存在纳什均衡点；②在整个主要用户空闲频谱有限的前提下，随着次要用户数量的增多，这两种算法在分析次要用户间租借空闲频谱的博弈过程中需要的博弈次数越来越多，且每个次要用户所租借的空闲频谱带宽也会减小，但次要用户所租借的频谱带宽总量增加了，最大化了频谱资源利用率；③在SNR不同的情况下，这两种算法的次要用户租借频谱总量及收益不同，且SNR越高，次要用户的频谱租借总量及收益越多；④在相同SNR的情况下，基于斯坦科尔伯格博弈模型算法的次要用户能够追求比基于古诺博弈模型算法的次要用户更多的频谱资源数量，最终使得前者的频谱租借总量更大，却增加了频谱租借价格，导致前者的收益低于后者。

5.4 总结与展望

CR技术是为了解决现有的频谱资源紧缺问题和已授权频谱资源的利用率低的问题而产生的。CR能够使得次要用户伺机接入到主要用户的频谱，对空闲频谱资源进行二次利用，使其能够有效地使用利用率较低的授权频谱，最大化授权频谱资源利用率。而频谱接入作为CR中的核心构成，为次要用户合理高效地在多变环境中使用空闲频谱资源，并伺机地使用在某段时间上、空间上和频率上出现的空闲频谱资源进行数据信息交换提供了可行方案。目前，国内外已有大量文献报道有关认知无线电网络频谱接入方面的研究工作，并取得了一定的成绩，然而怎样找到更好的模型来研究CR中频谱接入问题是学术界迫切需要解决的。

本章把微观经济学中的博弈理论与CR技术的研究相结合，详细分析了CR的博弈论解决方案，建立了基于博弈论的频谱接入系统模型，并设计了两种基于双寡头博弈模型的CR频谱接入算法，即古诺博弈模型和斯坦科尔伯格博弈模型。假设所有主要用户作为一个整体，所有次要用户具有相同的条件，并从纳什均衡点的存在性、次要用户的博弈过程及收敛性、次要用户租借频谱总量、次要用户收益四方面分析了不同参数设置下次要用户频谱带宽租借行为的变化。通过多组仿真结果发现，这两种算法在分析认知无线电网络的频谱带宽租借过程中都存在纳什均衡点。此外，在相同SNR的情况下，斯坦科尔伯格博弈模型算法与古诺模型算法相比，前者能够追求更多的租借频谱数量，最终使得次要用户的频谱租借总量更大，提高了频谱利用率，却增加了频谱租借价格，导致前者的收益低于后者。

本章基于博弈论模型给出了一些解决CR中频谱接入问题的方案，但由于研究水平有限，在研究工作中也存在不足之处，使得很多问题仍有待解决，归纳起来主要有以下几点。

（1）研究的博弈模型均属于完全信息下的博弈模型，没有考虑到适用于不完全信息下的场景。但实际场景往往复杂多变，因此，迫切需要适用于复杂多变场景的博弈模型算法。

（2）设定了如果某次要用户获得信道的使用权，则他在整个数据信息交换过程中一直占用此信道，直到次要用户完成数据信息交换时才还给主要用户，没有涉及主要用户主动强行回收信道资源的问题。

（3）只考虑了相同条件下的次要用户，而在实际的无线电网络中每个次要用户实际情况不同，效用函数也有差异，相应的租借频谱带宽也不同。

（4）只涉及次要用户之间对主要用户的空闲频谱租借的博弈问题，并且将主要用户系统看做一个整体，没有考虑主要用户间的频谱出租问题。而在实际的通信系统中，当次要用户的策略调整后，主要用户也会作出相应的共享频谱带宽以及频谱出租价格的调整。

参考文献

[1]工信部. 2016年9月份通信业经济运行情况. http://www.miit.gov.cn/n1146285/n1146352/n3054355/n3057511/n3057518/c5305779/content.html[2016-11-3].

[2]张龙. 认知无线电网络MAC层频谱感知与频谱接入问题研究. 合肥:中国科学技术大学博士学位论文,2015.

[3]工信部. 中华人民共和国无线电频率划分规定. http://www.miit.gov.cn/n1146285/n1146352/n3054355/n3057735/n3057748/n3057751/c4713815/content.html[2016-11-3].

[4]徐迪. 动态频谱接入综述. 电子科技,2015,28(3):161-164.

[5]常博文,王超,宁洋. 动态频谱接入技术综述. 中国科技信息,2016(21):36-38.

[6]张静,徐以涛,丁国如,等. 基于信道质量分析的动态频谱接入研究. 通信技术,2016,49(9):1181-1185.

[7]何娣,卢为党,张佳俊,等. 基于用户公平性的抗干扰频谱接入方法. 西南师范大学学报(自然科学版),2015(11):13-19.

[8]张士兵,王惠建,邹丽. 基于POMDP模型的分布式机会频谱接入算法. 南京邮电大学学报(自然科学版),2014,34(1):10-16.

[9]王思秀,郭文强,阿布都热合曼·卡的尔. 基于动态频谱博弈约束机制的认知无线网络信道选择算法. 计算机应用研究,2015(9):2733-2736.

[10]廖云峰,陈勇,聂勇,等. 一种基于 Stackelberg 博弈的动态频谱接入策略. 通信技术,2016,49(2):168-173.

[11]Gardellin V, Das S K, Lenzini L. Self-coexistence in cellular cognitive radio Networks based on the IEEE 802. 22 standard. IEEE Wireless Communications,2013,20(2):52-59.

[12]Lei Z, Shellhammer S J. IEEE 802. 22: The first cognitive radio wireless regional area network standard. IEEE Communications Magazine,2009,47(1):130-138.

[13]Gavrilovska L, Denkovski D, Rakovic V, et al. Medium access control protocols in cognitive radio networks: Overview and general classification. IEEE Communications Surveys & Tutorials,2014,16(4): 2092-2124.

[14]Cordeiro C, Challapali K. C-MAC: A cognitive MAC protocol for multichannel wireless networks. Proceedings of the IEEE International Symposium on New Frontiers in Dynamic Spectrum Access Networks, Dublin,2007: 147-157.

[15]De Domenico A, Strinati E C, Di Benedetto M. A survey on MAC strategies for cognitive radio networks. IEEE Communications Surveys & Tutorials,2012,14(1):21-44.

[16]Su H, Zhang X. CREAM-MAC: An efficient cognitive radio-enabled multi-channel MAC protocol for wireless networks. Proceedings of the 2008 International Symposium on a World of Wireless, Mobile and Multimedia Networks, Newport Beach,2008:1-8.

[17]Zhang X, Su H. CREAM-MAC: Cognitive radio-enabled multi-channel MAC protocol over dynamic spectrum access networks. IEEE Journal of Selected Topics in Signal Processing,2011,5(1):110-123.

[18]Huang L F, Zhou S L, Guo D, et al. MHC-MAC: Cognitive MAC with asynchronous-assembly line mode for improving spectrum utilization and network capacity. Mathematical and Computer Modeling,2013,11(57): 2742-2749.

[19]Wang Z F, Huang L F, Gao Z L. Research of sensing points and performance about method of energy detection in HC-MAC. Proceedings of the International Conference on Internet Technology and Applications (ITAP), Wuhan,2011:1-4.

[20]Jia J C, Zhang Q, Shen X M. HC-MAC: A hardware-constrained cognitive MAC for efficient spectrum management. IEEE Journal on Selected Areas in Communications,2008,26(1):106-117.

[21]De Domenico A, Strinati E C, Di Benedetto M. A survey on MAC strategies for cognitive radio networks. IEEE Communications Surveys & Tutorials,2012,14(1):21-44.

[22]Fan X J, Wang H, Tian J. An improved common hopping multiple access protocol for smart meter wireless networks. Proceedings of the International Wireless Communications and Mobile Computing Conference (IWCMC), Limassol,2012:275-280.

[23]Lee Y, Kim D. A slow hopping MAC protocol for coordinator-based cognitive radio network. Proceedings of the Consumer Communications and Networking Conference, Las Vegas,2012:854-858.

[24]Zhu L, Wang H. Research on multi-channel MAC protocols for cognitive radio networks. Proceedings of the Conference on Web Based Business Management, Wuhan,2011:1025-1028.

[25]Gen P. Research on Media Access Control Protocol for Cognitive Radio Networks. Xidian University,2011: 1-66.

[26] Tian T J. Research on multi- channel MAC protocol in cognitive radio Network and Simulation platform. University of Electronic Science and Technology of China,2010:1-76.

[27] Zhao Q, Tong L, Swami A, et al. Decentralized cognitive MAC for opportunistic spectrum access in ad hoc network: A POMDP framework. IEEE Journal on Selected Areas in Communication, 2007, 25(3):589-600.
[28] Lan Z, Jiang H, Wu X. Decentralized cognitive MAC protocol design based on POMDP and Q- Learning. Proceedings of the International Conference on Communications and Networking, Hammamet, 2012:548-551.
[29] Kondareddy Y R, Agrawal P. Synchronized MAC protocol for multi- hop cognitive radio networks. Proceedings of the IEEE International Conference on Communications, Beijing, 2008:3198-3202.
[30] Su H, Zhang X. Opportunistic MAC protocols for cognitive radio based wireless networks. Proceedings of the The Annual Conference on Information Sciences and Systems, Baltimore, 2007:363-368.
[31] 贾杰,王闯,张朝阳,等. 2012. 认知无线电网络中基于图着色的动态频谱分配. 东北大学学报(自然科学版),33(3):336-339.
[32] Wang W, Liu X. List- coloring based channel allocation for open- spectrum wireless networks. Proceedings of the The IEEE Vehicular Technology Conference, Boston, 2005:690-694.
[33] Peng C, Zheng H, Zhao B Y. Utilization and fairness in spectrum assignment for opportunistic spectrum access. Mobile Networks and Applications, 2006, 11(4):555-576.
[34] Zheng H, Peng C. Collaboration and fairness in opportunistic spectrum access. Proceedings of the IEEE International Conference on Communications, Seoul, 2005:3132-3136.
[35] Clemens N, Rose C. Intelligent power allocation strategies in an unlicensed spectrum. Proceedings of the IEEE Symposium on New Frontiers in Dynamic Spectrum Access Networks, Baltimore, 2005:37-42.
[36] 杨丰瑞,刘辉. 认知无线电中基于干扰温度的频谱探测技术. 通信技术,2008,41(8):92-94.
[37] Wang W, Peng T, Wang W. Optimal power control under interference temperature constraints in cognitive radio network. Proceedings of the IEEE Wireless Communications and Networking Conference, HongKong, 2007: 116-120.
[38] Bater J, Tan H P, Brown K N, et al. Maximising access to a spectrum commons using interference temperature constraints. Proceedings of the The International Conference on Cognitive Radio Oriented Wireless Networks and Communications, Orlando, 2007:441-447.
[39] Li H, Xu X, Cui Q, et al. A novel capacity analysis for femtocell Networks with optimal power and sub-channel adaptation. Proceedings of the The IEEE International Conference on Broadband Network and Multimedia Technology, Beijing, 2010:258-262.
[40] 高峰. 博弈论基础. 北京:中国科技出版社,1993.
[41] Shah V, Mandayam N B, Goodman D. Power control for wireless data based on utility and pricing. Proceedings of the The Ninth IEEE International Symposium on Personal, Indoor and Mobile Radio Communications (PIMRC), Boston, 1998:1427-1432.
[42] 王欢,唐伦,陈前斌,等. 认知无线网络中基于进化博弈的动态频谱接入. 计算机应用技术,2009,26(8): 3112-3114.
[43] 杨光,蒋军敏,施苑英. 基于潜在博弈的认知无线电频谱分配研究. 现代电子技术,2011,34(13): 41-45.
[44] Zhang H, Yan X. Advanced dynamic spectrum allocation algorithm based on potential game for cognitive radio. Proceedings of the 2nd International Symposium on Information Engineering and Electronic Commerce (IEEC), Ternopil, 2010:1-3.
[45] 罗高峰,危韧勇. 基于拍卖的认知无线电频谱分配研究. 通信技术,2010,43(9):48-53.
[46] Li A, Liao X, Zhang D. A spectrum allocation algorithm for device- to- device underlaying networks based on

auction theory. Proceedings of the Sixth International Conference on Wireless Communications and Signal Processing(WCSP), Hefei, 2014:1-6.

[47] Chen Y, Wu Y, Wang B, et al. Spectrum auction games for multimedia streaming over cognitive radio networks. IEEE Transactions on Communications, 2010, 58(8):2381-2390.

[48] Etkin R, Parekh A, Tse D. Spectrum sharing for unlicensed bands. IEEE Journal on Selected Areas in Communications, 2007, 25(3):517-528.

[49] Liu S, Liu Y, Tan X. Competitive spectrum allocation in cognitive radio based on idle probability of primary users. Proceedings of the Youth Conference on Information, Computing and Telecommunication, Beijing, 2009: 178-181.

[50] 杨晓花, 罗云峰, 吴辉球. Bertrand 模型与超模博弈. 中国管理科学, 2009, 17(1):95-100.

[51] Tarski A. A lattice-theoretical fix point theorem and its applications. Pacific Journal of Mathematics, 1995, 5(2):285-309.

[52] Neel J O, Reed J H, Gilles R P. Convergence of cognitive radio networks. Proceedings of the Wireless Communications and Networking Conference, Atlanta, 2004:2250-2255.

[53] Neel J O D. Analysis and Design of Cognitive Radio Networks and Distributed Radio Resource Management Algorithms. Blacksburg Virginia Polytechnic Institute and State University, 2006.

[54] 李校林, 刘海涛. 基于超模博弈的认知无线电频谱分配算法. 重庆邮电大学学报(自然科学版), 2010, 22(2): 151-155.

[55] Liu Y Q, Dong L. Spectrum sharing in MIMO cognitive radio networks based on cooperative game theory. IEEE Transactions on Wireless Communications, 2014, 13(9):4807-4820.

[56] Niyato D, Hossain E. A game-theoretic approach to competitive spectrum sharing in cognitive radio networks. Proceedings of the IEEE Wireless Communications and Networking Conference, Hong Kong, 2007: 16-20.

[57] Niyato D, Hossain E. Optimal price competition for spectrum sharing in cognitive radio: A dynamic game-theoretic approach. Proceedings of the IEEE Global Telecommunications Conference, Washington, 2007: 4625-4629.

[58] Martyna J. Oligopoly bertrand model for price competition in cognitive radio networks. Proceedings of the International Symposium on Communication Systems, Networks & Digital Signal Processing, Manchester, 2014: 227-231.

[59] Niyato D, Hossain E. Competitive pricing for spectrum sharing in cognitive radio networks: Dynamic game, inefficiency of Nash equilibrium and collusion. IEEE Journal on Selected Areas in Communications, 2008, 26(1):192-202.

[60] Yi C Y, Cai J. Two-stage spectrum sharing with combinatorial auction and Stackelberg game in recall-based cognitive radio networks. IEEE Transactions on Communications, 2014, 62(11): 3740-3752.

[61] Li Y, Wang X B, Zani G. Resource pricing with primary service guarantees in cognitive radio networks: A Stackelberg game approach. Proceedings of the IEEE Global Telecommunications Conference, Honolulu, 2009: 1-5.

[62] Singh N, Vives X. Price and quantity competition in a differentiated duopoly. The Rand Journal of Economics, 1984, 15(4):546-554.

[63] Goldsmith A J, Chua S G. Variable-rate variable-power MQAM for fading channels. IEEE Transactions on Communications, 1997, 45(10):1218-1230.

第6章　认知无线传感器网络绿色协作频谱感知技术

无线传感器网络(wireless sensor networks，WSN)是由众多分布在不同工作地域的拥有通信和计算功能的微小传感器节点采用自组织的无线通信方法组成的[1-3]。该传感器网络工作在不需要得到授权许可同时由三个基础机构(工业、科学和医学)共同使用的ISM(industrial scientific medical)公共频段[4,5]。近年来，随着越来越多的应用使用这些频段，如蓝牙、无线局域网、ZigBee，未授权的频谱资源使用越来越紧张。频谱资源短缺和异构网络的共存问题已演变为阻挡WSN进一步持续发展的桎梏[6-8]。

认知无线电利用动态频谱接入在不对拥有授权频谱使用权用户(主要用户)产生干扰下使没有频谱使用权的用户(次要用户)伺机接入空闲的授权频谱，以使原本紧张的频谱稀缺问题得以有效解决，较低的频谱利用率得以增加[3,6,7]。考虑到认知无线电具有“二次利用”的特性，该技术已被应用到WSN，它能够有效地解决WSN中频谱稀缺以及各种异构网络共存的问题[8-10]，这种网络称为认知无线传感器网络(cognitive wireless sensor networks，CWSN)。文献[8]分别从ISO第二层和ISO第一层(数据链路层和物理层)详细阐述了CWSN中CR技术的应用实现。

然而，由于多路径衰退或者遮蔽效应[11]、有限的容量，单个认知传感器节点通常不能对主要用户的存在与否作出正确的判断。协作频谱感知利用多个节点之间互相协助能够克服单节点感知的不足提高感知的检测性能，减少感知能量消耗。为了提高检测性能，在认知无线电网络中，文献[2]提出了考虑一些影响频谱感知重要因素的协作频谱感知模型，如次要用户的信噪比、可靠性、位置信息。为了寻找合适的协作频谱感知参数，文献[4]设计了一种同时适用于单行道和多信道的感知模型，在没有干扰时最大化次要用户和主要用户之间的通信量。在无线传感器网络中，一种用于协作频谱感知的层次空间分簇算法被提出，以减少总的能量消耗[12]，算法根据传感器的权重选择簇头。

虽然CRN和WSN中已存在的协作频谱感知模型不胜枚举。然而，已有的WSN的协作频谱感知解决方案并不能被直接应用到CWSN中，CRN中现存的协作频谱感知方法亦不适用于CWSN。原因如下：①WSN中的协作频谱感知没有考虑网络是否具备CR功能；②CRN中的协作频谱感知没有考虑能量消耗、有限的容量和硬件设计的局限性。

由于CRN和WSN的关注点不同，它们的协作感知方法不能直接应用到CWSN。因此，设计一个合适的应用于CWSN的协作频谱感知方法变得至关重要。为了寻找优化的感知阈值和最佳的认知传感器数量从而减少能量消耗，在满足最低检测概率和最高虚警概率约束下，文献[13]探究了一种特殊的认知无线电网络(sensor-aided CRN)。然而它只关心如何寻找能量消耗的最少节点协作子集。在低信噪比条件约束下，文献[13]中提出的模型产生的能量消耗更高。文献［14］提出在CWSN中选择低相关的传感器节点参与协作频谱感知能有效地提高检测概率。文献［15］将重复博弈模型应用到协作频谱感知，节点的参与频率被当作促使节点参与协作的刺激。约定是：参与次数越高的节点分配给它的传送数据的时间越多，即传感器的传送数据的时间与其参与次数成比例。重复博弈算法的缺点是复杂度高、计算量大。一种适用于宽带感知的基于压缩传感的协作频谱感知方法在文献［16］中被提出，但它要求所有节点都参与感知，而且基于压缩传感要求的是稀疏频谱，与无线频谱使用紧张的实际不符。

与CRN和WSN中传统协作频谱感知方法不同，CWSN的协作频谱感知模型需要同时考虑好的检测性能和更多的能量节省。考虑到这两个目标，现有的CWSN中的协作频谱感知大多数关注于如何优化选择节点的数量和节点的选择。本章分别从能量消耗和检测性能两个角度探索了CWSN中的协作频谱感知方法，围绕高能效绿色协作频谱感知技术，从审查和两次检测两个角度分别提出了基于决策传输的协作频谱感知算法和基于两次感知的协作频谱感知算法。

6.1 协作频谱感知技术

从频谱感知的方法、优缺点、应用范围三方面比较了现有的非协作频谱感知方法，并进一步给出了非协作频谱感知的弊端。根据如何减少CWSN的能量消耗，协作频谱感知（cooperative spectrum sensing，CSS）被进一步分成四类：审查、分簇、用户选择和两步检测。

首先分析比较了现有的各种非协作频谱感知模型，并总结出了非协作方法的弊端。然后围绕减少能量消耗，从审查、分簇、用户选择和两步检测四个角度研究了各种协作频谱感知模型。之后分析比较了各种协作频谱感知方法的性能分析。最后总结了本章内容。

6.1.1 非协作频谱感知

根据认知传感器的行为方式，协作频谱感知模型被分为非协作和协作两类。非协作频谱感知（noncooperative spectrum sensing）意味着认知传感器单独执行频谱感知，而协作频谱感知指多个认知传感器相互交换信息实现共同目标或者它们自己的利益。

根据传感器检查频谱的地方，频谱感知包括基于发射机的频谱感知和基于接收机的频谱感知[17]。根据检测标准不同，发射机检测又可以分为基于首要用户信号调制方式、脉冲波形等的匹配滤波器检测；基于首要用户信号能量值的能量检测[18]，基于首要用户信号调制后的信号周期特性的循环平稳特性的能量检测[19]以及基于协方差矩阵的检测[20]。而基于接收机频谱感知又包括了本地振荡器泄露功率检测[21]和基于干扰温度的检测[22]。现存的CRN频谱检测方法很多，但只有少数检测方法适用于CWSN[23]。目前只有四种频谱检测方法适用于CWSN：能量检测[24]、匹配过滤[25]、特征检测[26]、干扰温度[7,27,28]。表6-1列出了这几种感知方法的优缺点以及应用范围。

表 6-1　频谱感知方法概述

类型	优点	缺点	应用范围
匹配过滤	检测时间短，在低信噪比下具有鲁棒性	约束条件多，复杂度高	主要用户先验知识已知
能量检测	实现简单，计算量小	易受噪声不确定性影响，检测时间长，不能辨别噪声和信号	不需要主要用户的先验信息
特征检测	检测精度高，可以辨别信号和噪声	计算复杂度高	主要用户信号需要具有周期特征
干扰温度	不需要知道主要用户的先验信息	实现复杂度高	大范围和高能量

虽然非协作频谱感知有计算量小、实现简单的优点，但由于网络通信环境的不稳定性或者节点所处的自然环境不理想，非协作频谱感知方法通常不能对首要用户的状态作出正确的判断。非协作频谱感知主要存在以下四个弊端。

1）隐藏节点问题

由于现有的频谱检测大都是使用基于发射机信号检测的方式，如果感知节点处于首要用户发送信号传播的范围之外，该节点由于一直检测不到首要用户的信号，判定首要用户不存在，然后使用主要用户的频段传送自己的数据，导致干扰主要用户的信号传送，影响接收主要用户信号的接收机工作。这种现象称为隐藏节点问题。图 6-1 给出了一个隐藏节点问题的例子。CR_0节点处于主要用户发射机（PU TX）传送范围外。当首要用户传送数据包时，CR_0节点不能检测到主要用户的信号，会传送自己的数据给主要用户接收机（PU RX），从而影响 PU TX 和 PU RX 的数据传输。

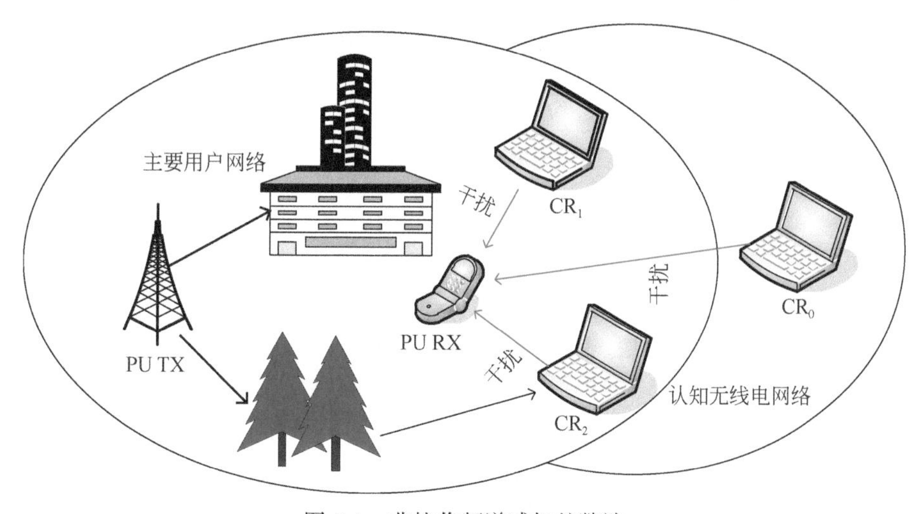

图 6-1　非协作频谱感知的弊端

2）遮蔽效用

如图6-1所示，CR_1节点处于首要用户发射机传送范围内。但由于房屋的阻隔，CR_1无法检测到首要用户的信号，并且错误地判决首要用户不存在，存在空闲的授权频谱。实际上，如果CR_1传送它的数据包给其他的节点，它就不会影响授权频谱的使用。

3）多路径衰退

和遮蔽效用相类似的另一种情况是多路径衰退，当首要用户的信号传送经过障碍物时，被减弱的信号导致次要用户无法对首要用户的存在作出正确的判断。例如，在图6-1中，CR_2节点位于首要用户传送范围内，但由于首要用户信号传送过程中受到森林的阻碍，信号被减弱。CR_2根据减弱后的信号判断首要用户不存在，并占用首要用户的频谱传送信息。

4）无线信道通信质量不稳定

除了上述隐藏节点问题、遮蔽效用、多路径衰退三种问题之外，由于无线通信具有不稳定性，常常可能因为信道通信性能突然变差而对次要用户的检测造成干扰。

6.1.2 协作频谱感知

在CWSN中，根据如何减少能量消耗，协作频谱感知被进一步分为四类：审查、分簇、用户选择和两步检测，如图6-2所示。

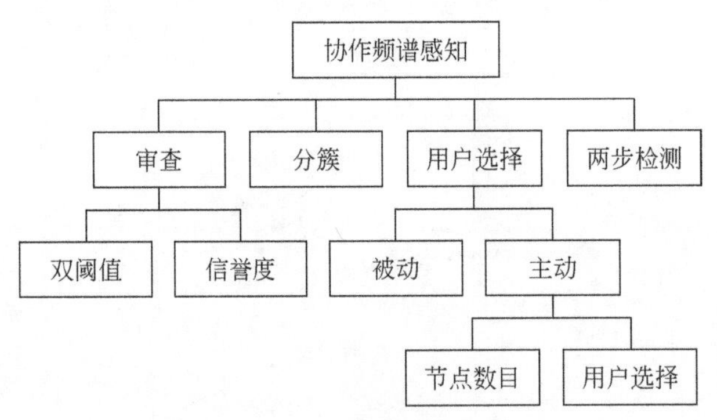

图6-2 CWSN协作频谱感知分类

1. 基于审查的协作频谱感知

审查意味着考察对象是否符合预定的标准。如果条件符合，则对象会继续执行一个策略，否则另一个策略会被执行。在协作频谱感知中，审查能够有效地减少不重要的甚至是错误的感知信息的传送，这不但能够有效地节省节点的能量消耗，减少带宽占用，还可以提高检测精度。文献［29］指出节点在传送感知数据的过程中产生的能耗远远高于频谱检测产生的。

1）双阈值协作频谱感知

图 6-3 描述了传统的判决模型和改进的双阈值审查判决模型。前者通常基于节点的感知数据与预定义的阈值的比较，不管比较结果如何，传感器都会报告将其感知信息发送到 FC(fusion center)。对于改进的判决方法，双阈值审查要求当感知数据处于中间模糊区域（no decision）时，传感器不传送它们的感知数据到 FC。

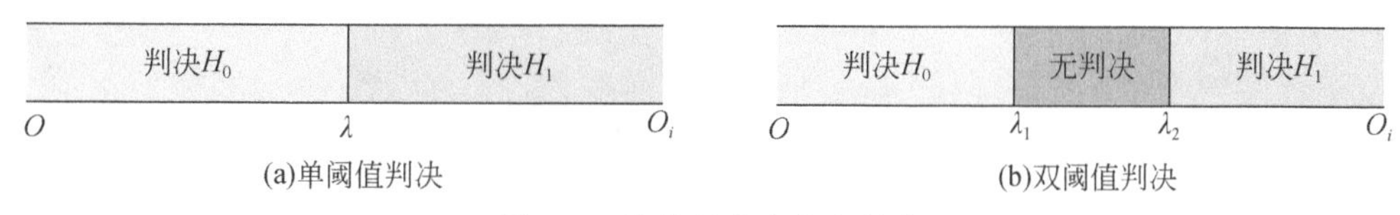

图 6-3　传统判决和审查判决

文献［30］～文献［32］中的模式在协作频谱感知中采用双阈值检测模型来传送感知数据，选择感知数据在目标范围内的认知传感器。认知传感器会传输 1bit 信息(1 或 0) 给 FC，其使用硬融合准则作出主要用户状态的最终决定。文献［30］中的模式假设先验知识是已知的，μ 代表参与频谱检测的认知传感器数量与 CWSN 中所有认知传感器数量的比值；λ_1 和 λ_2 分别表示预设的判决阈值，前者决定参与频谱感知的认知传感器的数量，这里只允许一些传感器参与协作，后者决定把传输感知结果传送给 FC 的认知传感器的数量；θ_i 代表认知传感器 i 的感知信号能量值。认知传感器 i 是否将感知结果传给 FC 根据下面的规则决定

$$d_i = \begin{cases} 0, & 0 \leqslant \theta_i \leqslant \lambda_1 \\ N, & \lambda_1 \leqslant \theta_i \leqslant \lambda_2 \\ 1, & \theta_i \geqslant \lambda_2 \end{cases} \tag{6-1}$$

如果 θ_i 属于$(0, \lambda_1)$，传感器判定主要用户不存在，传输 0 给 FC。如果 θ_i 大于 λ_2，主要用户存在，1 将被发送给 FC；否则说明传感器 i 的感知数据不准确。文献［31］中构造了关于μ、λ_1 和 λ_2 的能耗目标函数。在最小检测概率和最大误警概率的条件约束下，通过求解最小化目标函数可以得到最优的μ、λ_1 和 λ_2。然而，这种方案需要首要用户先验信息已知的包括其存在与不存在概率。此外，该模型没有给出目标解决方案以及认知传感器节点选择的方法。

一种改进的双阈值能量检测模型在文献［32］中被提出，它考虑了两种情况：①主要用户存在的先验知识已知；②主要用户存在的先验知识未知。一种休眠与审查相结合的方法被应用到分布式协作频谱感知中，以实现减少网络能量消耗和提高频谱感知检测精度的目的。贝叶斯准则被采用在情形 1 中，奈曼-皮尔逊准则被使用在情形 2 简化最小化能耗问题以寻找优化的休眠和审查参数μ、λ_1 和 λ_2，从而保证网络的性能。在传统的双阈值能量检测中，只有感知数据在(λ_1, λ_2) 范围之外的传感器才能传送它的感知结果给 FC。FC 不会从感知数据在(λ_1, λ_2) 范围之外的传感器收到任何信息，它会自动认为主要用户不存在。但是，文献［32］提出的模型假定所有节点是同质的是不实际的。实际上由于每个

传感器与主要用户之间的距离不同以及传感器性能不同，它们的信噪比通常是不同的。而且为了获得优化的感知阈值，计算量是很高的。此外，该模型只适用于 OR 硬数据融合规则。

2）基于信誉度的协作频谱感知

基于信誉度的协作频谱感知模式可以识别带有错误感知信息的传感器，并且能根据传感器的自信度值挑选自信度高的传感器。可信度差的感知数据将会被拒绝，而信誉度好的传感器被允许传送它们的感知数据给 FC。该模式不仅可以降低节点的感知能耗，还能提高协作感知的检测性能。

在分簇 WCSN 中，一种新颖的协作频谱感知模型被提出，以辨别带有错误感知数据的恶意传感器[25]，其依据认知传感器感知数据的离散值因子、bi-weight、惩罚因子[33]的概念。该模型叙述了两种关于认知传感器感知数据离散值因子的函数。

（1）认知传感器感知数据的离散值因子 H_i 是关于感知数据以及所有参与协作频谱感知的认知传感器感知数据的均值和标准值的函数。函数表示如下

$$H_i = f(e_i, \mu, \sigma) \tag{6-2}$$

式中，e_i 是感知数据；μ 和 σ 分别是所有被选择参与协作的传感器感知数据的均值和标准值。由于均值和标准值容易受到恶意数据的操纵，该模型提出根据传感器感知数据与所有感知数据中位数的距离赋予传感器不同的权值。感知数据到中位数的距离越远，该节点被赋予的权值越小。而且当感知数据到中位数的距离大于某一个预设值时节点的权重值为0，即该节点没有权利参与协作。

（2）定义认知传感器感知数据的离散值因子 H_i 是关于感知数据以及基于权重的所有参与协作频谱感知的认知传感器感知数据的均值和标准值的函数。函数表示如下

$$H_i = f(e_i, \hat{u}, \hat{\sigma}) \tag{6-3}$$

式中，$\hat{u}$ 和 $\hat{\sigma}$ 分别是所有被选择参与协作的传感器感知数据基于权值的均值和标准值。若 H_i 大于预设阈值 H_t，则认知传感器 i 的感知数据会被丢弃，否则传感器会报告它的感知数据给判断主要用户信号是否存在的簇头。M 表示 CWSN 中允许存在恶意传感器数量的最大值。如果传感器感知数据的数量 M' 大于 M，则它选择丢弃差距最大的前 M 个数据。惩罚因子被定义为判断节点是否是恶意节点的关于节点感知性能的函数，函数表达式为

$$F_i = (z, y) \tag{6-4}$$

式中，F_i 是认知节点 i 的惩罚因子；z 是总的检测次数；y 是传感器节点 i 的错误判断次数。当 F_i 大于设定值时，簇头会丢弃此恶意节点 i 的感知数据。该模型要求系统先按照定义的方式执行，具有好的性能，可以有效地减小错误判断的概率。

为了减少传输次数实现节能 F_i 的目的，文献［34］提出了一种用于多信道的采用可信度投票算法的协作频谱感知模型。只有当节点被认为有足够的自信时才被允许传输感知结果给 FC。该模型考虑协作频谱感知系统模型有多个主要用户和 M 个认知传感器机会地使用 N 条信道的频谱空洞。所有传感器在每个感知时隙检测 N_s 次主要用户信号。当传感器检测信道可用时，所有传感器开始传输数据给 FC。在频谱检测阶段，所有传感器都参

与频谱检测，但只有部分有机会传送它们的检测结果给 FC。每个传感器的平均消耗能量 $\bar{E}$ 表示如下[34]

$$\bar{E} = \frac{\sum_{i=1}^{N_s} (M \times e_s + M_i \times e_t)}{M} = \sum_{i=1}^{N_s} \left(e_s + \frac{M_i}{M} \times e_t \right) \tag{6-5}$$

式中，M 表示 CWSN 中传感器的数量；M_i 代表允许传输感知结果到 FC 的传感器数量；e_s 和 e_t 分别为每个传感器每次检测的感知能耗和每次传输感知结果的能耗。

传感器的可信度决定传输感知数据的传感器的数量，只有可信度达到一定阈值的节点才有机会传输感知数据到 FC。每个节点的可信度是动态变化的，它由节点的检测准确性和网络传输的成功与否决定。根据网络信道是否空闲，节点感知结果以及网络数据传输结果，文献［34］考虑了 6 种情形下可信度的计算。然而，该模型在频谱感知阶段所有的节点都参与感知，这造成不必要的能量消耗。而且当信道忙碌时，所有的节点都进入休眠状态会导致严重的时延。

表 6-2 从算法的稳定性、阈值、检测指标与检测精度的相关性三个角度对两种基于审查的协作频谱感知模型进行了比较。

表 6-2　基于审查的协作频谱感知模型比较

文献	稳定性	阈值	相关性	备注
［30］	不稳定	动态	不相关	基于双阈值检测方法
［32］	不稳定	动态	不相关	休眠审查算法
［33］	稳定	动态	相关	辨别恶意节点
［34］	不稳定	动态	不相关	基于信誉度的投票方法减少传输节点数量

从表 6-2 可以看出，基于双阈值的检测不会考虑节点的检测精度。恶意节点利用它的特性可以轻易操纵协作频谱感知的最终检测结果，因此双阈值模型的稳定性很差，这里文献［30］和文献［32］都采用了基于双阈值的协作频谱感知模型。而基于可信度的协作频谱感知方法将认知传感器的检测性能作为考虑因素，这在一定程度上可以提高协作频谱感知的检测稳定性。但是，由于可信度标准不同，并不是所有基于信誉度的协作频谱感知算法都可以保证频谱感知不受恶意节点影响。例如，文献［34］虽然将传感器的检测性能作为参考因素，但当有恶意节点存在时，提出的模型不能实现好的性能。此外，无论是基于双阈值的协作频谱感知还是基于信誉度的协作频谱感知，文献［30］、文献［32］～文献［34］中的模型在每次频谱感知时都要获得一个优化阈值，这会导致计算的复杂性比较高。

2. 基于分簇的协作频谱感知

CWSN 中一般协作频谱感知模型如图 6-4 所示，所有的认知传感器节点通过感知信道对主要用户信号进行检测，然后通过传送信道将各自的感知信息传送给 FC。FC 综合来自认知传感器节点的感知信息作出主要用户存在(或者不存在）的最终决定，并将决定反馈给所有认知传感器节点。

随着节点数量的增加，系统会面临各种问题，如终端隐藏、拥塞和频谱稀少。分簇指将所有的节点按照某种规则分成若干不相交的集合，每个集合中有一个特殊的节点，称为簇首，可以减少感知开销，提高检测的性能。图 6-5 给出了一般分簇的协作频谱感知模型。

图 6-6 给出了一般基于分簇的协作频谱感知系统模型的分簇流程图。首先簇首节点会被选择，然后分别将剩余的节点分配到各个簇中并计算出各节点的剩余能量[33]。

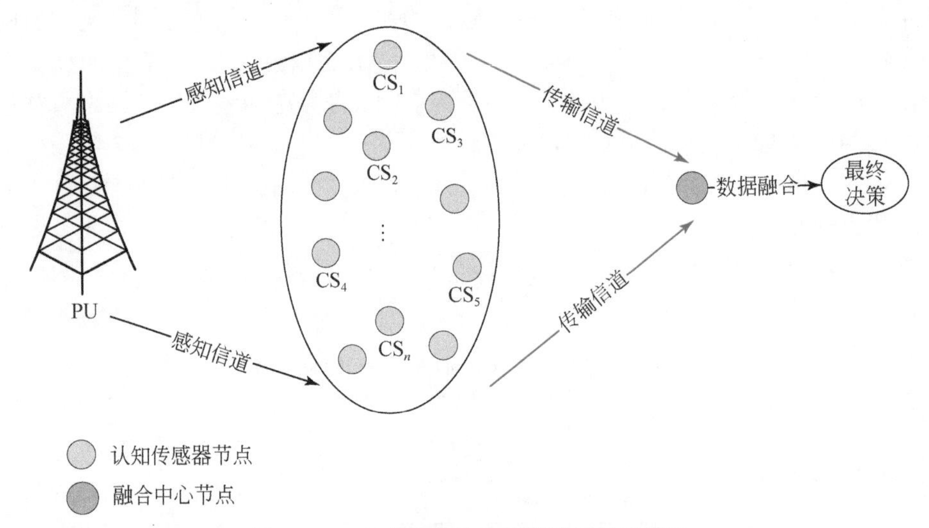

图 6-4　一般非分簇协作频谱感知系统模型

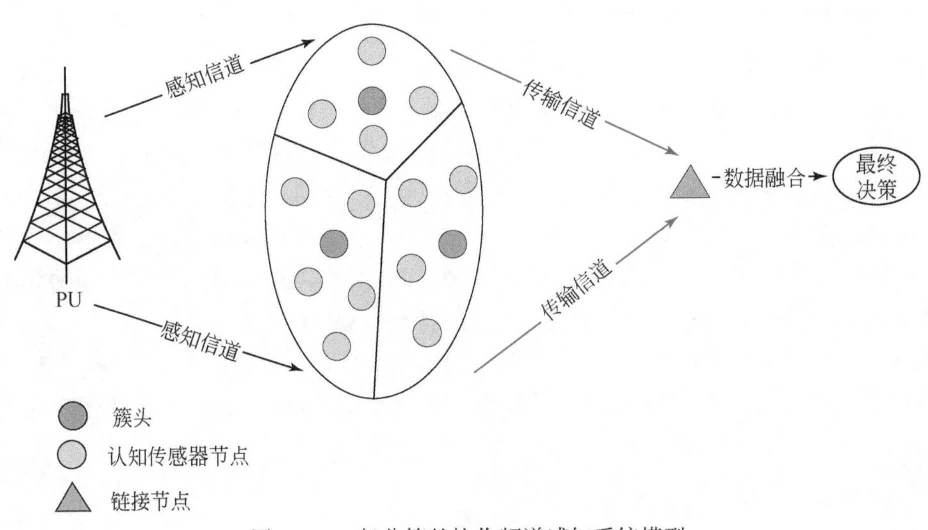

图 6-5　一般分簇的协作频谱感知系统模型

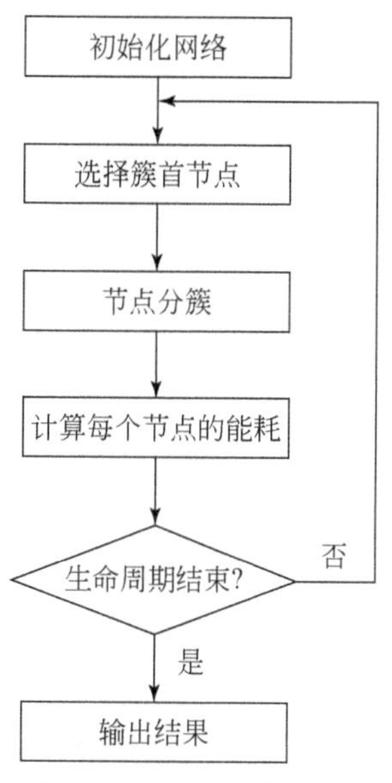

图 6-6　分簇的流程图

文献 [35] 提出了一种基于分簇的协作频谱感知方法来解决网络环境变差的问题，同时获得高的网络检测性能与低的能量消耗，这里同时考虑了分簇和寻找簇内参与协作频谱感知最佳节点数目。LEACH(low energy adaptive clustering hierarchy) 分簇算法根据各节点的能耗动态地挑选不同的节点作为簇首，使得各节点的能量消耗比较均匀。由于簇首的能耗远远大于普通簇成员，该模型采用基于传感器节点剩余能量的簇头选举方法。$P_i(t)$ 为传感器节点 i 在 t 时刻被选择为簇头的概率，其表达式如下[29]

$$P_i(t)=\min\left\{\frac{E_i(t)}{E_{\text{total}}(t)}n_{\text{ch}},\ 1\right\} \tag{6-6}$$

式中，$E_i(t)$ 表示传感器 i 在 t 时刻的剩余能量，$E_{\text{total}}(t)$ 代表在 t 时刻总的剩余能量，n_{ch} 是 CWSN 中簇头节点数目的期望值。每次选择簇头时，传感器节点生成一个随机数 $a(0\sim 1)$。如果 a 小于 $P_i(t)$，则该节点被选择为簇头，对接收的感知结果数据进行融合判断主要用户是否存在，作出判决并传送判决结果给连接节点。为了兼顾协作检测概率和网络能量消耗，关于簇内参与协作用户数目 k 的效益函数被定义为[35]

$$\text{Benefit}(k)=P_d(k)-\alpha E_{\text{dissipation}}(k) \tag{6-7}$$

式中，$P_d(k)$ 和 $E_{\text{dissipation}}(k)$ 分别表示参与协作感知用户数为 k 时的检测概率和能量消耗。然后具体讨论了簇内协作的 $P_d(k)$ 和 $E_{\text{dissipation}}(k)$ 与 k 的关系。该模型选择接收信噪比高的传感器节点参与频谱感知，以使协作感知性能最优。

文献 [31] 将分簇的思想应用到认知传感器网络以减少网络的能量消耗和带宽的占用。首先在系统检测性能的约束下(最小检测概率和最大虚警概率) 获得最少感知节点的数目以减少感知节点的数目进而减少能量消耗。同时采用双阈值能量检测法减少发送给簇头的节点数量，从而最小化网络的能量消耗。最后，改进的分簇频谱感知方案被提出协调簇内节点的选择，实现簇内节点能量的平衡，以增加系统的寿命。该模型采用 LEACH 方法进行分簇。

和一般的分簇协作频谱感知不同，文献［36］提出了基于事件驱动协议的协作频谱感知。分簇只会发生在 CWSN 中有事件发生时，而且事件结束后分簇也会自动结束。当有事件发生时，系统会根据节点的局部位置在事件和目的节点之间选择合适的认知传感器参与频谱感知。根据文献［36］中的节点选择算法，被选择参与感知的认知传感器包括两类：①存在可以检测到事件的认知传感器；②与被选择的认知传感器相邻到目的节点的距离大于节点到目的节点的距离以及其到事件发生点的距离大于相邻节点到事件发生点的距离。该模型采用簇头优先的分簇协议，并且额外规定簇头要最大化两跳节点的数目，它们可以利用簇信道经过各自的一跳成员到达。事件和目的节点之间的簇是相交，不是孤立的。认知传感器直接通过发送 EFC_REQ 消息告诉相邻传感器自己被选择参与频谱感知。接收到 EFC_REQ 的认知传感器通知相邻的被选择节点通过发送 EFC_REP 消息。簇头则通过发送 C_REQ 消息给其簇成员和接收来自其簇成员的 C_REP 消息了解簇内各成员的状态。提出的算法有效地避免了由于不必要的分簇信息和维护开销带来的能量消耗，但是自发性的分簇信息会带来时延。

3. 基于用户选择的协作频谱感知

当协作感知的认知传感器节点数目增加到一定程度时，检测概率的增长几乎为零。然而协作带来的开销依然随着节点数量的增长继续保持趋于线性的增加。因此，如何选择合适的认知传感器用户参与感知，而使其他节点处于休眠或者关闭状态是协作频谱感知节省能耗的一个非常关键的环节。文献［37］指出对于稳定数目的认知传感器节点，协作存在最佳的参与频谱感知的节点数量可以使系统的平均检测概率最大。传感器节点有发射激活状态、接收激活状态、休眠状态、关闭状态和空闲状态五种工作状态，其中休眠状态下的节点能耗最低[38]。

协作频谱感知模型又包括主动方式和被动方式两种。它们的主要区别是认知传感器节点是否自愿服从系统的安排参与协作。被动的认知传感器节点会比较参与协作与不参与协作两种收益，只有当参与协作带来的收益更大时，该节点才会选择参与协作感知。

1）被动的协作频谱感知

文献［39］中将认知传感器节点根据自身利益决定参加协作频谱感知(CSS) 还是本地频谱感知(LSS) 的互动决策看做一种非协作的博弈。最终所有节点通过不断博弈达到稳定状态，此时协作感知的检测性能达到最佳。收益函数被定义为每个节点选择本地频谱感知或协作频谱感知的收益和花费。在 PU 空闲时节点通过使用授权频谱传输数据获得收益，而执行频谱感知时又产生花费：时延和能量消耗。这里包括一个占有一段授权频谱的主要用户和 N 个自私的传感器节点(次要用户)。在每个时隙开始时，传感器节点根据效用函数决定是参加 CSS 还是单独执行 LSS。认知传感器 i 的效用函数 U_i 为

$$U_i = \alpha_i F_i(R_i) - \beta_i G_i(D_i) - \gamma_i H_i(E_i) \tag{6-8}$$

式中，R_i 表示节点 i 的平均数据传输速度；D_i 和 E_i 分别代表节点 i 的时延和能耗；F_i 表示由数据传输获得的收益；G_i 和 H_i 分别代表由于时延 D_i 和能耗 E_i 导致的开销；α_i、β_i、γ_i 是其对应的权值，它们随传感器决定的变化而变化。在满足主要用户干扰概率预设定阈值的条件下，考虑了两种情形的基于非协作博弈的传感器节点选择机制：①CWSN 中所有传感器是同质的；②CWSN 中所有传感器是不同的。与基于学习法的模型相比，该模型增加了频谱的利用率，降低了复杂性。虽然该方法可以最大化节点的收益，提高频谱的利用率，但所有的传感器节点都参与频谱感知会导致能量消耗增加。

2）主动的协作频谱感知

现有的主动的协作频谱感知主要关注两个问题：①如何选择优化的参与协作的认知传感器数量；②如何选择合适的认知传感器执行协作感知。

（1）优化认知传感器数量。

两种典型的方法被用来获得优化的认知传感器的数量 N^*。

① 根据最小全局检测概率和最大全局误警概率检测性能的约束，参与协作频谱感知的认知传感器数目数学的上边界和下边界被推论

$$\begin{cases} Q_d \geqslant \alpha \\ Q_f \leqslant \beta \end{cases} \tag{6-9}$$

$$\begin{cases} Q_d = 1 - \prod_{i=1}^{N}(1 - P_{d,i}) \\ Q_f = 1 - \prod_{i=1}^{N}(1 - P_{f,i}) \end{cases} \qquad \begin{cases} Q_d = 1 - \prod_{i=1}^{N} P_{d,i} \\ Q_f = 1 - \prod_{i=1}^{N} P_{f,i} \end{cases} \tag{6-10}$$

考虑到节省能量，越少的认知传感器参与协作频谱感知，总的感知能量消耗就越少。文献［40］中模型选择参与协作的最小认知传感器数量作为优化的认知传感器数量 $N^* = \lceil \min(N) \rceil$，这里主要用户传输信道模式被模拟为两种均匀独立分布的 on-off 随机过程。两种状态的分布分别呈指数分布，记为 T_{on} 和 T_{off}，主要用户存在的概率和不存的概率分别为

$$\begin{aligned} P_{\text{on}} &= \frac{T_{\text{on}}}{T_{\text{on}} + T_{\text{off}}} \\ P_{\text{off}} &= \frac{T_{\text{off}}}{T_{\text{on}} + T_{\text{off}}} \\ \hat{P}_{d_i} &= P_{\text{on}} P_{d_i} \\ \hat{P}_{f_i} &= P_{\text{off}} P_{f_i} \end{aligned} \tag{6-11}$$

在特定检测概率阈值的条件下，以最小化能耗为目标求得参与协作感知节点数量的上

限值和下限值。这里直接将节点数量的下限值作为参与协作感知的节点数量。这是因为参与协作的节点越少，感知能耗就越少。然而，模型只得到了优化的参与协作的认知传感器数目，并没有给出具体的选择这些节点的方法。此外，该模型在高噪声和低 SNR 的场景中表现出的性能不好。

② 在全局检测概率和全局虚警概率的约束下，通过解决最小化能量消耗或最大化系统效益问题确定优化的参与协作的认知传感器数目

$$\begin{aligned} &\min_{\mu/k\cdots}/\max \quad O \\ &\text{s.t.} \quad Q_d \geqslant \alpha,\ Q_f \leqslant \beta \end{aligned} \tag{6-12}$$

式中，μ 代表参与协作的认知传感器数目占 CWSN 中全部认知传感器数目的比例；k 表示参与协作的节点数量。文献［35］通过对效益函数的最优化求解使得效益函数取得最大值，获得最佳的参与协作感知的节点数目 k^*，实现降低网络能量消耗的目的。文献［32］中的模型通过解决最小化总能量消耗问题获得优化的认知传感器参与协作的比例 μ^*，以便在满足系统检测性能的条件下减少感知能量消耗。

（2）合适的认知传感器。

选择认知传感器包括两种情形：①每次感知参与协作的认知传感器数量已知且确定；②每次参与协作的认知传感器数量未知且不确定。

① 参与协作的认知传感器数量是已知、确定的。文献［41］提出了同时兼顾检测精度和节能的基于能量意识(energy-aware) 的协作频谱感知模型来选择合适的传感器。首先，在检测要求约束下通过推导优化问题获得最小参与协作感知的次要用户数量。然后基于可能性的方法被用来挑选合适的次要用户参与感知。次要用户的剩余能量与检测精度同时作为次要用户被选择的参数因素，这样既可以避免检测性能好的次要用户被持续选择导致网络中的次要用户能量消耗不均衡的事实，也保证了性能好的节点总能被选择参与协作感知。检测精度被定义为次要用户感知决定与 FC 的最终决定不一致的数量。该模型假设主要用户不知道次要用户的性能，因此，感知过程被分为了准备阶段(setup phrase) 和操作阶段(operation phrase)，如图 6-7 所示。

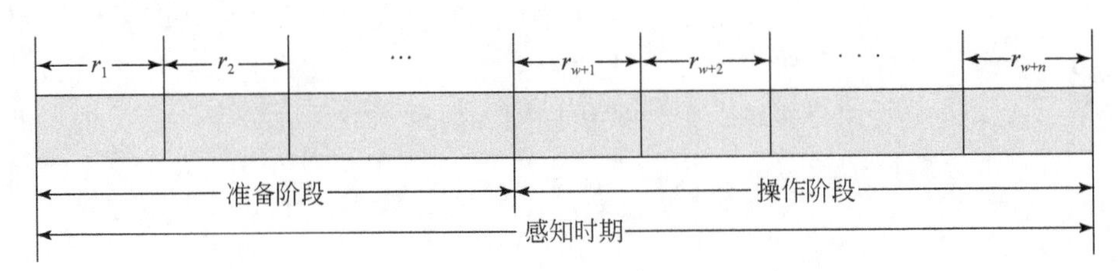

图 6-7　感知过程的两个阶段

在准备阶段，所有的次要用户都被要求执行感知。多次频谱感知后每个次要用户都会计算出关于其剩余能量和检测精度的权重。然后在操作阶段基于次要用户权重的方法被用来选择最合适的次要用户参与协作感知。文献［35］选择信噪比高的认知传感器参与协作频谱，从而实现最大化全局检测概率的目标。文献［31］在参与协作频谱感知认知传感器数目已知的情况下，选择距离簇头近并且剩余能量高的认知传感器用户参与感知。

② 参与协作的认知传感器数目未知、不确定。文献［42］基于认知传感器节点的选择提出了节能的协作频谱感知模型，它根据节点频谱感知数据的相关性以及节点接收到主要用户信号的信噪比允许一些节点参与感知，其他的节点则进入休眠状态。D 代表失真度量，表示完全不相关节点和两个阶段相关系数 ρ 的不同贡献；失真度量 D 表示两种情形的充分统计量的最小均方误差(minimum mean squar error，MMSE)，它可以被计算为

$$D = E[(l_{\mathrm{uncor}} - l_{\mathrm{cor}})^2] \tag{6-13}$$

式中，l_{uncor}代表两个完全不相关节点的充分统计量；l_{cor}为相关系数为 ρ 的两个节点的充分统计量。由于 l_{uncor}和 l_{cor}都是关于信噪比 γ 和相关系数 ρ 的函数，所以能够推论失真度量 D 是关于 γ 和 ρ 的函数。每个节点根据的信噪比系数对得出相应的失真度量与需要的最小值相比较。如果它小于规定的最小值，节点参与协作执行感知，否则进入休眠状态。考虑所有节点每次的计算量比较大，该模型提出预设有效的信噪比系数对范围，记为 S，只要节点感知数据对应的信噪比系数对属于 S，该节点被选择参与频谱感知。此外，因为计算所有感知数据的相关系数 ρ 是不现实的，而具有相关性的节点通过监听相邻节点的感知数据又被证明是有效的，因此相关性系数 ρ 可以使用这些数据被计算。该模型在具有良好检测性能的基础上，可以减少能量消耗和时延。然而文献［42］并没有给出完备的“相关性”的定义以及“相关性系数” ρ 的求导方法。

文献［43］在满足最小全局检测概率和最大全局误警概率的约束下，使用 on-off 的方式挑选节省能量最多的节点实现节能的目标。整个频谱感知的能量消耗包括感知能耗和传输能耗两部分，前者包括节点用于检测数据和作出检测结果的能耗，后者产生于把感知结果发送给 FC 的过程中，并且其和节点到 FC 的距离成比例。总的能量消耗 C_T 是关于 C_s、M、d_i、ρ_i 的函数

$$C_T = f(M, C_s, d_i, \rho_i) \tag{6-14}$$

式中，M 表示最大感应节点数；C_s 表示监听能耗；d_i 表示到节点 i 的距离；ρ_i 表示第 i 个节点是否被选择。若 $\rho_i = 1$，则表示该节点被选择参与感知，否则变成休眠状态。

该模型通过假设 ρ_i 为连续的参数($\rho_i \in [0, 1]$) 来降低求解最小能量值问题的复杂度。在 KKT(Karush-Kuhn-Tucker) 前提下，使用凸性优化方法 C_T 被简化为一个二次函数。节点 i 的效用函数可以被进一步简化如下

$$\mathrm{cost}(i) = C_s + C_{ti} - \lambda P_{di} \tag{6-15}$$

式中，C_{ti}表示传输 1bit 决策到 FC 所需的能耗；λ 是 Lagrange 系数；P_{di} 是第 i 个节点的检测概率。最后，迭代二分法被用来解决寻找最佳的 Lagrange 系数 λ 。提出的节能传感器选择 EESS 模型节省能量最多，而且复杂度比较低，计算量小。

文献［37］在假定每次频谱感知允许消耗能量已知的前提下，将认知传感器网络中的协作节点选择问题看成熟悉的二进制背包问题，在检测性能的约束条件下采用动态规划方法选择最佳的协作传感器节点参与协作感知。优化协作节点选择被构造成两个目标的背包问题，又称为最大化被选择节点的性能和剩余能量，以及最小化总的能量消耗，可以表示为

$$\begin{aligned}
\text{Max } Q &= \sum_{i=1}^{N} q_i x_i = \sum_{i=1}^{N} (\alpha_1 p_i + \alpha_2 U_i) x_i \\
\text{Min } E &= \sum_{i=1}^{N} e_i x_i
\end{aligned} \tag{6-16}$$

式中，q_i 为节点 i 的效用函数；系数 α_1 和 α_2 为常量，它们的和恒为 1，而且通过改变它们的值可以实现频谱感知精度和能量消耗的平衡。如果节点 i 被选择加入协作感知，那么 x_i 等于 1，否则 x_i 等于 0。一种基于权重的窗口计分机制被用来计算感知性能指标。得分取决于每个感知间隔后本地感知结果与 FC 得到的全局结果是否相同。如果结果一致，则节点得分，否则得 0 分。节点 i 在第 k 次感知间隔后的感知性能指标计算公式为

$$p_i[k] = \sum_{i=1}^{n} \frac{1}{2^{i-1}} \text{score}_i[k - i + 1] \tag{6-17}$$

每次感知间隔后每个节点都要计算各自的感知性能指标和剩余能量，然后报告它们给负责计算节点执行感知消耗 e_i 的 FC。二进制背包问题的解决方案可以有效地应用到优化选择协作频谱感知节点问题中，最小化能量的消耗。但是，该算法要求每次协作感知所允许的最大总能耗必须是已知、确定的。而且由于其较高的复杂度，背包问题一直被认为是不可解的难题。当实际 CWSN 中节点数量很大时，这种解决方案的应用是很有限的。

最大化最小剩余能量算法和基于剩余能量加权法两种协作频谱感知算法被提出来最大化网络寿命[44]。每次频谱感知时，前者尽量避免选择剩余能量少的次要用户参与感知。次要用户的能耗越高，它被挑选出执行感知的概率性就越高，这样可以实现所有次要用户剩余留能量的均衡，从而延长网络的生命周期。后者定义节点的权重值是次要用户原始能量与剩余能量的比值。所有节点的原始能量被认为是相同的。在选择参与感知的节点时，节点的剩余能量权值越小意味着此节点消耗的能量越小，参与感知的概率也就越大。由于协作频谱感知中节点选择问题是一个 NP 问题，为了降低计算复杂度，凸性优化方法和拉格朗日算法被用来解决认知传感器节点选择问题。此外，由于拉格朗日问题中目标函数具有凸性和可微性，次阶梯法被使用降低计算拉格朗日系数的复杂性，然而它们的能量消耗却不是最小的。

节点的选择是协作频谱感知中至关重要的一部分，它不仅影响 CWSN 的检测性能，而且对总的能量开销有重大影响。表 6-3 从节点选择的角度对上述文献进行汇总。其中 A_1、A_2 分别代表获得最优节点数目的方法 1 和方法 2；B_1、B_2 和 B_3 分别代表选择最合适节点时的度量标准：距离、传感器剩余能量及其检测精度。“—”代表文献没有涉及该项指标。

表 6-3　基于用户选择的协作频谱感知模型汇总

文献	用户数量		选择标准			备注
	A_1	A_2	B_1	B_2	B_3	
[30]		√	—			基于双阈值检测的休眠审查算法
[34]	—		—			基于信誉度的选举法减少传送节点的数量
[36]	—		√			事件驱动的具有频谱意识的分簇算法

续表

文献	用户数量		选择标准			备注
	A_1	A_2	B_1	B_2	B_3	
[35]		√	SNR			实现高检测性能和低能耗折中的分簇模型
[31]	—		√	√		基于分簇的双阈值检测模型
[39]	—		—			自私的认知传感器之间的协作
[40]	√		—			寻找最少参与协作感知的用户数量
[41]	√			√	√	能量和检测精度约束下的用户选择
[43]	—		最小能量子集			on-off 模型用于优化用户选择
[37]	—			√	√	背包问题用于解决潜在用户选择问题
[44]	—			√		max-min 方法最大化网络生命周期
[42]	—		相关性			选择低相关性的节点参与协作感知
[32]		√	—			休眠审查算法

从参与协作的次要用户数量来看，协作频谱感知可分为基于最小协作用户数量和基于最优协作用户数量两种，其中文献［40］和文献［41］的模型是基于最小协作感知用户数目的，文献［30］、文献［32］、文献［35］的模型是基于最优协作感知传感器数目的，其他则没有指明参与协作的次要用户数量。

从用户选择度量准则的角度看，协作频谱感知可以分为基于距离、基于剩余能量和基于检测精度三种，其中文献［44］的模型是基于剩余能量选择合适次要用户，文献［36］基于次要用户和 FC 的距离选择优化用户，文献［37］、文献［41］使用剩余能量和检测精度相结合的选择方法，文献［31］中的模型使用距离和剩余能量相结合的选择方法，文献［35］、文献［42］、文献［43］分别从节点感知数据的相关、最小能量消耗子集和用户的 SNR 的角度获取最优的认知传感器节点数目优化 CWSN 的协作频谱感知。

4. 混合的协作频谱感知

为了获得更好的性能，CWSN 中许多混合的协作频谱感知模型被提出(表 6-4)。一种迭代的 on-off 算法被运用寻找最优的拉格朗日系数 λ，每次迭代更新 λ 时根据价值函数选择节点[43]。但是随着 λ 的减小，本次迭代的总能量消耗有可能比上次迭代中能量消耗多，其主要原因是次要用户到 FC 的距离对它的传输能量的消耗有很大的影响。

表 6-4　各种协作频谱感知方法的结合汇总

文献	[37]	[44]	[40]	[43]	[30]	[32]	[24]	[33]	[34]	[35]	[31]	[36]	[39]	[42]
审查					√	√		√	√		√			
分簇								√		√	√	√		
用户选择	√	√	√	√	√	√	√			√	√		√	√

因此，一些次要用户虽然距离 FC 比较远，但仍被挑选加入协作感知。文献［24］在

文献［43］的工作基础上提出了一种改进有效的混合协作频谱感知模型，它通过增加决定节点节能更多的能量，使用休眠审查模式在选择参与协作感知节点与 FC 节点之间选择一个节点作为决定节点，这里所有参与协作的节点都传输它们的感知结果给决定节点，决定节点根据被选择节点的本地感知结果作出最终的决定并传送给 FC。该提出方案明显减少了感知结果的传输距离，降低了网络能量的消耗和带宽使用。

如表6-4 所示，大多数混合协作频谱感知模型是基于用户选择的，如文献［24］、文献［37］、文献［39］、文献［40］、文献［42］～文献［44］。然而，文献［34］的模型是基于审查的，文献［36］的研究是基于分簇的。文献［30］、文献［32］的方法综合考虑了结合审查和用户选择两种协作方法。一种结合审查和分簇的模型在文献［33］中被使用，一种分簇和用户选择相结合的方法在文献［35］中被使用，文献［31］综合使用了审查、分簇和用户选择三种方法。

5. 基于两步检测的协作频谱感知

文献［45］给出了两步感知的概念：fast sensing and fine sensing。在协作感知的第一阶段优先选择执行简单高效的感知算法。而当第一阶段融合中心的测量结果高于预定阈值时，第二阶段的 fine sensing 将会作为候选算法被执行，从而保证 CSS 的检测性能，如图6-8 所示。文献［46］和文献［47］给出了 ED-MED 相结合的两阶段检测方法，该方法是基于单阈值的检测方法。然而当它的阈值设置不合适时，该方法的稳定性比较差。文献［48］在文献［46］的基础上提出了基于双阈值决策的 ED-MED 检测方法，当第一阶段的能量检测不确定主要用户是否存在时，第二阶段的 MED 检测将被触发。

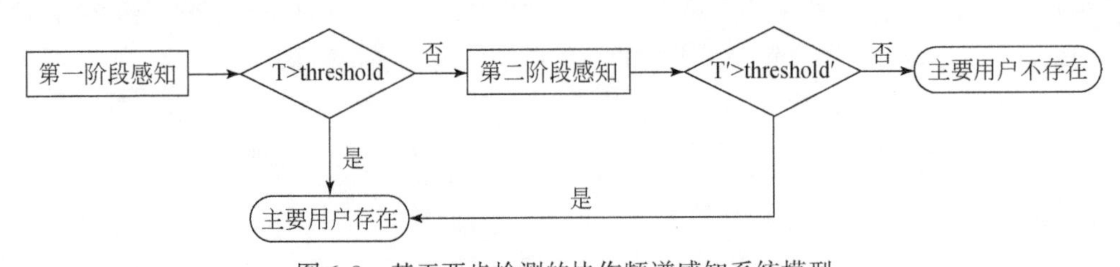

图6-8　基于两步检测的协作频谱感知系统模型

文献［49］通过引入管道技术来减少两阶段感知的感知时间。整个频谱带被分成相同尺寸的频谱带，称为粗感知时隙(coarse sensing blocks，CSB)。每个 CSB 再进一步被分成若干子频带，称为 FSB(fine sensing blocks)。管道被解释为，当空闲信道 FSB 正在被检测时，CSB 可以继续依次被检测，查询表被维持。查询表中包含每个 CSB 的能量值和其各自的块数值。基于不同信道进行分配的优化是依据每个不同的数据流来进行的，协调节点间信道利用来使数据流间的相互干扰降到最低；让各个不相同的信道的分配情况在同一个数据流上实现，从而可以使局部频谱比较乱的问题得到解决，使数据流内的相互干扰降到最低。

6.1.3 性能分析

由于传感器能量的有限性，CWSN 中的协作频谱感知更注重系统的能量消耗，包括参加协作的传感器数量、挑选参加协作的传感器、控制传送感知数据的节点等。表 6-5 提供了 CWSN 中协作频谱感知模式的比较，这里考虑了决定方式、主要用户存在的先验知识是否已知(PKP)、节点选择的公平性、度量标准、节点的参与度和性能、公共控制信道需求及检测方法等。在这里，CNF 指的是审查或者用户选择中传送节点和感知节点的衡量标准中是否将节点的感知精确度作为度量标准，精确度指节点的感知结果与 FC 最后的决定是否一致。公平性指节点能否以均等的可能性被选择参与感知，以使所有节点的剩余能量达到平衡，从而增加整个网络的寿命。“—” 代表文献没涉及该项指标，P_1代表参与度，P_2代表性能，PU 代表主要用户。

表 6-5　CWSN 中协作频谱感知模型比较

文献	决定方式	PKP	公平性	CNF	节点		CCC 需求	PU	检测方式
					P_1	P_2			
[33]	分布式	已知	不公平	否	部分	—	是	1	能量
[39]	集中式	已知	—	否	全部	两者	是	1	能量
[43]	集中式	未知	不公平	否	部分	不同	是	1	能量
[35]	分布式	未知	公平	否	部分	不同	是	1	能量
[30]	集中式	已知	不公平	否	部分	相同	是	1	能量
[34]	集中式	未知	—	是	全部	不同	是	1	能量
[42]	集中式	未知	不公平	否	部分	不同	是	1	能量
[32]	集中式	两者	不公平	否	部分	相同	是	1	能量
[33]	集中式	未知	公平	是	部分	不同	是	1	能量
[40]	集中式	未知	公平	否	部分	不同	是	1	能量
[31]	分布式	未知	公平	否	部分	相同	是	1	能量
[44]	集中式	未知	公平	否	部分	不同	是	1	能量

从融合中心的决定方式角度看，协作频谱感知可以分为集中式和分布式，其中文献 [31]、文献 [33]、文献 [35] 属于分布式，其他属于集中式。考虑到主要用户存在的先验知识是否已知，协作频谱感知可以分为先验知识已知的协作频谱感知、先验知识未知的协作频谱感知以及混合式协作频谱感知，其中文献 [30]、文献 [33]、文献 [39] 基于主要用户先验知识已知，文献 [32] 是混合式的，其他都是基于主要用户先验知识未知的。文献 [31]、文献 [35]、文献 [33]、文献 [40]、文献 [44] 考虑了公平性因素，由于文献 [34]、文献 [39] 模型中所有的节点都参与频谱感知，所以不需要考虑公平性。协作频谱感知可以分为基于精确度的协作频谱感知和不基于精确度的协作频谱感知，其中文献 [34] 和文献 [33] 是基于检测精确度的，其他都没有考虑检测精确度。

考虑到节点的参与度，协作频谱感知可以分为部分和完全两种类型。例如，文献［34］、文献［39］中的方法是完全的协作频谱感知，其他都是部分的。协作频谱感知也可以分为同质的协作频谱感知和异质的协作频谱感知，其中文献［30］～文献［32］中的模式属于前者，文献［39］同时考虑了两种情形，其他都属于后者。考虑到能量检测不需要知道首要用户的先验知识，实现简单的特点，现有的协作频谱感知几乎都采用能量检测方法。

6.1.4 小结

从协作用户的行为和减少协作频谱感知能耗的角度，对 CWSN 中现有的协作频谱感知模型进行了综合分析、分类和总结。一个有效的协作频谱感知不但能够提高检测性能，增加频谱的利用率，解决频谱紧缺的问题，还能显著减少能量消耗，延长能量受限的 CWSN 的寿命。因此，设计一个好的协作频谱感知成为 CWSN 有希望和至关重要的问题。许多问题在未来的工作中值得被更深入地研究。

（1）新的频谱检测技术。考虑到 CWSN 的低能量和低计算能力，传统的频谱检测方法依赖于复杂的感知策略，消耗能量更高。新的适合 CWSN 的频谱检测方法急需被用来提高检测精度，减少感知时间和能量消耗。

（2）优化的协作频谱感知。优化包括 CWSN 节点数量、CWSN 节点的选择、节点协作感知结果以及协作感知产生的系统开销等。

（3）控制信道设计。无论是 CWSN 还是 WSN 都要求特定的控制信道来实现和协调频谱的感知与管理。而现有的研究通常假设 CCC 处于理想的情形，能够满足网络的所有要求。因此，如何在非授权频谱上设计控制信道，让次要用户和 FC、次要用户与次要用户之间顺利完成控制信息的交换成为最具有挑战性的一个问题。

（4）移动的 CWSN。已有的研究基本上都假定主要用户和次要用户都是静止的。然而，真实的次要用户往往都是随机移动的，这使得协作频谱感知问题变得更加复杂。因此，未来研究应多考虑移动的非静止的 CWSN 协作频谱感知，如仅主要用户移动、仅次要用户移动以及主要用户和次要用户同时移动。

（5）多主要用户。大多数模型仅考虑到协作频谱感知中只有一个主要用户的情形，然而在实际的 CWSN 中，多个主要用户的存在会使得协作感知问题变得更加复杂和困难。因此，多主要用户存在情况下的协作频谱感知模型是 CWSN 中另一个值得考虑的方向。

6.2 基于决策传输的协作频谱感知算法

6.2.1 相关工作

协作频谱感知利用多个节点之间的相互协作有效地克服了单节点感知的缺点，增加频谱检测正确性。然而，在每次协作频谱感知中，参与协作的节点需要消耗额外的能量在本地感知、决定传送(decision transmission，DT) 和决定融合。

为了减少 CSS 的能量消耗，现有的协作频谱感知方法主要集中在以下三方面：审查、分簇和节点选择。文献［50］在感知结果传输阶段使用双门限的审查方法，仅允许感知数据处于目标区域的 1bit 感知结果(1 或 0) 传输到 FC 参与感知结果的融合，决定主要用户是否存在。在满足网络检测性能的约束下，文献［32］、文献［37］、文献［42］提出的分布式协作频谱感知模型通过减少每次感知次要用户发送本地决定的数目达到节能的目的。重复博弈的方法在文献［15］中被应用到协作感知模型，这里节点的参与频率被当作促使节点参与感知的刺激。约定是：节点参与次数越高，分配给它的传送数据的时间越多，即传感器传送数据的时间与其参与次数成比例。然而，重复博弈算法的复杂度高、计算量大导致被提方案的执行效率比较低。

文献［51］基于分簇的思想提出在次要用户和基站之间添加 DN 减少次要用户在传送结果阶段的能量消耗。所有次要用户将感知决定传送到 DN，DN 作出最后的判决并将决定发送给 FC。与一般的分簇协作频谱感知不同，文献［36］在认知无线传感器网络中提出了事件驱动协议的协作频谱感知。分簇只会发生在认知传感器网络中有事件发生时，事件结束后分簇也会自动结束。当有事件发生时，系统会根据节点的局部位置在事件和 sink 之间选择合适的认知传感器参与频谱感知。

为了寻找最优的感知阈值和传感器节点数目，在最低检测率和最高虚警概率的约束下，一个优化的协作频谱被提出以最小化能量消耗[13]。但是，在低 SNR 条件下，提出的该模型会造成更高的能量消耗。文献［41］提出兼顾检测精度和节能的基于能量意识(energy-aware) 次要用户选择的协作频谱感知。它在满足检测要求的约束下通过优化问题获得最小参与协作感知的次要用户数量，并采用基于可能性的方法来选择合适的次要用户执行感知。在文献［52］中，节点选择和优化调度模型被提出来提高网络的能量效率，前者最小化网络能量的能量消耗，后者最大化网络的寿命。

为了提高协作感知的精度，协作频谱感知包括数据融合和决策融合两种方法。数据融合能带来更好的性能，但也导致更多的能量开销。因此决策融合需要更少的开销，更适合能量受限的 CWSN。按照这种方法，一种改进的 DT 在文献［53］中被提出，它利用公共信道传输所有的本地决定以减少能量消耗。文献［54］、文献［55］提出利用非正交多路接入和非干扰接入技术将所有的基于 OR 规则的本地决定通过相同的信道传输到 FC，有效降低了信号资源的需求量和能量消耗。然而这会导致公共信道里的信号相互干扰，从而影响系统最后的决策判决。文献［56］给出了改进的基于 OR 规则的 DT，这里所有本地决定为 1 的次要用户使用同一个正交信道发送连续波，同时给出 PC(power control) 算法减少总的连续波之间的破坏性干扰。

协作频谱感知中有效的 DT 模型很多，但在 CWSN 中有几个关键的问题应该被综合解决。首先，每次协作频谱感知不管 DT 中的本地决策是 1 还是 0，次要用户都会传送决定给 FC，这会导致很多不必要的能量开销。实际上，根据逻辑 OR 规则(AND 规则)，FC 只需知道次要用户的决策中是否至少有一个为 1(0) 即可有效地作出最终的决定。其次，大多数协作频谱感知模型假设次要用户与FC之间的通信信道是无噪声的[57-60]，这与实际的CWSN环境不符，会导致错误的决策。再次，现有的模型没有考虑由于噪声和传输导致的包错误和包丢失，这会加重频谱稀缺和能量消耗。最后，一些现有的DT算法使用同一条信道传输连续信号给FC，让能量和功能受限的节点解决信号之间的干扰问题是很困难的。

本节提出一种用于协作频谱感知的节能可靠的决策传输模型(enegy- efficient reliable decision transmission，ERDT)，主要的贡献总结如下。

(1) 给出了基于ERDT的协作频谱感知模型，同时考虑了逻辑OR规则和逻辑AND规则两种情形。

(2) ERDT考虑了由于噪声干扰和传输导致的包错误和包丢失两种情况。基于严格的数学推理，分别分析了逻辑OR规则和AND规则下，ERDT和DT在下列三种情形下的判决正确率和能量消耗：只存在比特错误(噪声干扰)、只存在包丢失(传输错误)和同时存在比特错误和包丢失(噪声干扰和传输错误)。

(3) ERDT在两方面提高了判决正确率。一方面，在OR规则(AND规则)下，只允许决策为1(0)的次要用户传输决策到FC，可以避免包丢失和干扰，也可以显著地减少能量消耗。另一方面，在OR规则(AND规则)下，无论FC收到的决策是什么，该决策都会被认为是0(1)，这能够降低传输中比特错误带来的消极影响。

6.2.2 节能可靠的决策传输

1. 系统模型

系统中有N个次要用户和一个FC，每个次要用户占用一个正交信道发送本地决策0或1到FC节点，次要用户之间的数据传输相互独立。系统模型如图6-9所示。$S\ \{S_1,\ \cdots,\ S_{N1}\}$表示$N_1$个次要用户传送决策1到FC，$R\ \{R_1,\ \cdots,\ R_{N2}\}$表示$N_2$个次要用户传送决策0给FC，这里$N_1$和$N_2$满足$N_1+N_2=N$。FC采用硬决策融合规则，根据收到的来自次要用户的本地决策作出主要用户是否存在的最后判决，如逻辑OR规则或者AND规则。

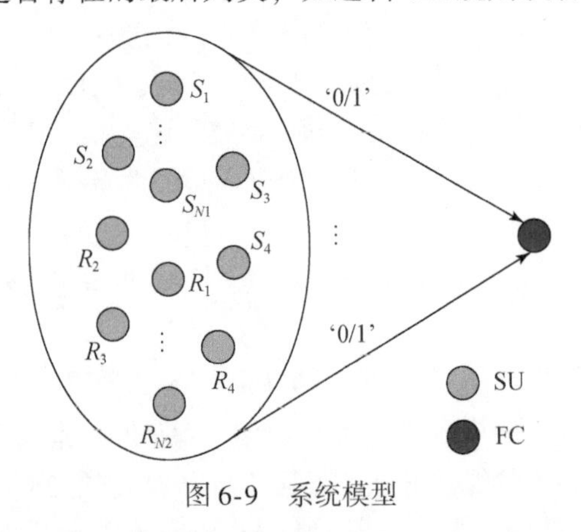

图6-9 系统模型

定义 6.1（DT 的 OR 规则） 在有 N 个次要用户的协作频谱感知系统中，判决主要用户存在的次要用户发送本地决策 1 给 FC，判决主要用户不存在的次要用户发送本地决策 0 给 FC。只要 FC 收到任意一个来自次要用户的决策 1，它都会作出主要用户存在的最终决策 D，否则认为主要用户不存在。规则表达为

$$D=\begin{cases}1, & C(\text{'1'})\geqslant 1\\0, & \text{其他}\end{cases} \tag{6-18}$$

式中，$C(\text{'1'})$ 表示 FC 从次要用户收到的决策 1 的数量。从式(6-18) 可以看出，不管从次要用户收到的决策 1 的数量是 1、2 还是 N，FC 都判决主要用户存在。

定义 6.2（DT 的 AND 规则） 在有 N 个次要用户的协作频谱感知系统中，判决主要用户存在的次要用户发送本地决策 1 给 FC，判决主要用户不存在的次要用户发送本地决策 0 给 FC。如果 FC 收到任意一个来自次要用户的决策 0，它都会作出主要用户不存在的最终决策 D，否则认为主要用户存在。该规则可以表示为

$$D=\begin{cases}0, & C(\text{'0'})\geqslant 1\\1, & \text{其他}\end{cases} \tag{6-19}$$

式中，$C(\text{'0'})$ 代表 FC 从次要用户收到的决策 0 的个数。

与 DT 不同，对于提出 OR 规则的 ERDT，只有本地决策是 0 的次要用户才会传送感知结果给 FC，而本地决策是 1 的次要用户不会传送他们的决策给 FC。基于 ERDT 的 OR 规则融合如图 6-10 所示。

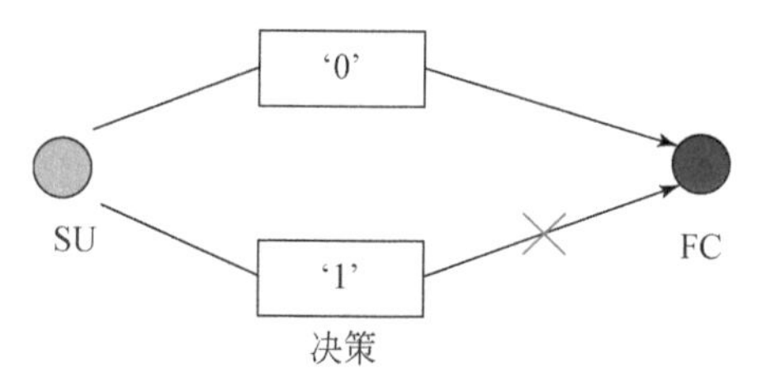

图 6-10 基于 ERDT 的 OR 规则融合

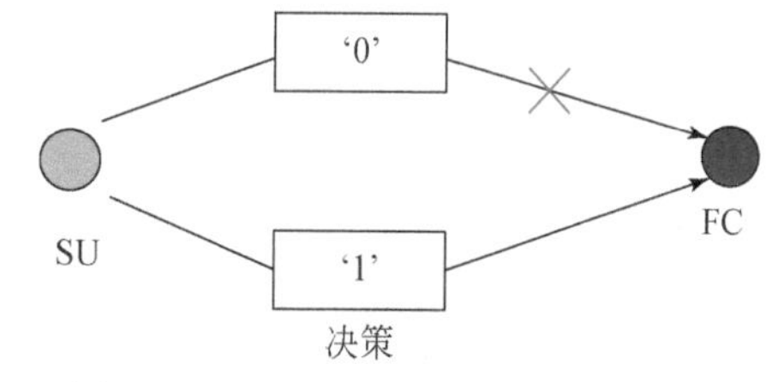

图 6-11 基于 ERDT 的 AND 规则融合

定义 6.3（ERDT 的 OR 规则） 对于 ERDT 的 OR 规则，如果从次要用户收到的本地决策 0 和 1 的数量等于参与协作的次要用户的数量，FC 会作出主要用户不存在的最终决策 D，否则主要用户存在。规则可以表达为

$$D=\begin{cases}0, & C(\text{'0'}\vee\text{'1'})=N\\1, & \text{其他}\end{cases} \tag{6-20}$$

式中，$C(\text{'0'}\vee\text{'1'})$ 代表从次要用户收到的本地决策的个数。

根据定义 6.3，无论 FC 收到什么决策，OR 规则下决策都会被认为是 0，这降低了传输中比特错误带来的消极影响。

基于 ERDT 的 AND 规则，当次要用户检测到系统中的主要用户时，它会传送本地决策 1 给 FC，否则不会传送本地决策 0 到 FC。基于 ERDT 的 AND 规则融合如图 6-11 所示。

定义 6.4（ERDT 的 AND 规则） 根据从次要用户收到的决策 1 和 0 的数量 $C(\text{'0'}\vee\text{'1'})$，FC 作出最终决策 D。如果 $C(\text{'0'}\vee\text{'1'})$ 等于参与协作的次要用户个数，则

FC 认为主要用户存在，否则主要用户不存在。ERDT 的 AND 规则可以表达为

$$D=\begin{cases}1, & C(\text{'0'} \vee \text{'1'})=N \\ 0, & \text{其他}\end{cases} \tag{6-21}$$

类似地，在 ERDT 的 AND 规则中，FC 会认为所有收到的决策是 1 从而避免传输中的比特错误。

2. 正确决策概率

正确决策包括绝对和相对正确决策两种情形，前者假设 FC 总可以精确地接收到次要用户传送的信息，后者考虑到次要用户的决策在发送过程中存在传输错误和包丢失。例如，系统中有五个次要用户 SU_1、SU_2、SU_3、SU_4 和 SU_5，它们传送的决策分别是(1，1，0，0，1)。在绝对正确决策下，FC 必须无误地收到相同的决策集合(1，1，0，0，1)；而在相对正确决策下，FC 收到至少一个决策 1，如(0，1，1，1，0)、(1，0，0，0，0)，这两种序列都被认为是 ERDT 的 OR 规则下正确的决策子集。

绝对正确决策中不应该有任何传输错误或者包丢失。然而，在实际的 CWSN 中，恶劣的环境和噪声干扰会带来不可避免的传输错误和包丢失。因此，在下述两种逻辑规则的详细分析中只考虑协作频谱感知的相对正确决策概率。

为了清晰地分析正确决策概率，ERDT 同时考虑了由于噪声干扰和传输错误产生的包错误和包丢失。这里分别考虑了三种情形：只有比特错误(噪声干扰)、只有包丢失(传输错误) 以及比特错误和包丢失(两种情况)。

1）数据传输中只存在比特错误

H_{00}代表次要用户传送决策 0，并且主要用户收到决策 0 事件的概率；H_{11}是次要用户传送决策 1，主要用户收到决策 1 的概率；H_{01}表示次要用户传送决策 0，但主要用户实际收到决策 1 事件的概率；H_{10}表示次要用户传送决策 1，但实际主要用户收到决策 0 的概率。p_1表示次要用户传输决策的过程的比特错误率。因为 DT 下只考虑比特错误，这里假设 FC 收到的决策不是 0 就是 1。仅考虑数据传输中存在比特错误的 DT 的概率如表 6-6 所示。

表 6-6　数据传输中仅存在比特错误时 DT 的概率

SU \ FC	0	1
0	H_{00}	H_{01}
1	H_{10}	H_{11}

从表 6-6 可以得出 DT 的决策正确概率为

$$H_{00}=H_{11}=1-p_1 \tag{6-22}$$

决策不正确的概率为

$$H_{10}=H_{01}=p_1 \tag{6-23}$$

定理 6.1(DT 的正确决策概率)　系统中有 N 个次要用户和一个 FC，N_1 个次要用户传送决策 1 给 FC，N_2 个次要用户传送决策 0 给 FC，这里 $N_1+N_2=N$，OR 规则下 DT 的正确决策概率为

$$P_e=\begin{cases}1-\dfrac{N_1}{N}p_1^{\ N_1}-\dfrac{N_2}{N}(1-p_1)^{N_2}, & N_1\geqslant 1\\(1-p_1)^N, & \text{其他}\end{cases}\tag{6-24}$$

证明：根据定义 6.1，当 $N_1\geqslant 1$ 时，FC 应该作出最终的决策 1(主要用户存在)；当 $N_1=0$ 时，FC 会作出最终的决策 0。在下述分析中，上面两种情形都会被考虑。

(1) $N_1\geqslant 1$。

这种情况下，为了保证最终决策的正确性，FC 应该至少从次要用户收到一个决策 1，这里包括下面两种情况。

① 当 FC 从次要用户收到至少一个决策 1 时，无论 R 中的决策传输是否成功，FC 都可以作出正确的决策，PU 存在。正确决策的概率 P_{e_1} 是

$$P_{e_1}=P(C(‘1’)\geqslant 1\,|\,N_1)=1-p_1^{\ N_1}\tag{6-25}$$

② 类似的，如何 FC 从 R 中收到不少于一个决策 1，它也可以作出正确的决策。正确的决策概率 P_{e_2} 是

$$P_{e_2}=P(C(‘1’)\geqslant 1\,|\,N_2)=1-(1-p_1)^{N_2}\tag{6-26}$$

根据式(6-25) 和式(6-26)，DT 在 OR 规则下的正确决策概率可以表达为

$$\begin{aligned}P_e&=P_{e_1}\cdot\frac{N_1}{N}+P_{e_2}\cdot\frac{N_2}{N}\\&=1-\frac{N_1}{N}p_1^{\ N_1}-\frac{N_2}{N}(1-p_1)^{N_2}\end{aligned}\tag{6-27}$$

(2) $N_1=0$，$N_2=N$。

这种情况下为了保证 FC 的正确决策，要求 R 中的所有次要用户都必须成功地传输决策给 FC，否则 FC 会作出错误的决策。因而，当主要用户不存在时，正确决策的概率 P_e 为

$$P_e=P(H_{00})^{N_2}=(1-p_1)^{N_2}=(1-p_1)^N\tag{6-28}$$

证毕。

定理 6.2　系统中有 N 个次要用户和一个 FC，N_1 个次要用户传送决策 1 给 FC，N_2 个次要用户传送决策 0 给 FC，这里 $N_1+N_2=N$，AND 规则下 DT 的正确决策概率为

$$P_e=\begin{cases}1--\dfrac{N_1}{N}(1-p_1)^{N_1}\dfrac{N_2}{N}p_1^{N_2}, & N_2\geqslant 1\\(1-p_1)^N, & \text{其他}\end{cases}\tag{6-29}$$

证明：根据定义 6.2，只有协作中每个次要用户均成功传输感知决策 1 给 FC 时，FC 会作出主要用户存在的最后决策，否则主要用户不存在。下面的分析中，上述两种情形将分别被考虑。

(1) $N_2\geqslant 1$。

这种情况下，为了保证最终决策的正确性，FC 应该至少从次要用户收到一个决策 1，根据传送者的不同，两种情况被考虑到。

首先，S 中的次要用户错误地报告决策 0 给 FC。其次，FC 接收到 R 中的次要用户的决策 0(≥1)。两种情况下的正确决策的概率 P_{e_1} 和 P_{e_2} 表示如下

$$P_{e_1} = P(C(\text{'0'}) \geqslant 1 | N_1) = 1 - P(H_{11})^{N_1} = 1 - (1 - p_1)^{N_1} \tag{6-30}$$

$$P_{e_2} = P(C(\text{'0'}) \geqslant 1 | N_2) = 1 - P(H_{01})^{N_2} = 1 - p_1^{N_2} \tag{6-31}$$

根据式(6-30) 和式(6-31) 可以得到，DT 在 AND 规则下的正确决策概率 P_e 为

$$\begin{aligned} P_e &= P_{e_1} \cdot \frac{N_1}{N} + P_{e_2} \cdot \frac{N_2}{N} \\ &= 1 - \frac{N_1}{N}(1 - p_1)^{N_1} - \frac{N_2}{N} p_1^{N_2} \end{aligned} \tag{6-32}$$

(2) $N_2 = 0$，$N_1 = N$。

这种情况下，所有次要用户都必须成功地传输决策给 FC，FC 应该作出主要用户存在的最终决策。因此，正确决策的概率 P_e 为

$$P_e = H_{11}^{N_1} = (1 - p_1)^{N_1} = (1 - p_1)^N \tag{6-33}$$

证毕。

定理 6.3(ERDT 的正确决策概率) 系统中有 N 个次要用户和一个 FC，其中 N_1 个次要用户传送决策 1 给 FC，N_2 个次要用户传送决策 0 给 FC。p_1 表示数据传输的比特错误率，OR 规则下 ERDT 的正确决策概率 P_e 是 1。

证明： 在 ERDT 中，只有决策为 0 的次要用户会传送他们的决策给 FC。因为系统中只存在比特错误，所有无论 FC 收到决策 1 或者 0，次要用户传输的原始决策数据实际是 0。t 个时隙后，FC 根据接收到的决策的数量 M 决定主要用户是否存在。当 $N_1 \geqslant 1$ 时，M 一定小于 N。FC 可以正确地决策主要用户的存在。当 $N_1 = 0$ 时，不管次要用户传送什么给 FC，FC 都会把它们看成决策 0，认为主要用户不存在。因此，OR 规则下，ERDT 可以正确判决主要用户的状态。故可以得出正确决策概率 P_e 是 1。

定理 6.4 系统中有 N 个次要用户和一个 FC，其中 N_1 个次要用户传送决策 1 给 FC，N_2 个次要用户传送决策 0 给 FC。p_1 表示数据传输的比特错误率，AND 规则下 ERDT 的正确决策概率 P_e 是 1。

证明： 根据定义 6.4，决策为 1 的次要用户传送他们的决策给 FC。当系统中只存在比特错误时，FC 会认为所有的接收数据是 1。可以看出，如果 $N_1 = 0$，接收的决策的数量等于 N，FC 可以作出正确的决策。相反，如果 $N_1 \geqslant 1$，FC 接收的决策的个数 M 一定小于 N，FC 同样可以正确地判决主要用户是不存在的。同理可以得出，无论信道是否被占用，AND 规则下，ERDT 的正确决策概率 P_e 一定是 1。

2）数据传输中只存在包丢失

这种情形下，只考虑传输错误，不考虑噪声干扰造成的比特错误。T_{00} 和 T_{11} 代表次要用户传送决策 0 和 1，并且 FC 分别正确收到它们。T_{0X} 和 T_{1X} 表示由于传输中出现包丢失

FC 没有成功地收到决策 0 和 1。p_2表示丢包率。假设次要用户之间的传输相互独立、互不影响。数据传输过程中仅存在包丢失时 DT 的各种概率如表 6-7 所示。在表 6-7 中，Y 表示传输成功，X 表示传输中存在包丢失错误。因此，可以得到

$$T_{00} = T_{11} = 1 - p_2 \tag{6-34}$$

$$T_{0X} = T_{1X} = p_2 \tag{6-35}$$

表 6-7　数据传输中仅存在包丢失时 DT 的概率

SU \ FC	Y	X
0	T_{00}	T_{0X}
1	T_{11}	T_{1X}

定理 6.5(DT 的正确决策概率)　系统中有 N 个次要用户和一个 FC，其中 N_1个次要用户传送决策 1 给 FC，N_2个次要用户传送决策 0 给 FC，这里 $N_1+N_2=N$，OR 规则下包丢失率为 p_2的 DT 的正确决策概率 P_e是

$$P_e = \begin{cases} \dfrac{N_1}{N}(1 - p_2^{N_1}), & N_1 \geqslant 1 \\ (1 - p_2)^N, & 其他 \end{cases} \tag{6-36}$$

证明：在 DT 的 OR 规则下，次要用户会传送它们的决策 0 和 1 给 FC。当 $N_1 \geqslant 1$ 时，FC 应该作出最终的决策 1(主要用户存在)，否则($N_1=0$) 主要用户不存在。下面分别分析下述两种情况的决策正确率 P_e。

(1) $N_1 \geqslant 1$

FC 应该至少从次要用户收到一个决策 1，换句话说，应该有不少于一个次要用户成功传输决策。因此，正确决策概率 P_e可以表达为

$$\begin{aligned} P_e &= P(M_1 \geqslant 1 \mid N_1) \cdot \frac{N_1}{N} + P(M_1 \geqslant 1 \mid N_2) \cdot \frac{N_2}{N} \\ &= \frac{N_1}{N}(1 - p_2^{N_1}) \end{aligned} \tag{6-37}$$

式中，M_1表示 FC 收到的决策 1 的数量。

(2) $N_1 = 0$，$N_2 = N$。

这种情况下为了保证 FC 的正确决策，要求所有次要用户都必须成功地传输决策 0 给 FC。因此，得到正确决策的概率 P_e 为

$$P_e = T_{00} = (1 - p_2)^N \tag{6-38}$$

证毕。

定理 6.6　系统中有 N 个次要用户和一个 FC，其中 N_1个次要用户传送决策 1 给 FC，N_2个次要用户传送决策 0 给 FC，这里 $N_1+N_2=N$，包丢失率为 p_2时 AND 规则下 DT 的正确决策概率 P_e是

$$P_e=\begin{cases}\dfrac{N_2}{N}(1-p_2^{N_2}), & N_2\geqslant 1\\(1-p_2)^N, & 其他\end{cases}\tag{6-39}$$

证明：当成功地收到全部次要用户的决策 1 时，FC 的决策为主要用户出现。因此，正确判决概率 P_e 为

$$P_e=T_{11}=(1-p_2)^N\tag{6-40}$$

当 $N_2\geqslant 1$ 时，至少要有一个次要用户成功传输决策 0 给 FC。正确决策概率 P_e 为

$$\begin{aligned}P_e&=P(C('0')\geqslant 1|N_1)\cdot\frac{N_1}{N}+P(C('0')\geqslant 1|N_2)\cdot\frac{N_2}{N}\\&=\frac{N_2}{N}(1-p_2^{N_2})\end{aligned}\tag{6-41}$$

证毕。

定理 6.7（ERDT 的正确决策概率）　系统中有 N 个次要用户和一个 FC，其中 N_1 个次要用户传送决策 1 给 FC，N_2 个次要用户传送决策 0 给 FC，这里 $N_1+N_2=N$，包丢失率为 p_2 时 OR 规则下 ERDT 的正确决策概率 P_e 是

$$P_e=\begin{cases}1, & N_1\geqslant 1\\(1-p_2)^N, & 其他\end{cases}\tag{6-42}$$

证明：根据定义 6.3，ERDT 中只有决策为 0 的次要用户被允许传送决策给 FC。FC 比较接收到的决策的数量 M 和 N 并作出最终的决策。一旦 S 不为空（$N_1\geqslant 1$），M 一定小于 N，FC 会作出主要用户存在的最终决策，这意味着 ERDT 的正确决策概率是 1。

如果 S 不为空（$N_1=0$），M 或者小于 N，或者等于 N，这里前者由于包丢失导致 FC 作出错误的最终决策，后者指示所有次要用户成功传输它们的决策。因此，正确决策的概率是 $(1-p_2)^N$。

定理 6.8　系统中有 N 个次要用户和一个 FC，其中 N_1 个次要用户传送决策 1 给 FC，N_2 个次要用户传送决策 0 给 FC，这里 $N_1+N_2=N$，包丢失率为 p_2 时 AND 规则下 ERDT 的正确决策概率 P_e 是

$$P_e=\begin{cases}1, & N_2\geqslant 1\\(1-p_2)^N, & N_2=0\end{cases}\tag{6-43}$$

证明：在 ERDT 的 AND 规则中，只有决策为 1 的次要用户才会传送它们的决策给 FC。因此，只要 R 不为空（$N_2\geqslant 1$），由于 $M\leqslant N$ 时 FC 可以作出正确的决策，这暗示着 P_e 为 1。

当 $N_2=0$ 时，S 中所有的次要用户都要成功地传输决策给 FC，其才能作出正确的决策。因此，包丢失率是 p_2 时 AND 规则下 ERDT 的正确决策概率 P_e 是 $(1-p_2)^N$。

3）数据传输中存在比特错误和包丢失

这里考虑数据传输中同时存在比特错误和包丢失的情形。P_1 表示 FC 收到的正确决策来自 S 中的次要用户的概率，P_2 表示 FC 收到的正确决策来自 R 中次要用户的概率。假设次要用户之间的传输相互独立且互不影响。实际上，每个次要用户只传送包含 1bit 决策（1

或0）的数据包给FC。下面的分析考虑了每次DT中只存在一次比特错误和一次包丢失的情况。

定理6.9（DT的正确决策概率） 系统中有N个次要用户和一个FC，其中N_1个次要用户传送决策1给FC，N_2个次要用户传送决策0给FC，这里$N_1+N_2=N$，比特错误率为p_1和包丢失率为p_2时OR规则下DT的正确决策概率P_e是

$$P_e=\begin{cases}1-\dfrac{N_1}{N}(p_1+p_2-p_1p_2)^{N_1}-\dfrac{N_2}{N}(1-p_1+p_1p_2)^{N_2}, & N_1\geqslant 1\\(1-p_1-p_2+p_1p_2)^N, & \text{其他}\end{cases}\tag{6-44}$$

证明：根据定义6.1，将分以下两种情形进行分析证明。

（1）$N_1\geqslant 1$。

为了作出正确的决策，FC应该至少从次要用户收到一个决策1，这里包括两种情况。

①FC至少从S中收到一个决策1，若该数据传输过程中没出现比特错误或者包丢失，则无论R中的次要用户决策传输过程中是否存在比特错误同时也没发生包丢失的情况，FC至少会收到一个决策1，并作出正确的决策。此情况下的正确决策概率P_1为

$$\begin{aligned}P_1&=P(C(‘1’)\geqslant 1|N_1)=1-\sum_{i=0}^{N_1}C_{N_1}^{i}\cdot(p_1(1-p_2))^{i}\cdot p_2^{N_1-i}\\&=1-(p_1+p_2-p_1p_2)^{N_1}\end{aligned}\tag{6-45}$$

②R中的次要用户错误地传送决策1给FC，传输中出现比特错误但没出现包丢失，这样也使FC作出正确的决策。这种情况下的正确决策概率P_2为

$$\begin{aligned}P_2&=P(C(‘1’)\geqslant 1|N_2)=1-\sum_{i=0}^{N_2}C_{N_2}^{i}\cdot((1-p_1)(1-p_2))^{i}\cdot p_2^{\,N_2-i}\\&=1-(1-p_1+p_1p_2)^{N_2}\end{aligned}\tag{6-46}$$

然后，根据式(6-45）和式(6-46）可以得出OR规则下DT的正确决策概率P为

$$\begin{aligned}P&=P_1\cdot\frac{N_1}{N}+P_2\cdot\frac{N_2}{N}\\&=1-\frac{N_1}{N}(p_1+p_2-p_1p_2)^{N_1}-\frac{N_2}{N}(1-p_1+p_1p_2)^{N_2}\end{aligned}\tag{6-47}$$

（2）$N_1=0$，$N_2=N$。

这种情况下协作中的所有次要用户都应该成功地传送决策0给FC，没有比特错误和包丢失。因此，正确决策的概率P是

$$P=(H_{00}T_{00})^{N_2}=(1-p_1-p_2+p_1p_2)^{N}\tag{6-48}$$

从式(6-47）和式(6-48）可以得到，OR规则下比特错误率为p_1和包丢失率为p_2时DT的正确决策概率P_e和式(6-44）的相同。

定理6.10 系统中有N个次要用户和一个FC，其中N_1个次要用户传送决策1给FC，N_2个次要用户传送决策0给FC，这里$N_1+N_2=N$，比特错误率为p_1和包丢失率为p_2时AND规则下DT的正确决策概率P_e是

$$P_e=\begin{cases}(1-p_1-p_2+p_1p_2)^N, & N_2=0\\ 1-\dfrac{N_1}{N}(1-p_1+p_1p_2)^{N_1}-\dfrac{N_2}{N}(p_1+p_2-p_1p_2)^{N_2}, & N_2\geqslant 1\end{cases} \tag{6-49}$$

证明：根据定义 6.2，从决策 0 的数量角度考虑，如果 $N_2 \geqslant 1$，则说明主要用户存在，否则主要用户不存在。前者暗示 R 中次要用户至少成功传输一个决策 0 给 FC 或者 S 中的次要用户传送决策 1 给 FC 出现比特错误。因此，可以计算出正确决策的概率 P 为

$$\begin{aligned}P&=P(C(`0')\mid N_1)\cdot\frac{N_1}{N}+P(C(`1')\mid N_2)\cdot\frac{N_2}{N}\\&=1-\frac{N_1}{N}(1-p_1+p_1p_2)^{N_1}-\frac{N_2}{N}(p_1+p_2-p_1p_2)^{N_2}\end{aligned} \tag{6-50}$$

后者指 S 中所有次要用户都成功地传送决策 1 给 FC，传输过程没有比特错误和包丢失。因此，正确决策的概率 P 为

$$P=(H_{11}T_{11})^{N_1}=(1-p_1-p_2+p_1p_2)^N \tag{6-51}$$

证毕。

定理 6.11（ERDT 的正确决策概率） 系统中有 N 个次要用户和一个 FC，其中 N_1 个次要用户传送决策 1 给 FC，N_2 个次要用户传送决策 0 给 FC，这里 $N_1+N_2=N$，比特错误率为 p_1 和包丢失率为 p_2 时 OR 规则下 ERDT 的正确决策概率 P_e 和式(6-42) 相同。

证明：根据定义 6.3，只有决策是 0 的次要用户会传送它们的决策给 FC。FC 通过比较接收的决策的数量 M 和 N 评估主要用户的状态。当 $N_1 \geqslant 1$ 时，M 一定小于 N，FC 可以直接判决主要用户存在。因此，可以得出正确决策概率 P_e 是 1。

当 $N_1=0$ 时，如果 M 等于 N，FC 会认为主要用户不存在，这种情况要求所有的决策被成功地传送给 FC，传输过程中没有出现包丢失。因此，比特错误率为 p_1 和包丢失率为 p_2 时 OR 规则下 ERDT 的正确决策概率 P_e 为 $(1-p_2)^N$。

定理 6.12 系统中有 N 个次要用户和一个 FC，其中 N_1 个次要用户传送决策 1 给 FC，N_2 个次要用户传送决策 0 给 FC，这里 $N_1+N_2=N$，比特错误率为 p_1 和包丢失率为 p_2 时 AND 规则下 ERDT 的正确决策概率 P_e 和式(6-43) 相同。

证明：在 ERDT 的 AND 规则中，以下两种情形将被分别考虑。

（1）$N_2 \geqslant 1$，这种情况下 FC 从次要用户接收的决策的数量 M 小于 N，FC 果断判定主要用户不存在。因此，正确决策的概率 P_e 是 1。

（2）$N_2=0$，所有次要用户需要无包丢失地成功传输决策 1 给 FC，否则 FC 不能作出正确的决策。因此，正确决策概率 P_e 为 $(1-p_2)^N$。

3. 能量消耗分析

E 表示系统中次要用户传输决策到 FC 的总的能量消耗，C_{ti} 表示 DT 中次要用户 SU_i 的能量消耗。E 表示为

$$E=\sum_{i=1}^{N}C_{ti} \tag{6-52}$$

式中，C_{ti}与次要用户 SU_i和 FC 的距离的平方成比例，C_{ti}为

$$C_{ti} = C_{t-\mathrm{elec}} + e_{\mathrm{amp}} d_i^2 \tag{6-53}$$

式中，$C_{t-\mathrm{elec}}$表示次要用户传送 1bit 数据给 FC 的能量消耗；e_{amp}是放大器增益；d_i是 FC 和次要用户 SU_i之间的距离。

在下述分析中，假定 DT 中所有次要用户的能量消耗 C 都是相同的。

1）DT 的能量消耗

根据 DT 的 OR 规则和 AND 规则的定义，不管决策是 0 还是 1，次要用户都会传送它给 FC。因此，每个次要用户都会消耗相同的能量 C 用以传送决策。OR 规则和 AND 规则下，在 t 时隙系统的总能量消耗 E 是

$$E = \sum_{i=1}^{N_1} C + \sum_{i=1}^{N_2} C = NC \tag{6-54}$$

2）ERDT 的能量消耗

在 ERDT 的 OR 规则中，如果次要用户的决策是 1，它不传送决策给 FC。决策是 0 的次要用户会传送决策给 FC。相反地，AND 规则中，只有决策是 1 的次要用户会报告他们的决策给 FC。因此，得到 OR 规则和 AND 规则下 ERDT 的总能量消耗 E 是

$$E = \begin{cases} \sum_{i=1}^{N_2} C = N_2 C, & \text{OR 规则} \\ \sum_{i=1}^{N_1} C = N_1 C. & \text{AND 规则} \end{cases} \tag{6-55}$$

6.2.3 仿真分析

在 CWSN 系统中，假设有一个 FC 节点和多个次要用户节点。所有次要用户均匀分布在一个地区里，FC 位于这个地区的中心位置。如果主要用户存在，则次要用户的感知决策是1，否则感知决策是0。根据 IEEE P802. 22[41]，全局检测概率 Q_d 是0. 9，全局虚警概率 Q_f 是0. 1。这里假定每次决策传输的能量消耗为1。下面的结果是在1000 次独立仿真的基础上得出的。

1. 正确决策的概率

图6-12 给出了 DT 和 ERDT 的决策正确率 P_e随着比特错误率 p_1和次要用户数量 N 的变化曲线，这里主要用户的存在概率 p_{PU}固定是 50%，并且数据传输中只考虑比特错误。

对 DT 来说，P_e随着 p_1的增加而减少，并且 N 越小 P_e减少得越快。例如，当 $N=5$，$p_1=0$ 时，P_e值为 1；当 p_1增加到 0. 5 时，P_e减少到 0. 66；当 p_1增加到 1 时，P_e减少为 0. 4。对于 $p_1=0$，P_e在 $N=10$ 与 $N=5$ 时几乎相同。但是，当 p_1增大到 1 时，P_e减少到约 0. 67，要大于 $N=5$ 时的 P_e值。此外，随着 N 的增加，P_e显示出逐渐增长的趋势，并渐渐

接近于1。例如，当 $p_1=0.2$ 时，P_e 的取值依次约为0.78、0.85、0.91、0.94、0.96、0.97（N=5，10，15，20，25，30）。前者主要是由于 p_1 的增加减小了次要用户正确传输决策的概率，从而导致正确决策的概率降低。后者是因为 N 值的增加表明CSS中节点数量增加，从而使得CSS的决策精度得以提高。当 N 足够大时，P_e 趋向于1。而对于ERDT，无论 N 和 p_1 取何值，P_e 恒为1，即其不受 N 和 p_1 的影响。这里主要是因为ERDT中决策为1的次要用户会成功传输决策给FC，只要FC收到决策，其都会自动当作次要用户发送的决策为0，这些行为增加了决策传输的精度，提高了决策的准确率。因此，可以看出当CWSN系统中仅存在比特错误时，对于 P_e 来说，ERDT总是优于DT。

图6-13给出了DT和ERDT的决策正确率随包丢失率 p_2 和次要用户数量 N 的变化情况，这里主要用户的存在概率 p_{PU} 固定是50%，并且数据传输中只考虑包丢失。

如图6-13所示，对于DT，随着 p_2 从0增加到1，不同 N 值下 P_e 曲线呈现凸性递减。例如，当 $N=30$，$p_2=0$ 时，P_e 为1；当 p_2 增加到0.5时，P_e 减少到0.92；当 p_2 增加到1时，P_e 趋向于0。当 p_2 从0增加到0.4时，次要用户的数量 N 对 P_e 影响较小，取值分别是1、0.99、0.98、0.96和0.94（p_2=0，0.1，0.2，0.3，0.4）。p_2 从0.4增加到0.9的过程中，N 的大小导致 P_e 产生变化。随着 N 的增加，当 $p_2=1$ 时，P_e 分别是0.3、0.16、0.1、0.07、0.03和0.02在 N=5，10，15，20，25，30时。可以看出，N 对 P_e 的影响很小。原因是当CWSN中只存在包丢失错误时，根据定理6.5和定理6.6可知决策精度受包丢失率 p_2 影响更大。

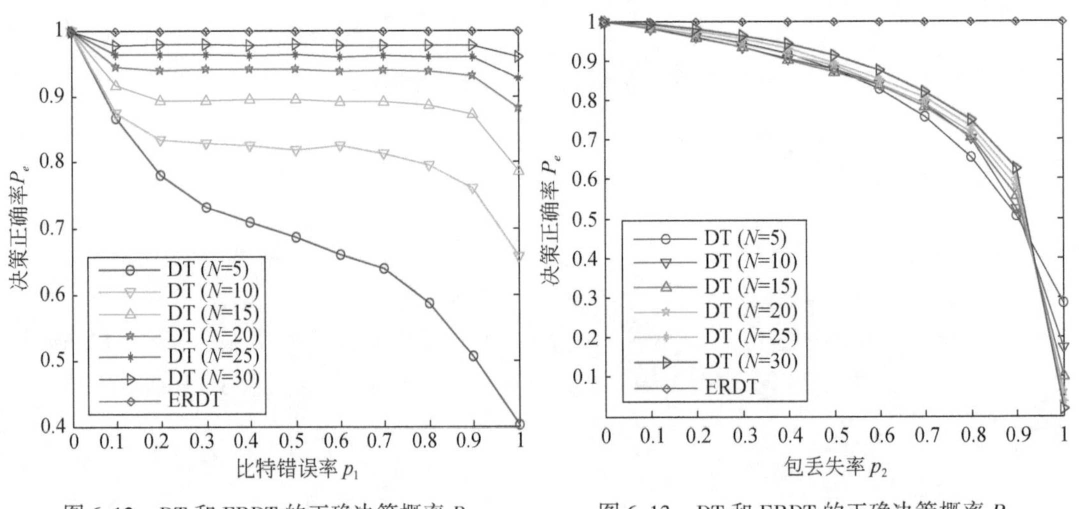

图6-12 DT和ERDT的正确决策概率 P_e 随 p_1 和 N 变化曲线

图6-13 DT和ERDT的正确决策概率 P_e 随 p_2 和 N 变化曲线

系统中有10个次要用户和20个次要用户时DT和ERDT的正确决策率 P_e 分别如图6-14和图6-15所示，这里主要用户的存在概率 p_{PU} 固定是50%，比特错误率 p_1 和包丢失率 p_2 从0变化到1。

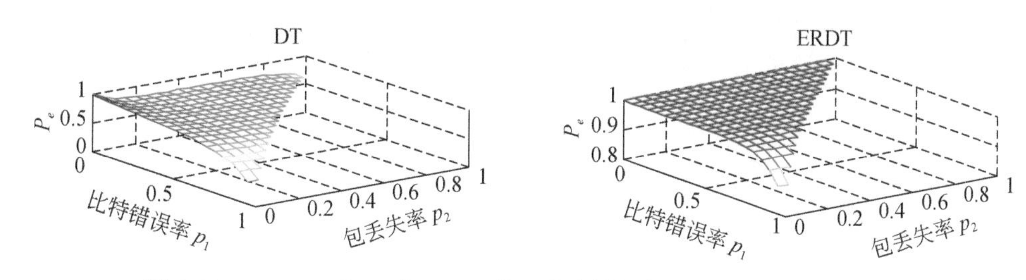

图 6-14　$N=10$ 时 DT 和 ERDT 的正确决策概率 P_e 随 p_1 和 p_2 变化曲面

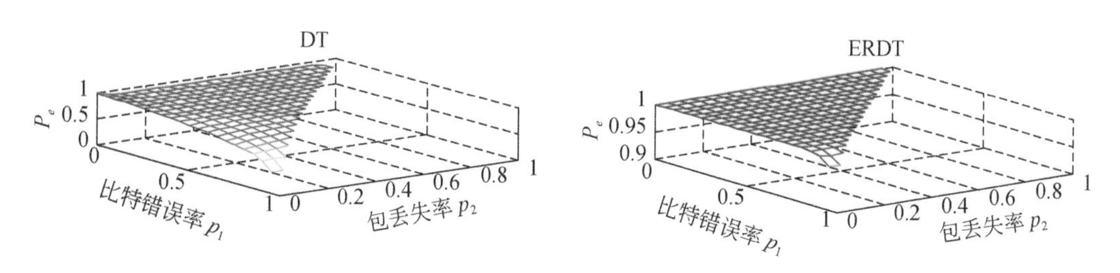

图 6-15　$N=20$ 时 DT 和 ERDT 的正确决策概率 P_e 随 p_1 和 p_2 变化曲面

从图 6-14 可以看出，DT 和 ERDT 的正确决策概率 P_e 随着 p_1、p_2 的增加而逐渐减小。ERDT 的 P_e 总是高于 DT。对于 DT，当 p_1、p_2 都不小于 0.05 时，P_e 为 1；当 p_1、p_2 都大于 0.75 时，P_e 都大于 0.75；随着 p_2 增加到 1，P_e 减少至小于 0.2。对于提出的 ERDT，当 p_1 小于 0.75 时，P_e 始终是 1；当 p_2 大于 0.75 时，P_e 大于 0.8。对于特殊情况 $p_2=0$，p_1 从 0 增加到 1 时，DT 的 P_e 从 1 减少到 0.49，而相同条件下，ERDT 的 P_e 保持常量 1。从上述数据可以看出，ERDT 的 P_e 明显高于 DT 的。

图 6-15 的结果显示，当协作中次要用户的数量增加到 20 时，提出的 ERDT 的正确决策概率 P_e 总是大于 0.93。而在 DT 下，当 p_2 大于 0.55 时，P_e 小于 0.9；当 p_2 从 0.95 增加到 1 时，DT 的 P_e 从 0.4 减少至小于 0.1。这清晰地说明 ERDT 的 P_e 高于 DT 的。再者，当 p_2 大于 0.55 时，ERDT 的正确决策性能远远好于 DT。

图 6-14 和图 6-15 的结果也表明了提出的 ERDT 可以有效地提高正确决策概率和系统的稳定性。当协作中 SU 数量越多，环境越差的时候，ERDT 的性能优势越明显。结果同时验证了提出的 ERDT 适用于噪声信道和干扰环境，为 CWSN 中的协作频谱感知提供了更可靠的决策传输。

2. 能量消耗

1）比特错误率 p_1 和能量消耗 E

由于在系统仅存在比特错误或者包丢失和同时存在这两种错误的情形下能量消耗 E 是完全相同的，图 6-16 和图 6-17 给出了当主要用户的存在概率固定为 50% 和 60% 时，ERDT 和 DT 的能量消耗 E 的变化，这里比特错误率 p_1 从 0 增到到 1，N 从 5 变化到 15。

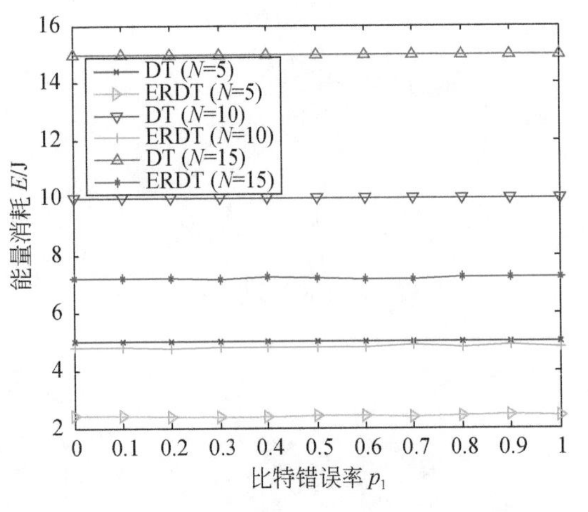

图 6-16 $P_{pu}=50\%$ 时 DT 和 ERDT 的能量消耗

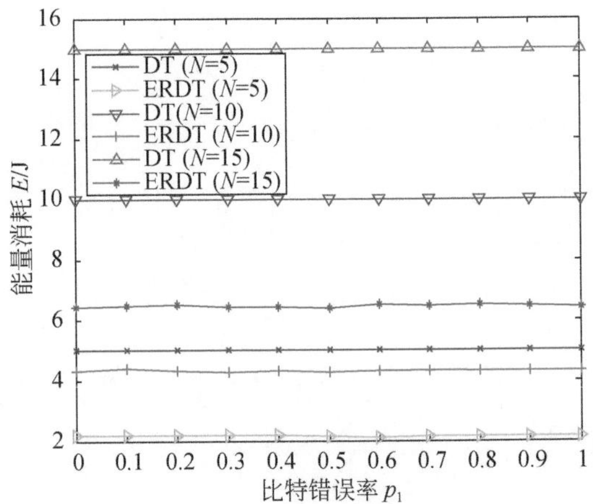

图 6-17 $P_{pu}=60\%$ 时 DT 和 ERDT 的能量消耗

如图 6-16 所示，当 N 确定时，随着 p_1 的增加，ERDT 和 DT 的能量消耗 E 是不变的。原因是，在 DT 中无论次要用户的决策是 0 还是 1，其都会消耗能量传送决策给 FC，因此，DT 的能量消耗只与协作中次要用户的数量 N 成比例。很显然，在 p_1 从 0 增加到 1 的过程中，E 始终为 5、10、15($N=5$，10，15)。在 ERDT 中，能量消耗只与 N_2 有关，因为只有当次要用户的决策为 0 时，其才会消耗能量传送决策给 FC。此外，根据式(6-53)和式(6-55)，N_2 的值与主要用户的存在概率 p_{PU} 和检测概率 Q_d 相关。当 p_{PU} 和 Q_d 都固定时，E 也保持稳定不变。图 6-16 的结果表明，N 越大，E 越大。对于 ERDT，当 N 等于 5 时，E 为 2.5；当 N 增加到 10 时，E 为 4.8；当 N 是 15 时，E 增加到 7.2。然而，可以明显看出 ERDT 的能量消耗 E 总是少于 DT 的，并且与比特错误率 p_1 无关。当主要用户存在概率为 50% 时，ERDT 的能量消耗仅为 DT 的一半，这也表明提出的 ERDT 可以更有效、更好地节省能量消耗。

图 6-17 的结果显示，主要用户的存在概率增加到 60% 时，ERDT 和 DT 呈现出相同的趋势。原因是 DT 的能量消耗 E 只与 N 相关，和 p_{PU} 和 p_1 无关。而在 ERDT 中，N_2 由于 p_{PU} 的增加而减少，这也会导致能量消耗减少。很容易发现，当 N 从 5 增加到 15，p_1 从 0 增加到 1 时，ERDT 的 E 分别为：2.01、4.2、6.2。

比较图 6-16 和图 6-17，可以明显地发现 DT 的能量消耗 E 和 p_{PU} 无关。而对于提出的 ERDT，当 p_{PU} 从 50% 增加到 60% 时，$N=5$ 时，E 从 2.4 减少到 2.01，当 $N=15$ 时，E 从 7.2 减少到 6.2。结果表明主要用户存在概率 p_{PU} 的增加对 ERDT 的能量消耗产生积极的影响。

2）主要用户存在概率 p_{PU} 与能量消耗 E

AND 规则和 OR 规则下 DT 和 ERDT 的能量消耗 E 随主要用户存在概率 p_{PU} 和 N 的变化如图 6-18 和图 6-19 所示。

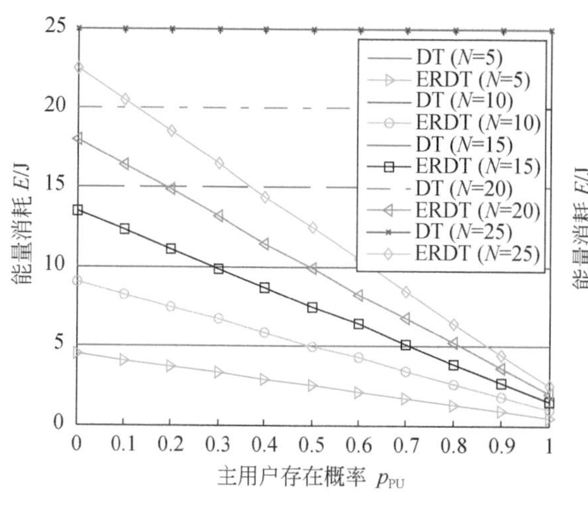

图6-18 OR规则下DT和ERDT的能量消耗随N和p_{PU}变化

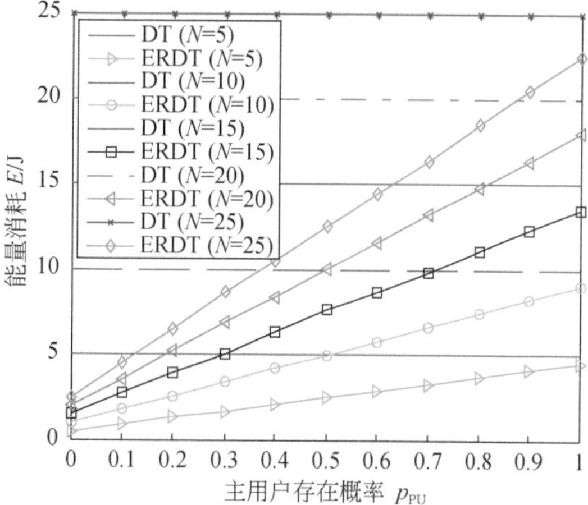

图6-19 AND规则下DT和ERDT的能量消耗随N和p_{PU}变化

对于DT，无论次要用户的决策是什么，它都会传送决策给FC。因此，CWSN中DT能量消耗只和N有关。还可以看出，在图6-18和图6-19中，对于确定的N，无论p_{PU}如何变化，DT的能量消耗保持不变。如图6-18所示，根据ERDT的OR规则的定义，只有决策为0的次要用户才会传送它们的决策给FC。因此，传送决策0的次要用户的数量会随着p_{PU}的增加而减少，这会导致能量消耗减少。对于ERDT，E随着p_{PU}的增加几乎趋向线性减少。当p_{PU}从0增加到0.1时，$N=5$时，E从4.5减少到4；$N=15$时，E从13.5减少到12；当p_{PU}增加到0.5时，随着N从5递增到25(加5)，E分别减少到2.4、5、7.4、10、12。结果表明随着p_{PU}的变大，N越大，E减少得越快。此外，对于相同的N，ERDT的E明显低于DT的。图6-18中出现的另一种现象是，p_{PU}取值越高，ERDT的E值越低。当主要用户不存在时，ERDT的能量消耗达到它的最大值，这表明提出的ERDT可以有效地实现协作频谱感知充分利用CWSN中的空闲频谱。

如图6-19所示，AND规则下可以得到相似的结果。对于相同的N，ERDT的能量消耗总是少于DT的。对于ERDT，E随着p_{PU}的增长呈现线性增长的趋势，但DT保持稳定不变。当p_{PU}为0时，ERDT的能量消耗E分别为0.6、1、1.5、2和2.5；当p_{PU}增加到1时，E分别增加到4.5、9、13.5、18和22.5。此外，随着p_{PU}的增长，ERDT的E趋于线性增长，而且E值总是小于DT。结果也表明提出的ERDT在AND规则下随着p_{PU}和N的变化可以有效减少能量消耗。

比较图6-18和图6-19，可以看出DT的能量消耗与协作频谱感知中次要用户的数量N成比例。这是因为，无论是AND规则还是OR规则，不管次要用户的决策是什么，它都会传送决策给FC。而对于ERDT，在OR规则(AND规则）中，只有决策是0(1）的次要用户才会传送这个决策给FC。随着p_{PU}的增加，决策为0的次要用户减少。因此，OR规则下ERDT的能量消耗随着p_{PU}的增加逐渐减少；而AND规则下的ERDT的能量消耗会随着

p_{PU}的增加而增加。与 DT 相比，OR 规则下，p_{PU}越大，ERDT 所能节省的能量越多；AND 规则下，p_{PU}越低，ERDT 能量消耗越少。

3）次要用户的数量和能量消耗

AND 规则和 OR 规则下 DT 和 ERDT 的能量消耗 E 随主要用户存在概率 p_{PU}和协作感知中次要用户的数量 N 的变化分别如图 6-20 和图 6-21 所示。

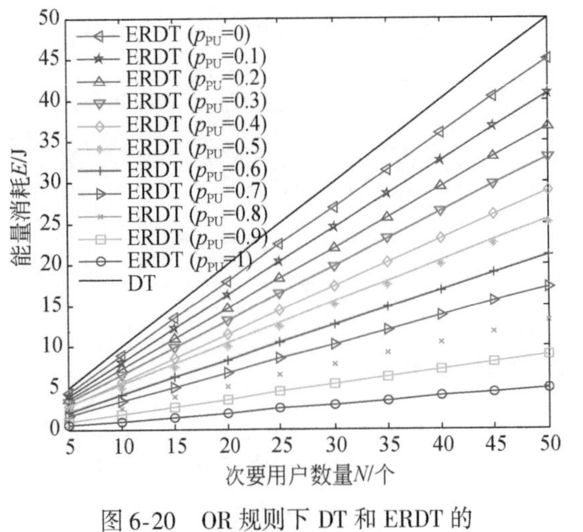

图 6-20　OR 规则下 DT 和 ERDT 的能量消耗随 N 和 p_{PU}变化

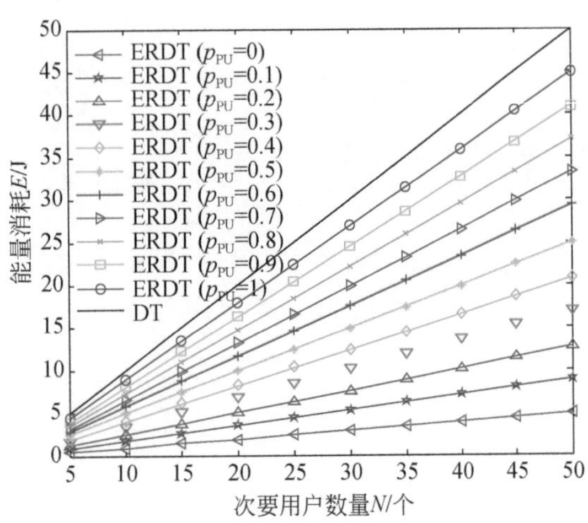

图 6-21　AND 规则下 DT 和 ERDT 的能量消耗随 N 和 p_{PU}变化

图 6-20 的结果显示，根据 OR 规则的定义，DT 的能量消耗只与 N 相关。因此，对于不同的 p_{PU}能量消耗 E 变化曲线都相同并且与 N 成比例。而且 ERDT 的能量消耗关于 N 线性增加。当主要用户不存在时，$N=5$ 时，E 为 4.5；当 N 增加到 10 时，E 为 9；当 N 从 40 增加到 45 时，E 从 30 增加到 40.1。当主要用户存在概率 p_{PU}增加到 0.5 时，$N=5$ 时，E 为 2.4；N 为 45 时，E 增加到 22.4。当 N 为 50 时，ERDT 的能量消耗随着 p_{PU}从 0 增加到 1，从 45 逐渐减少到 5。无论 p_{PU}是多少，ERDT 的 E 明显比 DT 的少，p_{PU}越大，ERDT 的 E 越低。

从图 6-21 可以得到与上述相类似的结果，能量消耗 E 随着 N 的增长呈线性增长。然而，所有情况下 ERDT 的能量消耗总是少于 DT 的。结果表明，与 DT 相比，ERDT 可以有效地减少能量消耗，次要用户的数量 N 越大，节省的能量越多。p_{PU}越高，OR 规则下 ERDT 节省的能量越高；相反地，p_{PU}越小，OR 规则下 DT 节省的能量越高。结果也表明，在 CWSN 中随着主要用户存在概率 p_{PU}和协作感知中次要用户数量 N 的变化提出的 ERDT 可以降低能量消耗。

6.2.4　小结

可靠节能的协作频谱感知模型是能量受限传感器和频谱稀缺的 CWSN 中一个重要的问

题。一个称为 ERDT 可靠易实现的协作频谱感知模型被提出，它依靠减少决策传输、减少协作频谱感知的能量消耗保证决策正确性。CWSN 的 CSS 模型被建立为 N 个次要用户和一个 FC 之间的通信模式。次要用户和 FC 之间的比特错误和包丢失被看成噪声干扰造成的包错误和传输中的包丢失。然后，严格推理给出了三种情况下 DT 和 ERDT 的正确决策概率和能量消耗的详细分析。详细的仿真结果表明，与 DT 相比，提出的 ERDT 在保证 CWSN 的协作频谱感知的正确决策概率的同时，可以很好地减少能量消耗。ERDT 作为一种简单、可靠和实际的协作频谱感知模型，可以让 CWSN 在干扰环境中智能地作出正确的决策。

6.3 基于两阶段感知的协作频谱感知算法

6.3.1 相关工作

在认知无线电网络中，为了减少协作感知的开销和能量消耗，CRN 中协作频谱感知模型包括单步检测和多步检测两类。围绕着减少能量消耗，单步协作感知主要集中在以下几方面[61]：审查、分簇、节点选择。文献［62］在感知结果传输阶段使用基于双门限的能量审查方法，仅允许感知数据处于目标区域的次要用户将 1bit 感知结果传输到 FC，决定主要用户是否存在。在满足检测性能的要求下，文献［63］通过可信度投票算法减少传输检测结果的 CS 节点数目达到减少能量消耗的目的，这里只有当节点被认为有足够的自信度时其才会将感知结果传输给 FC。文献［64］针对 CRN 中次要用户的 SNR 不同，研究了结合 SNR-weight 的改进协作频谱感知算法。次要用户的 SNR 越高，其本地决定的可依靠性就更高，它被分配的权重就更大。因此，被选择参与感知的次要用户的可靠性因子的值应该更高。

文献［65］和文献［66］提出了一种基于分簇的协作频谱感知方法来解决网络环境变差和规模变大的问题，同时实现获得高的网络检测性能与低的能量消耗的折中。针对网络中存在 SSDF(spectrum sensing data falsification) 的情况，文献［67］和文献［68］分别提出了信任敏感八卦模型利用分布式感知方法和动态调整阈值门限方法来识别 CRN 中不良用户的蓄意破坏，避免 SSDF 危害。

然而传统的单步协作频谱感知存在传输开销和次要用户资源消耗问题，文献［45］提出了两阶段感知的概念。其在第一阶段优先选择执行简单高效的感知算法。而当第一阶段的测量结果高于预定阈值时，第二阶段的快速感知将会作为候选算法被执行。文献［69］引入管道技术来减少两阶段感知的感知时间。整个频谱带被分成相同尺寸的频谱带，称为粗感知时隙(coarse sensing blocks，CSB)。每个 CSB 再进一步被分成若干子频带，称为 FSB(fine sensing blocks)。管道被解释为，当空闲信道正在被检测时，CSB 可以继续依次被检测，维持查询表。查询表中包含每个 CSB 的能量值和其各自的块数值。

小波分析和 HOS(higher-order-statistics) 被认为是信号处理领域最成功的两种工具。

文献［70］基于这两种技术提出了适用于低信噪比认知无线电网络的两阶段感知方法。第一阶段使用能量检测方法，适用于高 SNR 的情况。如果网络中信噪比较低，第一阶段检测会失败，此时依赖于 HOS 方法的第二阶段检测将被使用。文献［71］和文献［72］把硬数据决策和软数据决策技术与两步检测技术相结合。在第一阶段，所有次要用户采用硬数据融合技术对主要用户占用授权信道的检测数据进行判决。若 FC 判决主要用户不存在，那么所有次要用户被要求执行第二阶段检测将感知到的主要用户的数据再次发送给 FC，但是，对于低 SNR 的 CRN 环境，提出的感知机制花费的检测时间比较多。

为了减少协作频谱感知带来的通信开销和能量消耗，同时维持其高的检测精度，文献［47］和文献［73］在第一阶段采用双阈值检测方法，这里只有一个或者少数几个合适的次要用户会被选择探查授权频带是否被占用。当传感器在第一阶段的感知检测值处于模糊区域时，其不能确定主要用户存在与否，此时第二阶段的感知检测将被执行，这里所有的次要用户都被要求参与协作感知，检测主要用户的授权信道并将感知结果传送给 FC。文献［74］利用优化恰当的感知长度和发送检测数据给 FC 的次要用户数量来最大化次要用户 CRN 的吞吐量。这里两步协作感知机制要求当任何一个次要用户在第一阶段检测后认为主要用户存在，第二阶段的快速感知才会被触发。

虽然现有的协作频谱感知模型很多，但 CRN 中仍存在以下几个关键问题有待解决。首先，单步协作频谱感知存在传输开销和能量消耗问题。其次，一般传统的两步检测模型存在不必要的能耗问题。一方面，在第一阶段传统的两步检测要求固定数目的一个或者少数次要用户，或者所有次要用户参与感知。前者导致检测精度不高，触发第二阶段检测的可能性增加，感知的开销和时延也随之增加，后者保证了检测精度，但需要付出不必要的开销代价。另一方面，在两步检测协作频谱感知的第二阶段，为了保证协作频谱感知的精度，算法通常要求所有的次要用户都参与感知。而根据已有的研究，当参与感知的次要用户的数目增加到一定程度时，其带来的能耗开销代价比检测精度的提高更大。

本节的主要贡献如下。

（1）给出了基于双门限能量检测和两步检测的协作频谱感知系统模型，这里同时考虑了逻辑 OR 规则、AND 规则和 K-out-of-N 规则。

（2）为了使系统的通信模型更符合实际的认知无线电网络状态，考虑网络的无线信道存在高斯白噪声的情况，并分析给出了 OR 规则、AND 规则和 K-out-of-N 规则三种判决准则下，CATS(cognitive adaptive two-phase sensing）的协作感知检测率和能量消耗理论分析。

（3）CATS 保证系统的检测概率并减少能量开销主要表现在两方面：一方面，当第一阶段的检测无法准确判决时，CATS 通过及时执行第二阶段保证本次检测的精确度以及自适应地调整下次第一阶段检测的次要用户数量，增加下次检测的正确率；另一方面，当第一阶段检测效果不佳时，适时调整第二阶段参与感知的次要用户数目，此保证系统整体的检测概率。

6.3.2 认知自适应的两阶段感知

1. 系统模型

系统包括一个主要用户、N 个次要用户和一个 FC 节点，各次要用户对主要用户拥有的频段进行检测并各占用一个正交信道发送它们的本地决策到 FC，它们之间的决策传输相互独立且互不影响。图 6-22 给出了 CATS 协作频谱感知不同阶段的系统模型，在每个阶段系统从 N 个次要用户中选择 M 个次要用户参与协作频谱感知，每个次要用户独立检测授权频谱是否被占用作出它们的检测决定，并将判决决策传送给决策中心。FC 综合第一阶段次要用户检测的结果决定是执行第二阶段感知还是分配给次要用户相应的频谱使用（当其判决主要用户不存在时）或者告知次要用户继续检测主要用户频谱(当其认为主要用户存在时)。

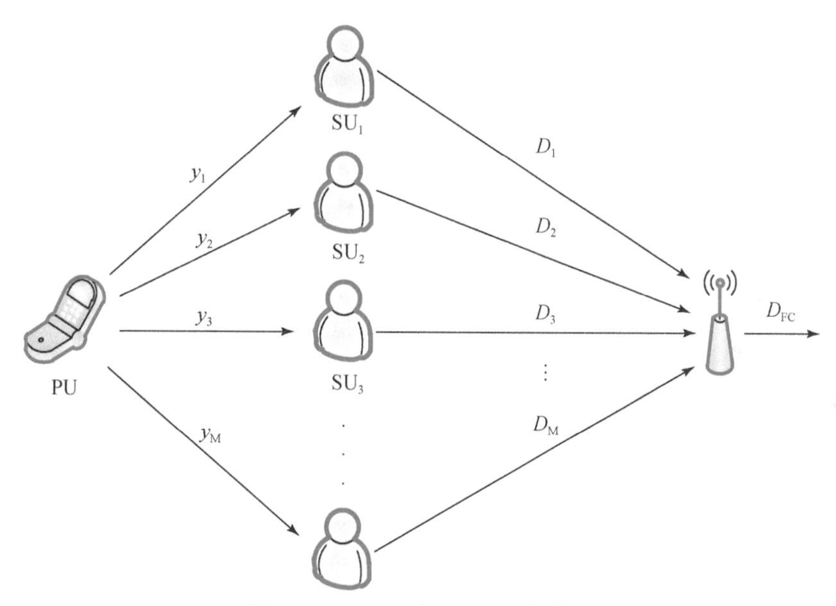

图 6-22　CWSN 中 CATS 一般模型

本节提出的模型同样适用于多主要用户存在的情况，不同的地方在于，系统在执行之前需要使用不同的调度方法安排次要用户对每个主要用户的频谱进行检测。例如，文献 [75] 为每个次要用户的授权频谱带分配相同个次要用户，文献 [76] 根据每个主要用户的频谱使用状况分配次要用户。但对于每个用户来说，系统对每段授权频段的检测算法都是相同的。因此，只讨论 CWSN 仅存在一个 PU 的情况。为了便于读者理解，这里先将本节要用到的所有参数代表的含义列表于表 6-8 和表 6-9 中。

表 6-8　算法中参数及其代表的含义

参数	代表的含义
λ_1	双阈值中的低阈值
λ_2	双阈值中的高阈值
λ_3	第二阶段检测单阈值
M_i	第 i 阶段参与协作感知的次要用户初始个数
C_i	第 i 阶段参与协作感知的次要用户个数变化系数
n_0	判决 PU 不存在的次要用户数量
n_1	判决 PU 存在的次要用户数量

表 6-9　本节参数代表含义

参数	代表的含义
P_d	次要用户的检测概率
P_m	次要用户的漏检概率
P_a	次要用户的无虚警概率
P_f	次要用户的虚警概率
Δ'_0	PU 不使用授权频带时，SU 无法判决的可能性
Δ'_1	PU 使用授权频带时，SU 无法判决的可能性
$Q_{d,k}$	第 k 阶段检测概率，$k=1$，2
$Q_{m,k}$	第 k 阶段漏检概率，$k=1$，2
$Q_{a,k}$	第 k 阶段无虚警概率，$k=1$，2
$Q_{f,k}$	第 k 阶段虚警概率，$k=1$，2
Δ_1	PU 使用授权频带时，第一阶段 FC 无法判决的可能性
Δ_0	PU 不使用授权频带时，第一阶段 FC 无法判决的可能性
Q_d	系统的检测概率
Q_f	系统的虚警概率
P_{sec}	执行第二阶段协作感知的可能性
X	无法判决主要用户是否存在事件
H_1	主要用户存在
H_0	主要用户不存在
E_i	SU_i检测信号能量值
γ	接收机信噪比
N	次要用户的数量

CATS 第一阶段协作感知中选择 m_1 个次要用户参与感知并将它们的感知结果传送给 FC。CATS 的第二阶段感知 m_2个次要用户被选中执行检测，FC 根据感知数据作出最终的决策。在不同感知过程中，m_1和 m_2的值是变化的。图 6-23(a) 和图 6-23(b) 给出了第一阶段的协作感知过程，选择 1 个次要用户感知主要用户的存在并把感知结果发送给 FC 节点。若这次检测不能准确判决主要用户是否在占用授权频谱，下次 CATS 将选择更多的次要用户参与检测，如图 6-23(a) 中 CATS 选择 3 个 SU 检测 PU 是否在使用授权频谱。图 6-23(c)

和图 6-23(d) 给出 5 个次要用户协作感知主要用户的状态并传送各自的感知决定给 FC。

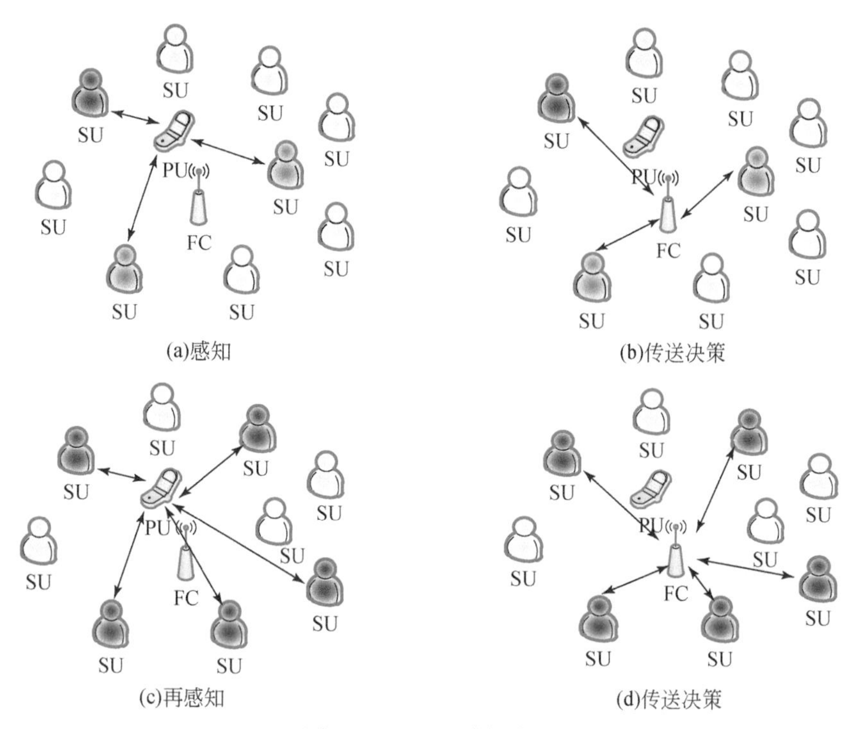

图 6-23 CATS 感知步骤

2. 能量检测

由于能量检测实现简单，不需要首要用户相关的先验知识而被普遍使用于协作频谱感知模型中，其依赖于采样的数量，这使得检测时间灵活，因此又被称为快速感知方法。根据设定阈值(门限值) 个数不同，常用的能量检测方法一般分为单阈值检测和双门限检测。图 6-24 描述了单阈值检测和双阈值检测模型的判决依据。

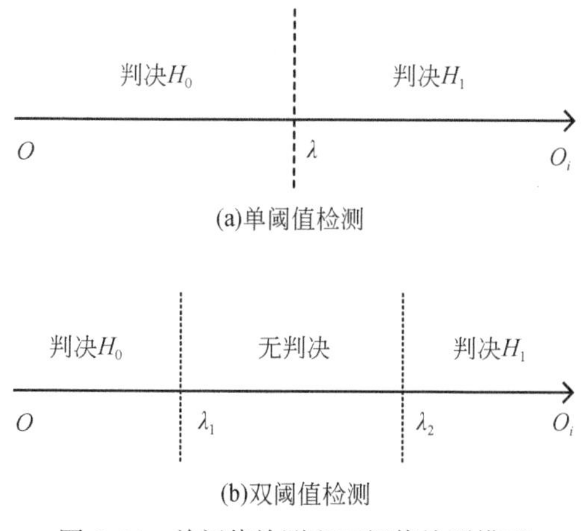

图 6-24 单阈值检测和双阈值检测模型

单阈值检测方法是基于次要用户的感知数据与预定阈值的比较，比较的结果不是主要用户存在就是主要用户不存在。若 SU 的检测信号能量值比预设定阈值大，则说明 PU 正在占用授权频谱，反之，视为授权频谱处于空闲状态，没有被 PU 使用。单阈值检测判决依据可以被描述如下

$$D=\begin{cases}H_1, & E_i \geqslant \lambda \\ H_0, & E_i < \lambda\end{cases} \tag{6-56}$$

式中，E_i是次要用户 i 的能量检测检验统计量($E_i=\frac{1}{u}\sum_{i=1}^{u}y_{it}^2$)，$u$ 是感知区间中检测器的采样点数，y_{it}是它在 t 时隙接收的信号。CATS 在第二阶段使用单阈值能量检测方法，m_2个次要用户检测主要用户信号，若次要用户检测到的信号能量 E 大于 λ，1bit 的决策 1 将会被 SU 传送给 FC，说明 PU 出现，正在使用它的授权频谱；否则 1bit 的决策 0 将会被 SU 传送给 FC，代表 PU 没有出现，它的授权频谱处于空闲状态。

双阈值检测方法规定当次要用户的感知数据处于中间模糊区域时，次要用户不能对主要用户的存在作出准确的判决。若 SU 的检测信号能量值大于高阈值，则说明 PU 存在；若感知数据处于中间模糊区域，介于高阈值和低阈值之间，则次要用户无法判决，反之，视为主要用户不存在。双阈值检测判决依据可以被描述如下

$$D=\begin{cases}H_1, & E_i \geqslant \lambda_2 \\ H_0, & E_i \leqslant \lambda_1 \\ X, & \text{其他}\end{cases} \tag{6-57}$$

为了提高检测精度，CATS 的第一阶段采用双阈值能量检测方法减少第二阶段协作感知的执行次数，降低能量消耗。m_1个次要用户感知主要用户信号，若次要用户检测到的信号能量 E 大于 λ_1，1bit 的决策 1 将会被传送给 FC，表示主要用户存在；若 E 小于 λ_2，1bit 的决策 0 将会被 SU 传送给 FC，代表 PU 有空闲的授权频谱；否则次要用户不会传送任何数据给 FC。

3. 判决准则

从 PU 的实际存在情况和 SU 的检测判决两个角度考虑，单阈值能量检测存在四种情况：在不干扰主要用户传输的情况下接入信道的可能，记为 $P(\text{decision}=H_0|H_0)$；为了避免干扰主要用户频谱的使用，当次要用户检测到主要用户存在时，其选择不接入信道，称为检测概率，记为 $P(H_1|H_1)$。另外还有两种错误的情况：一是主要用户实际正在使用信道，但次要用户却认为主要用户不存在并接入信道；二是主要用户没有使用它的授权频带，存在频谱空穴，但次要用户认为主要用户正在占用授权频带，网络中不存在空闲信道，没有接入它。前者称为虚警概率，记为 $P(H_0|H_1)$，该情况会干扰主要用户的传输，产生意想不到的结果；后者称为漏检概率，记为 $P(H_1|H_0)$，它会产生资源的耗费，减少使用频谱的可能性。

在实际网络中，为了保护主要用户，防止次要用户对其造成干扰，检测概率被要求大于某一个特定的阈值。例如，IEEE 802. 22 要求若 SNR 等于 20dB，则系统检测概率必须大

于阈值 0.9[77]。表 6-10 给出了双阈值能量检测方法存在六种可能，除了单阈值检测方法中的四种可能外，还有两种无法判决的情况。

表 6-10　各种可能事件分析

SU / PU	H_0	H_1	X
H_0	P_a	P_f	Δ'_0
H_1	P_m	P_d	Δ'_1

在协作频谱感知中主要有基于数据和决策两种融合方式，虽然基于数据的融合方式可能会带来更好的性能，但会导致更多的能量和频谱开销。因此需要更少开销的决策融合被用于频谱感知。根据决策中心决策授权频带是否被占用标准的不同，基于决策的数据融合规则包括 OR 规则、AND 规则和 K-out-of-N 规则。OR 规则规定一个认为频带被占用的次要用户即可以决定系统的决策结果；而 MAJORITY 规则则需要多个次要用户同时认定；AND 规则则要求全票通过时才认可授权频谱是空闲的。K-out-of-N 规则又称为多数投票选举规则，它要求当认为主要用户存在的次要用户的数量不小于 K 时，判决结果为主要用户存在，否则认为主要用户不存在。

4. CATS 协作频谱感知算法

唯有决策中心无法判定授权频带是否被占用时才会触发第二阶段的协作感知被执行。在第一阶段，如果次要用户的感知能量大于 λ_2，次要用户会传送 1bit 的决定 1 给 FC；如果次要用户的感知能量低于 λ_1，次要用户会传送决定 0 给 FC。当次要用户的感知能量在（λ_1，λ_2）区间时，次要用户将不会传送数据，这里假设次要用户与融合中心之间的通信状态是理想的。FC 根据接收到的决定的数量以及参与感知的次要用户的数量，计算出无法判决主要用户状态的次要用户数目。如果依据判决准则，决策中心无法判决授权频带是否被占用，第二阶段的协作感知将要被执行。在第二阶段，FC 会分配 m_2个次要用户采用单阈值能量检测方法参与感知，并将 1bit 的决定发送给 FC。

图 6-25 给出了 CATS 协作频谱感知算法的执行流程图，在这里第一阶段的协作感知采用双阈值能量检测模型，第二阶段采用单阈值能量检测模型。在每个阶段中，参与协作感知的次要用户利用硬判决准则将判决结果传送给 FC，其使用数据判决规则（OR/AND/K-out-of-N）作出最终的判决。图 6-24 给出了该模型中阈值的关系，这里假设每个次要用户的预设定义阈值都是相同的，为了避免混淆将第二阶段的阈值记为 λ_3。

考虑到关于次要用户的能量检测阈值的设定在许多文献中已经被研究并得到解决，因此本节将不再对这个问题作进一步说明。

FC 作出最后的决定并且根据网络的状况调整两阶段参与协作的次要用户的数量进一步优化网络的检测性能。第二阶段调整 m_1 和 m_2的过程如下。

（1）当 $m_1 \leqslant m_2$ 时，m_1 增加 C_1，下次第一阶段协作感知选择 m_1+C_1 个次要用户参与

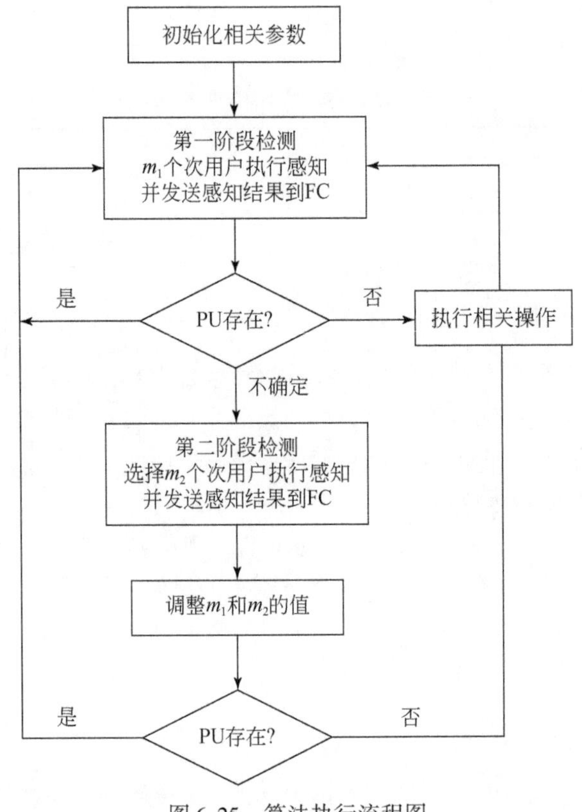

图 6-25　算法执行流程图

感知。

（2）当 $m_1 = m_2$ 时，若 $m_2+C_2>N$，则此后第一阶段和第二阶段都变成选择所有的次要用户参与感知；若 $m_2+C_2 \leqslant N$，m_1 的初始值设为 M_1，m_2 增加 C_2，下一轮第一、二阶段分别选择 M_1 和 m_2+C_2 个次要用户参与协作。

CWSN 中 CATS 协作频谱感知算法具体输入要求和输出结果，以及执行过程描述如下（图 6-26）。

图 6-27 说明了当系统中存在 10 个次要用户时，第一阶段初始选择两个次要用户参与感知，第二阶段初始化选择 6 个次要用户参与感知，两阶段参与感知的次要用户数量变化系数为 1、2 时，两阶段参与协作感知次要用户数量变化的具体过程（横坐标是执行第二阶段协作感知的次数）。表 6-11 给出了各参数设置。

CATS 协作频谱感知算法
输入：认知用户总数 N，能量阈值 λ_1、λ_2、λ_3，第一、二阶段执行协作的次要用户数目初始值 M_1、M_2，第一、二阶段执行协作的次要用户数量调整系数 C_1、C_2。 输出：判决决定 D。

```
Phase 1
1. Select m2 SU to detect channels, the ith SU S'i sensing data is noted as Ei;
2. FOR i=1 to m1
3. IF (Ei≥λ2)
4. Si transmits decision 1
5. ELSE IF (Ei≤λ1)
6. Si transmits decision 0
7. END FOR
8. AND/OR/Majority for cooperation
9. Final decision D
10. IF D=1 OR 0
11.  …
12.  GOTO Phase 1
13. ELSE
14.  Trigger Phase 2
15. END IF

Phase 2
16. Select m2 SU to detect channels, the ith SU S'i sensing data is noted as Ei;
17. FOR i=1 to m2
18.  IF (Ei≥λ3)
19.   Si transmits decision 1
20.  ELSE
21.   Si transmits decision 0
22. END FOR
23. AND/OR/Majority for cooperation
24. Final decision D
25. IF (m1≤m2)
26.   m1=m1+C1;
27. ELSE IF (m2+C2≤N)
28.   m1=M1; m2=m2+C2;
29. ELSE
30.   m1=m2=N;
31. END IF
```

图 6-26 算法及执行过程描述

表 6-11 参数设置

N	M_1	M_2	C_1	C_2
10	2	6	1	2

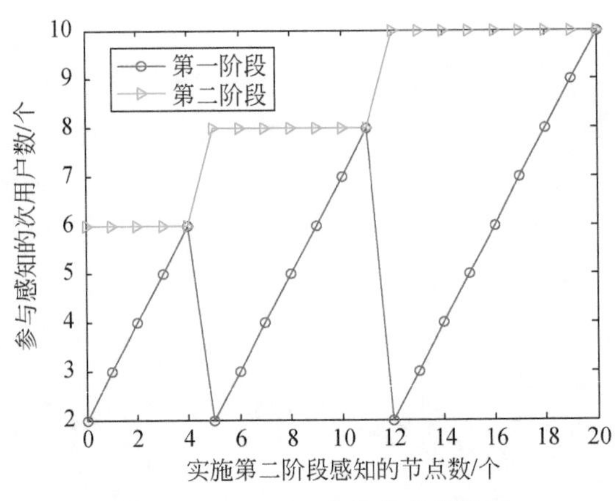

图 6-27 m_1，m_2 变化的实现举例

每个阶段详细的性能分析如下。

(1) 第一阶段：如前面所述，该阶段执行检测的所有次要用户都选择双阈值能量检测方法。m_1个次要用户执行感知并将感知结果传送到 FC，其作出相应的判断。这里选择使用一般投票规则，即 K-out-of-N 规则，因为其具有高度概括性，当 k 值等于 1 时，它将退化为 OR 规则；当 k 值等于总的执行检测的协作次要用户数量时，K-out-of-N 规则演化为 AND 规则。当 CWSN 中主要用户存在时第一阶段协作感知的检测概率、漏检概率和无判决概率依次为

$$Q_{d,1}=\sum_{n_1=k}^{m_1}\left[\sum_{n_0=0}^{m_1-k-1}\frac{m_1!}{n_1!\ n_0!\ (m_1-n_1-n_0)!}P_d^{n_1}P_m^{n_0}\ (\Delta'_1)^{m_1-n_1-n_0}\right] \tag{6-58}$$

$$Q_{m,1}=\sum_{n_0=k}^{m_1}\left[\sum_{n_1=0}^{m_1-k-1}\frac{m_1!}{n_1!\ n_0!\ (m_1-n_1-n_0)!}P_d^{n_1}P_m^{n_0}\ (\Delta'_1)^{m_1-n_1-n_0}\right] \tag{6-59}$$

$$\Delta_1=1-Q_{d,1}-Q_{m,1} \tag{6-60}$$

式中，P_d、P_m、Δ'_1 的计算公式如下

$$P_d=\Pr\{E_i\geqslant\lambda_2\,|\,H_1\}=Q_u(\sqrt{2\gamma},\ \sqrt{\lambda_2}) \tag{6-61}$$

$$P_m=\Pr\{E_i\leqslant\lambda_1\,|\,H_1\}=1-Q_u(\sqrt{2\gamma},\ \sqrt{\lambda_1}) \tag{6-62}$$

$$\Delta'_1=\Pr\{\lambda_1<E_i<\lambda_2\,|\,H_1\}=1-P_d-P_m \tag{6-63}$$

式中，$Q_u(a,\ x)$ 是一般 Q 函数的逆函数，其表达式是 $Q_u(a,\ x)=\dfrac{1}{a_{u-1}}\displaystyle\int_x^{\infty}t^u\mathrm{e}^{-(t^2+a^2/2)}I_{u-1}(at)\mathrm{d}t$。同理，可以得到在 CWSN 中当主要用户不存在时协作感知的虚警概率、检测概率和无判决概率公式依次如下

$$Q_{f,1}=\sum_{n_1=k}^{m_1}\left[\sum_{n_0=0}^{m_1-k-1}\frac{m_1!}{n_1!\ n_0!\ (m_1-n_1-n_0)!}P_a^{n_1}P_f^{n_0}\ (\Delta'_0)^{m_1-n_1-n_0}\right] \tag{6-64}$$

$$Q_{a,1}=\sum_{n_0=k}^{m_1}\left[\sum_{n_1=0}^{m_1-k-1}\frac{m_1!}{n_1!\ n_0!\ (m_1-n_1-n_0)!}P_a^{n_1}P_f^{n_0}\ (\Delta'_0)^{m_1-n_1-n_0}\right] \tag{6-65}$$

$$\Delta_0 = 1 - Q_{f,1} - Q_{a,1} \tag{6-66}$$

式中，P_f、P_a、Δ'_0 的计算公式如下

$$P_f = \Pr\{E_i \geq \lambda_2 | H_0\} = \frac{\Gamma(u, (\lambda_2/2))}{\Gamma(u)} \tag{6-67}$$

$$P_a = \Pr\{E_i \leq \lambda_1 | H_0\} = 1 - \frac{\Gamma(u, \lambda_1/2)}{\Gamma(u)} \tag{6-68}$$

$$\Delta'_0 = \Pr\{\lambda_1 < E_i < \lambda_2 | H_0\} = 1 - P_a - P_f \tag{6-69}$$

（2）第二阶段：当系统在第一阶段协作感知过程中无法判断主要用户是否存在时，第二阶段协作感知将被触发执行。在第二阶段，被选择参与感知的 m_2 个次要用户采用单阈值能量检测方法，将 1bit 的感知结果 1 或者 0 传送给 FC，这里第一阶段次要用户的感知数据将不再被 FC 使用。对每个参与感知的次要用户 i，若其感知能量不小于预设阈值 λ_3，则判定主要用户存在，传送决定 1 到 FC，否则传送感知决定 0。为了方便理解第二阶段系统 $Q_{d,2}$ 和 $Q_{f,2}$ 的计算，每个次要用户的四种可能事件的计算公式如下

$$P'_d = \Pr\{E_i \geq \lambda_3 | H_1\} = Q_u(\sqrt{2\gamma}, \sqrt{\lambda_3}) \tag{6-70}$$

$$P'_m = \Pr\{E_i < \lambda_3 | H_1\} = 1 - Q_u(\sqrt{2\gamma}, \sqrt{\lambda_3}) \tag{6-71}$$

$$P'_f = \Pr\{E_i \geq \lambda_3 | H_0\} = \frac{\Gamma(u, \lambda_3/2)}{\Gamma(u)} \tag{6-72}$$

$$P'_a = \Pr\{E_i < \lambda_3 | H_0\} = 1 - \frac{\Gamma(u, \lambda_3/2)}{\Gamma(u)} \tag{6-73}$$

如第一阶段所示，我们采用 K-out-of-N 规则计算第二阶段协作感知的 $Q_{d,2}$ 和 $Q_{f,2}$，它们的计算公式如下

$$Q_{d,2} = \sum_{i=1}^{m_2} \binom{m_2}{i} (1 - P'_d)^{m_2-i} (P'_d)^i \tag{6-74}$$

$$Q_{f,2} = \sum_{i=1}^{m_2} \binom{m_2}{i} (1 - P'_f)^{m_2-i} (P'_f)^i \tag{6-75}$$

这里记网络中主要用户存在的概率为 $\Pr\{H_1\}$，主要用户不存在的概率为 $\Pr\{H_0\}$，可以进一步得到系统执行第二阶段感知的概率为

$$P_{\sec} = \Delta_1 \Pr\{H_1\} + \Delta_0 \Pr\{H_0\} \tag{6-76}$$

$$Q_d = Q_{d,1} + \Delta_1 Q_{d,2} \tag{6-77}$$

$$Q_a = Q_{a,1} + \Delta_0 Q_{a,2} \tag{6-78}$$

$$Q_f = 1 - Q_a = Q_{f,1} - \Delta_0(1 - Q_{f,2}) \tag{6-79}$$

用 E 表示系统中次要用户用于感知主要用户的总能量消耗，E_1 和 E_2 分别是第一阶段和第二阶段协作感知次要用户所消耗能量。E 可以被表达为

$$E = E_1 + P_{\sec} E_2 \tag{6-80}$$

式中，$E_1 = \sum_{i=1}^{M'} e_i$，$E_2 = \sum_{j=1}^{M} e_j$，节点 i 和节点 j 分别为参与第一、二阶段的协作次要用户。对每个次要用户，只考虑感知过程中用于感知的能量消耗，忽略用于传输的能量消耗。在

文献［20］中，用于感知的能量消耗包括两部分，一是监听信道，二是感知决定过程。

6.3.3 仿真分析

为了验证所提方案的有效性，用MATLAB仿真对本章提出的CATS协作频谱感知与一般简单的两阶段检测[72]（GSTS）和文献［73］中改进的方法（GITS）进行检测概率和感知能量消耗两方面的比较。采用蒙特卡罗方法进行仿真，在AWGN（additive white gaussion noise）环境下仿真的次数为1000，采样点数为1000，主要用户存在的概率为0.5。仿真中CATS初始时第一阶段有5个次要用户参与协作频谱感知；GSTS在第一阶段始终选择1个次要用户参与协作；GITS在第一阶段只选择5个次要用户参与感知。系统中有1个FC节点、1个主要用户和30个次要用户，次要用户随机分布在5km×5km的区域内，主要用户随机地分布在该区域内。能量检测方法被用来检测首要用户的频带使用状况，若授权频带正在被占用，则次要用户传输数据1，反之传输数据0。假定每个次要用户在感知过程中的能耗都相同。

图6-28所示为在AWGN环境中，基于K-out-of-N规则的CATS的检测概率随着p_{PU}和SNR的变化比较图，这里第一、二阶段的协作次要用户数量初始值分别为5、15；第一、二阶段的协作次要用户数量变化系数分别为1、2。

如图6-28所示，CATS的检测概率随着SNR的增大呈增长趋势，随p_{PU}的增长保持稳定。当SNR=-10时，随着p_{PU}的提高，检测概率Q_d保持不变，约为0.08；当SNR增加为-6时，检测概率约为0.4；当SNR增加到-2时，检测概率增加到0.97。这是由于主要用户存在概率的变化只影响网络中主要用户出现的次数，CATS的检测性能不受影响，检测概率保持不变。而且当p_{PU}不变时，随着SNR的增加，CATS的检测性能逐渐变好，Q_d不断变大。例如，p_{PU}为0.6时，当SNR=-10时，Q_d是0.07；当SNR增加到-7时，检测概率为0.2；当SNR增加到-3时，检测概率增加到0.92。由此可得，CATS的检测性能不受p_{PU}的影响。因此，在下述仿真中仅考虑p_{PU}为50%时CATS与GSTS、GITS的检测性能和能量的比较。

1. CATS、GSTS和GITS的检测概率和感知能耗比较

图6-29描绘了在AWGN环境中，基于K-out-of-N规则的CATS、GSTS和GITS的检测概率Q_d随着SNR的变化比较图，这里p_{PU}固定为50%，第一、二阶段的协作次要用户数量初始值分别为5、15；第一、二阶段的协作次要用户数量调整系数分别为1、2。

随着SNR的增大，CATS、GSTS和GITS的Q_d呈现逐渐增长的趋势。当SNR从-10增长到-1时，Q_d取得最大值。对于CATS，当SNR从-10增加到-7时，Q_d从0.02增加到0.25；信噪比从-6增加到-2的过程中，检测概率从0.53增加到0.98；从SNR大于-2（包括-2）开始，Q_d始终为最大值1。在SNR从-10增加到-5的过程中，CATS的Q_d一直

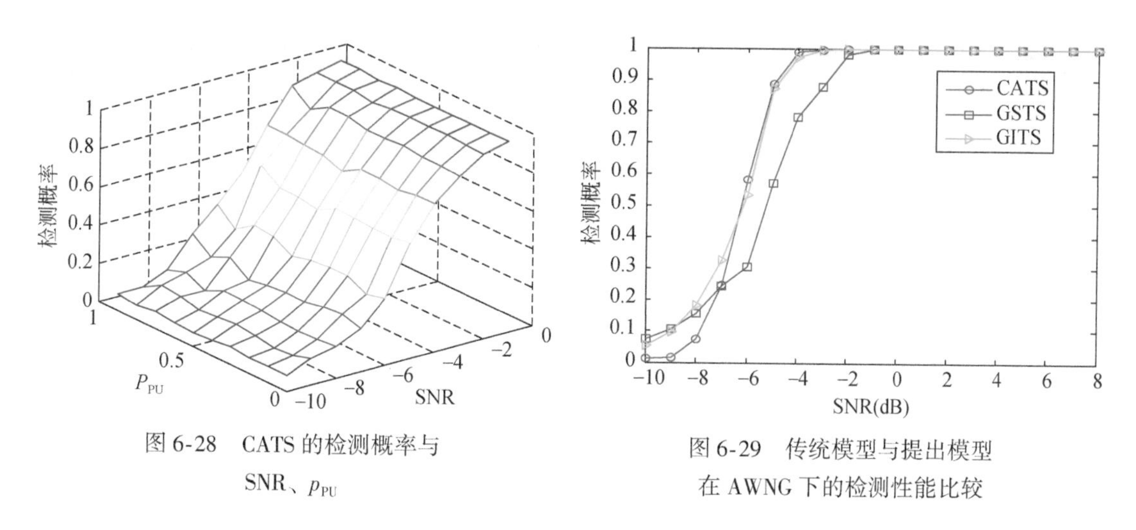

图 6-28　CATS 的检测概率与 SNR、p_{PU}

图 6-29　传统模型与提出模型在 AWNG 下的检测性能比较

最低，检测性能最差；在 SNR 从−10 增加到−9 的过程中，GSTS 的检测性能最优，Q_d高于 CATS 和 GIST；在信噪比从−9 增加到−5 的过程中，GITS 的检测性能优。这是因为当网络性能比较差时，次要用户的检测概率降低，因此参与的次要用户越多系统的检测概率增加速度反而越低。在信噪比从−5. 5 到−1 的过程中，由于第二阶段的执行次数逐渐减少，系统执行第一阶段的次数增加，CATS 根据网络环境智能自适应调整增加两阶段的感知次要用户数量从而增加检测的准确性，CATS 的 Q_d大于 GSTS 和 GITS，由于参与协作的次要用户最少，GSTS 的检测性能最差。例如，当信噪比等于−5 时，CATS、GITS、GSTS 的检测概率分别为 0. 89、0. 87、0. 57。当信噪比大于等于 0 时，三种模型都能很准确地检测主要用户的存在状况。从图可以得出，当网络性能较好时，CATS 智能自适应地调整各阶段参与感知的次要用户数目提高系统的检测性能，其检测性能优于其他两种模型。

图 6-30 给出了 AWGN 环境下，基于 K-out-of-N 规则的 CATS、GSTS 和 GITS 执行第二次协作感知次数随着信噪比的变化直方比较图，这里主要用户的存在概率固定为 50%，第一、二阶段协作次要用户数量初始值为 5、15，两阶段次要用户数量变化系数分别为 1、2。

随着 SNR 的增加，CATS、GSTS 和 GITS 执行第二阶段协作感知的次数变化表现出先逐渐变大然后逐渐变小的趋势。在信噪比从−10 增加到−6 的过程中，GSTS 和 GITS 执行第二阶段协作感知的次数分别从 47、22 增加到最高值 93 和 50。CATS 在 SNR = −7 时，执行第二阶段协作感知次数达到整个过程的最大值 13。这是由于，当网络性能较差时，次要用户的检测概率降低，第一阶段协作感知次要用户数目较少判决的误差越大，因此第二阶段的执行次数增加。随着 SNR 逐渐增加，网络性能逐渐变好，第一阶段 $Q_{d,1}$增加，触发第二阶段执行的次数减少。例如，在信噪比从−5 增加到−3 的过程中，GSTS、GITS、CATS 的第二阶段执行次数依次从 89、36、6 减少到 57、3、3。此外，由于 CATS 会根据网络的检测状况自适应地调整第一阶段参与协作的次要用户数目，从而提高了第一阶段的系统检测概率，减少了第二阶段的执行次数，因此 CATS 触发第二阶执行的次数要远远小于其他两种算法。由于 GSTS 中第一阶段参与协作的次要用户数量最少，以至于其第二阶段执行次数最高。例如，当信噪比等于-8 时，CATS、GSTS、GITS 的第二阶段执行次数依次为 6、61、39；若 SNR=4，它们第二阶段执行次数分别为 1、10、2。

图 6-31 给出了在 AWGN 环境下，基于 K-out-of-N 规则的 CATS、GSTS 和 GITS 的感知能量消耗随着信噪比的变化比较图，这里主要用户的存在概率固定为 50%，第一、二阶段的协作次要用户数量初始值为 5、15；第一、二阶段的协作次要用户数量调整系数分别为 1、2。

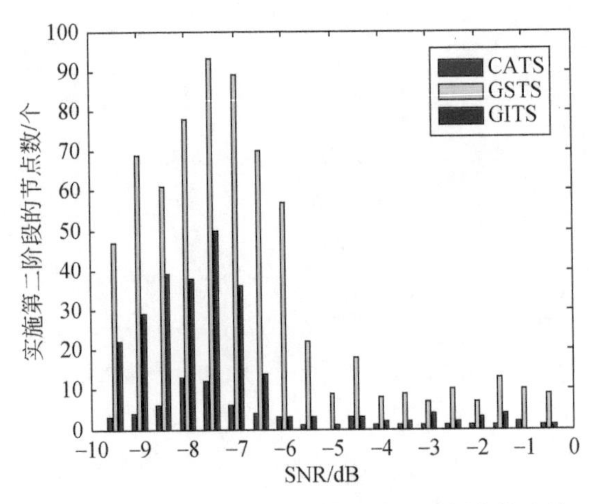

图 6-30　不同 SNR 下触发第二阶段感知次数比较

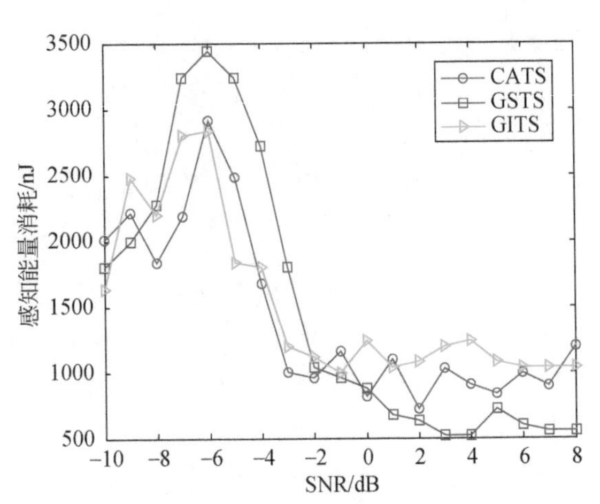

图 6-31　不同 SNR 下感知能量消耗比较

这里只考虑检测过程中用于检测的能量消耗，而忽略用于传输决策的能耗。在文献［78］中，用于感知的能量消耗包括两部分，一是监听信道，二是感知决定过程。参考文献［78］中的能量消耗模型，这里我们假定每个次要用户参与协作感知的感知能量消耗为 200nJ。通过图 6-31 可以发现，随着 SNR 的增加，次要用户的感知能量消耗呈现出先增长后减少的变化趋势。在信噪比从-10 增加到-6 的过程中，CATS、GSTS 和 GITS 的感知能耗逐渐增加，表现为从最初的 2010nJ、1800nJ、1640nJ 增加到 2920nJ、3440nJ、2840nJ。这主要是由于该阶段第一阶段协作感知的检测率较低，第二阶段的执行概率增加，因此感知能耗增加明显。随着网络性能逐渐变好，从信噪比大于-6 开始，CATS、GSTS 和 GITS 的感知能耗开始减少；在信噪比从-6 增加到-2 的过程中，由于第二阶段的执行次数减少，CATS、GSTS 和 GITS 的感知能耗骤减，约为 1000nJ。在信噪比从-10 增加到 2 的过程中，由于 CATS 的第二阶段执行次数小于 GSTS 和 GITS，它的感知能量消耗基本小于 GSTS 和 GITS，例如，当信噪比等于-7 时，CATS、GSTS 和 GITS 的感知能量消耗依次为 2193nJ、3240nJ、2800nJ；当信噪比等于-3 时，它们分别为 1009nJ、1800nJ、1200nJ。当 SNR 大于-1 之后，CATS、GSTS 和 GITS 三种模型的感知能量消耗基本趋于稳定。GSTS 的能量消耗最高为 1000～1200nJ；CATS 为 800～1100nJ；GITS 的感知能量消耗最少，为 500～700nJ。随着信噪比的增加，网络性能优化，第二阶段协作感知被触发次数降低，两阶段参与协作的次要用户数目处于稳定状态，因此感知能量消耗逐渐减少趋于稳定。

比较图 6-29、图 6-30、图 6-31 可以看出，CATS 根据网络的性能自适应地调整两阶段参与协作感知次要用户的数目，能有效地提高第一阶段的检测概率，减少第二阶段的执行次数，保证 Q_d 满足网络的性能要求，降低感知的能量消耗。

2. CATS 参数设置与对 Q_d 和 E 的作用

图 6-32 给出了 CATS 在两阶段分别采用 OR 规则、MAJORITY 规则、AND 规则检测性能比较，这里主要用户的存在概率固定为 50%，两阶段参与协作感知的次要用户数量变化系数分别为 $C_1=1$，$C_2=2$；第一、二阶段的协作次要用户数量初始值分别为 $M_1=5$，$M_2=N/2$。

对于 MAJORITY 规则，在虚警概率从 0.1 增加到 0.5 时，CATS 的检测概率从 0.48 增加到 0.91；当 Q_f 增加到 0.8 时，Q_d 增加为 0.99。由于 OR、MAJORITY、AND 规则对检测精确度的要求越来越高，OR 规则规定一个认为频带被占用的次要用户即可决定系统的决策结果；而 MAJORITY 规则需要多个次要用户同时认定；AND 规则要求全票通过时才认可授权频谱是空闲的。因此 OR 规则的 Q_d 最高，而 AND 规则的 Q_d 最低，MAJORITY 规则的检测性能处于两者之间。例如，当虚警概率为 0.2 时，OR 规则、MAJORITY 规则、AND 规则下 CATS 的检测概率依次为 0.93、0.71、0.24；当虚警概率为 0.7 时，OR 规则、MAJORITY 规则、AND 规则下 CATS 的检测概率依次为 0.99、0.97、0.77。但这里考虑的是理想的网络环境，当网络中存在篡改次要用户数据的恶意节点时，OR 规则往往不能表现出很好的检测性能，稳定性差。

图 6-33 给出了 m_2 的初始值 M_2 分别取 $1/3N$、$1/2N$、$2/3N$ 时，CATS 的感知能量消耗随信噪比的变化，其他的参数设置如下，C_1，$C_2=1$，m_1 的初始值 M_1 为 5，主要用户的存在概率固定为 50%，这里暂时忽略检测过程的用于传输决策的能耗。

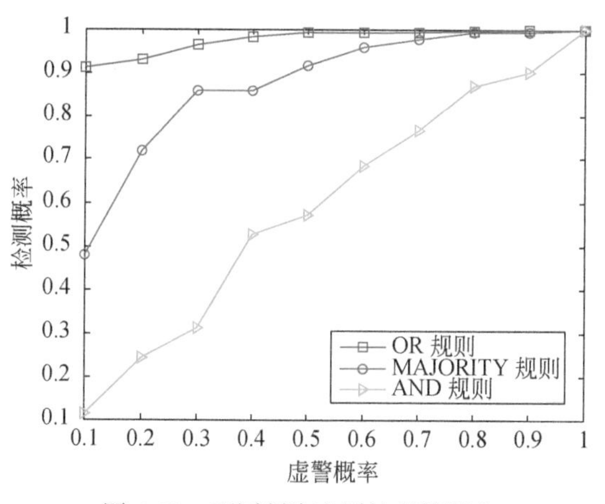

图 6-32 不同判决准则的虚警概率随检测概率变化的曲线

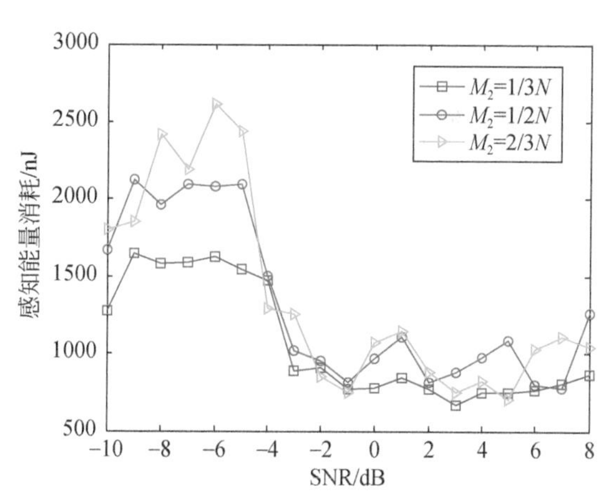

图 6-33 不同 M_2 的感知能耗随 SNR 变化的曲线

随着 SNR 的增加，CATS 的 E 值大致呈现出不断减少的走向。对于 M_2 等于 $1/3N$，CATS 的感知能耗在信噪比从−10 增加到−9 的过程中从 1278nJ 增加到 1654nJ；信噪比增加到−4 时，感知能耗减少到 1505nJ；在信噪比从−4 增加到−3 的过程中，CATS 的感知能耗骤减 414nJ；在信噪比从-1 增加到 8 的过程中，感知能耗的减少比较小，感知能耗基本维持在 750nJ 左右。开始出现增加是由于网络环境变化导致第一阶段的检测概率较低，第一阶段的感知次要用户数量增加较快，第二阶段执行可能性变大，因此 CATS 的感知能耗上升。而当信噪比到达某一值后，网络环境逐渐变好，第一阶段的检测概率逐渐增加，两阶段参与感知的次要用户数目逐渐减少，第二阶段的执行次数降低，CATS 的感知能耗逐渐降低。当 M_2分别取 1/3N、1/2N、2/3N 时，CATS 的感知能耗依次在信噪比分别等于-4、-5、-6 时骤减，之后趋于最小值。随着 m_2初始值 M_2的增加，在相同信噪比下，CATS 的感知能量消耗逐渐增加。例如，在 SNR 等于-7 时，m_2 初始值 M_2为 1/3N 的感知能耗为 1596nJ，m_2初始值 M_2为 1/2N 的感知能耗为 2095nJ，m_2初始值 M_2为 2/3N 的感知能耗为 2189nJ；SNR 增加到 0 时，m_2初始值 M_2为 1/3N 的感知能耗减少到 781nJ，m_2初始值 M_2为 1/2N 的感知能耗为 970nJ，m_2初始值 M_2为 2/3 N 的感知能耗为 1075nJ。由此可以看出，m_2初始值 M_2取 1/3N 时，CATS 的感知能耗更低。

图 6-34 给出了 m_2的初始值分别是 1/3N、1/2N、2/3N 时，CATS 的检测概率变化曲线图。随着 SNR 的增加，CATS 的 Q_d逐渐增加，当 SNR 大于-2 时其达到最大值。而且，由于 CATS 可以根据系统的检测性能动态地调整各阶段参与协作的次要用户数目，因此，m_2初始值的变化不会对 CATS 的检测概率产生影响。通过比较图 6-33 和图 6-34 可以发现，m_2取优化的初始值能够在不影响 CATS 的检测精度的条件下，减少系统的感知能量消耗。

图 6-35 给出了次要用户数目为 30 时，CATS 的系统检测概率，这里主要用户的存在概率固定为 50%，第一阶段和第二阶段的协作次要用户个数初始值分别是 $M_1=5$，$M_2=N/2$，第一、二阶段协作次要用户调整系数 C_1、C_2取不同值。

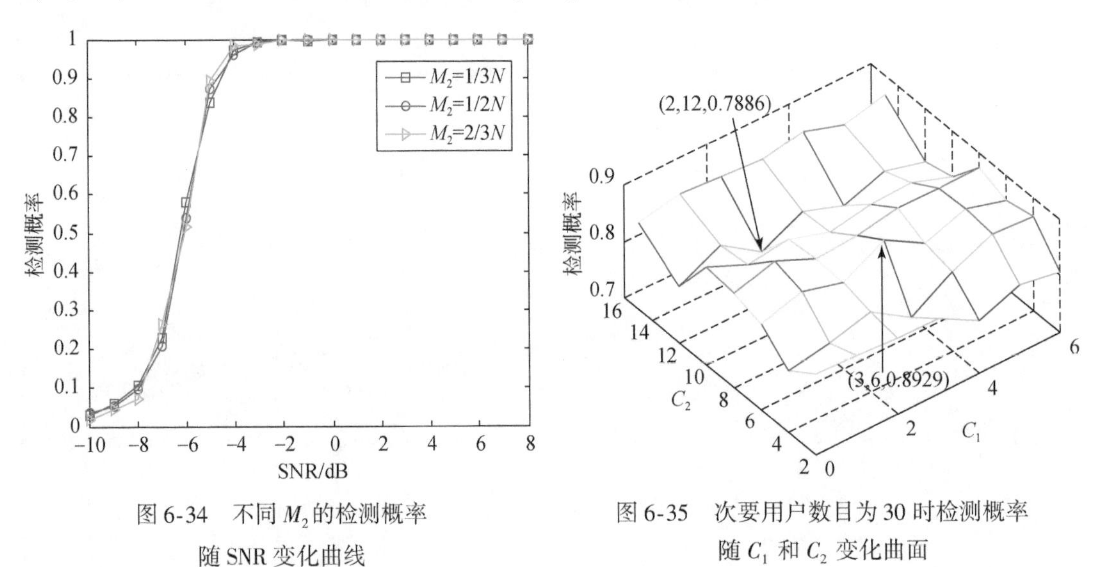

图 6-34　不同 M_2的检测概率随 SNR 变化曲线

图 6-35　次要用户数目为 30 时检测概率随 C_1 和 C_2 变化曲面

表 6-12 清晰地给出了当 C_1取 0、1、2、3、4、5、6，C_2分别取 2、4、6、8、10、12、15 时，CATS 的系统检测概率。这里，当 $C_1=0$，$C_2=15$ 时，第一阶段固定地选择 5 个次要用户参与协作感知，当该阶段无法判决主要用户是否存在时，第二阶段被触发执行，同

时修改下一轮第二阶段的协作感知次要用户数目为 30，即要求全部次要用户都执行检测，这种情况下，CATS 与 GITS 相同。根据表 6-12 和图 6-35 能够总结得到，第一、二阶段协作次要用户调整系数 C_1、C_2的取值对 DTCSS 的检测性能有影响。当 C_1等于 1，C_2为 8 时，CATS 的 Q_d取得最大值 0.8869；CATS 在 C_2等于 4 时检测概率最小，值为 0.8211。当 C_2为 2 时，CATS 的 Q_d在 C_1取 3 时获得最低值 0.8708，在 C_1为 5 时到达最大值 0.8709。C_1、C_2的取值决定了 CATS 自适应调整参与协作频谱感知的速度，在不同的网络环境下，选择合适的值可以有效地改善网络的检测性能。当 $C_1=3$，$C_2=6$ 时，CATS 的检测概率达到最大值 0.8929；当 C_1等于 2，C_2等于 12 时，CATS 的检测概率取得最小值 0.7886。通过表 6-12 和图 6-34 可以得出结论，优化 C_1、C_2的值能够有效地提高 CATS 的检测性能。

表 6-12　不同 C_1 与 C_2 下系统检测概率的取值

C_2 \ C_1	0	1	2	3	4	5	6
2	0.8418	0.8388	0.8323	0.8330	0.7925	0.8200	0.8063
4	0.8075	0.8211	0.8401	0.7952	0.8405	0.8709	0.8668
6	0.8515	0.8727	0.8533	**0.8929**	0.8499	0.8767	0.8549
8	0.8653	0.8869	0.8560	0.8606	0.8734	0.8717	0.8738
10	0.8730	0.8419	0.8515	0.8283	0.8410	0.8424	0.8176
12	0.7985	0.8361	**0.7886**	0.8237	0.7989	0.8238	0.8045
15	0.8525	0.8684	0.8633	0.8577	0.8698	0.8482	0.8650

6.3.4　小结

可靠节能的协作频谱感知模型是 CRN 中极其关键的难题之一。这里在将双阈值检测方法与快速感知方法相结合的前提下提出了一种可靠节能的协作频谱感知模型——CATS，该算法智能地根据网络的状态自适应地调整第一、二阶段协作次要用户数量，从而在保证协作检测精度的同时减少感知的能量耗损，并给出了一个首要用户、多个次要用户以及一个 FC 之间的系统模型。然后，详细推导出 CATS 的全局检测概率和感知能耗。通过仿真进一步证明，和 GSTS 和 GITS 相比，CATS 能够增加频谱的检测概率，减少感知的能量消耗。并且利用仿真证明，CATS 各参数存在优化值，可以进一步提高 CATS 的检测概率，减少次要用户的能量开销。

6.4　总结与展望

协作频谱感知是探究和加快 CWSN 发展极其关键的部分之一。一个绿色有效的协作频谱感知技术可以提高协作的检测性能和频谱的利用率，进而解决频谱紧缺问题。此外，它还能显著减少 CWSN 的感知开销，延长电池能量受限的 CWSN 的生命周期。因此，设计一个好的协作频谱感知算法成为 CWSN 至关重要的任务。

本章以绿色节能为目标，在保证协作感知检测精度的条件约束下，提出了基于决策传输的协作频谱感知模型(ERDT) 和基于两阶段感知的协作频谱感知模型(CATS)。ERDT 是一种基于审查的协作感知模型，唯有满足要求的次要用户才有机会传输决策给 FC。同时考虑了传输中存在包丢失和由于噪声干扰造成的比特错误的情况。详细的仿真数据表明，ERDT 能够显著地减少能量消耗并满足 CWSN 中协作感知的决策正确率要求。CATS 是一种基于两步感知的协作频谱感知模型，只有当第一阶段的感知无法决策主要用户状态时，第二阶段才会被执行。在第二阶段中，系统根据网络的状况以及感知的结果采用惩罚激励的方式自适应地调整两阶段参与感知的次要用户数量。通过多组仿真实验揭示了 CATS 在保证 CWSN 中协作频谱感知检测概率的同时能够减少能量消耗。

然而，本章研究也存在一些不足之处：①只考虑了 CWSN 中存在一个群体且群体中的主要用户数为一的情况，但是在真实的 CWSN 中，存在的主要用户数量多处于动态变化的情况；②在 CATS 中，只是通过仿真验证了优化值的存在性，并没有给出详细的理论证明。此外，在动态改变两阶段协作感知次要用户数目问题上，只讨论了基于惩罚刺激的线性改变的情况，在实际网络中当网络性能较优时，可以给予奖励刺激，自适应地减少各阶段参与协作的次要用户数量，这样不仅可以保证系统的检测性能，还可以进一步减少能耗和传输开销。因此，这也是将来 CWSN 研究中一个值得进一步努力的方向。

参考文献

[1] Zhu R. Intelligent collaborative event query algorithm in wireless sensor networks. International Journal of Distributed Sensor Networks, 2012(1550–1329): 61-80.

[2] Thennattil J J, Manuel E M. A novel approach in cooperative spectrum sensing for cognitive radio. Proceedings of the IEEE Recent Advances in Intelligent Computational Systems(RAICS'13), Trivandrum, 2013: 3-47.

[3] Zhu R, Shu W, Mao T, et al. Enhanced MAC protocol to support multimedia traffic in cognitive wireless mesh networks. Multimedia Tools and Applications, 2013, 67(1): 269-288.

[4] Shen J, Jiang T, Liu S, et al. Maximum channel throughput via cooperative spectrum sensing in cognitive radio networks. IEEE Transactions on Wireless Communications, 2009, 8(10): 5166-5175.

[5] Zhu K, Zhu R, Nii H, et al. PaperIO: A 3D interface towards the internet of embedded paper- craft. IEICE Transactions on Information and Systems, 2014, 97(10): 2597-2605.

[6] Marcus M J. Unlicensed cognitive sharing of TV spectrum: The controversy at the federal communications commission. IEEE Communications Magazine, 2005, 43(5): 24-25.

[7] Jalaeian B, Zhu R, Samani H, et al. An optimal cross- layer framework for cognitive radio network under interference temperature model. IEEE Systems Journal, 2014, 1(99): 293-301.

[8] Cavalcanti D, Das S, Wang J, et al. Cognitive radio based wireless sensor networks. Proceedings of the 17th International Conference on Computer Communications and Networks(ICCCN'08), St. Thomas, 2008: 491-496.

[9] Zhu R, Qin Y, Wang J. Energy- aware distributed intelligent data gathering algorithm in wireless sensor networks. International Journal of Distributed Sensor Networks, 2011(1550-1329): 272-280.

[10] Chen H, Zhou M, Xie L, et al. Joint spectrum sensing and resource allocation scheme in cognitive radio networks with spectrum sensing data falsification attack. IEEE Transactions on Vehicular Technology, 2016

(11):9181-9191.

[11]Zhu R,Wang J. Power-efficient spatial reusable channel assignment scheme in WLAN mesh networks. Mobile Networks and Applications,2012,17(1):53-63.

[12] Liu Z, Xing W, Zeng B, et al. Hierarchical spatial clustering in multi- hop wireless sensor networks. Proceedings of the IEEE/CIC International Conference on Communications in China(ICCC'13),Xi'an,2013:622-627.

[13]Pham H N,Zhang Y,Engelstad P E,et al. Energy minimization approach for optimal cooperative spectrum sensing in sensor-aided cognitive radio networks. Proceedings of the 5th Annual International Wireless Internet Conference(WICON'10),Singapore,2010:1-9.

[14]Cacciapuoti A S,Akyildiz I F,Paura L. Correlationaware user selection for cooperative spectrum sensing in cognitive radio ad hoc networks. IEEE Journal on Selected Areas in Communications,2012,30(2):297-306.

[15]Yuan W,Leung H,Cheng W,et al. Participation in repeated cooperative spectrum sensing:A game-theoretic perspective. IEEE Transactions on Wireless Communications,2012,11(3):1000-1011.

[16]Zhang H,Zhang Z,Chau Y. Distributed compressed wideband sensing in cognitive radio sensor networks. Proceedings of the IEEE Conference on Computer Communications Workshops,Shanghai,2011:13-17.

[17] Haykin S. Cognitive radio: Brain- empowered wireless communications. IEEE Journal on Selected Areas in Communications,2006,23(2):201-220.

[18]Sun H,Laurenson D I,Wang C X. Computationally tractable model of energy detection performance over slow fading channels. IEEE Communications Letters,2010,14(10):924-926.

[19]Han N,Shon S H,Chung J H,et al. Spectral correlation based signal detectionmethod for spectrum sensing in IEEE 802.22 WRAN systems. Proceedings of the 8th International Conference Advanced Communication Technology(ICACT'06),Gangwon-Do,2006:1766-1770.

[20]Zeng Y, Liang Y C. Covariance based signal detections for cognitive radio. Proceedings of the 2nd IEEE International Symposium on New Frontiers in Dynamic Spectrum Access Networks,Dublin,2007:202-207.

[21]Wild B,Ramchandran K. Detecting primary receivers for cognitive radio applications. Proceedings of the 1st IEEE International Symposium on New Frontiers in Dynamic Spectrum Access Networks(DySPAN'05),Baltimore,2005:124-130.

[22]Mitola J. Cognitive Radio: An Integrated Agent Architecture for Software Defined Radio. Stockholm: Royal Institute of Technology,2000.

[23] Asokan A, Ayyappa R. Cognitive radio sensor networks. Proceedings of the International Conference on Electronics and Communication Systems(ICECS'14),Coimbatore,2014:1-7.

[24]Najimi M,Ebrahimzadeh A,Andargoli S M H,et al. A novel sensing nodes and decision node selection method for energy efficiency of cooperative spectrum sensing in cognitive sensor networks. IEEE Sensors Journal, 2013,13(5):1610-1621.

[25]Gholamipour A H,Gorcin A,Celebi H,et al. Reconfigurable filter implementation of a matched-filter based spectrum sensor for cognitive radio systems. Proceedings of the IEEE International Symposium of Circuits and Systems(ISCAS'11),Rio de Janeiro,2011:2457-2460.

[26]李强. 基于循环平稳的 WCSN 频谱感知算法. 计算机工程,2012,38(23):92-94.

[27]Zheng T, Qin Y, Gao D, et al. Hybrid model design and transmission rate optimize with interference temperature constraints in cognitive radio sensor networks. Proceedings of the 7th International Conference on Wireless Communications,Networking and Mobile Computing(WiCOM'11),Wuhan,2011:1-4.

[28] Ma W, Wu M Q, Li G N, et al. Interference temperature estimation based on the detection and estimation of angles of arrival of multiple wide-band sources in cognitive radio sensor networks. Proceedings of the 2nd International Symposium on Electronic Commerce and Security (ISECS'09), Nanchang, 2009: 417-420.

[29] Sinha A, Chandrakasan A. Dynamic power management in wireless sensor networks. IEEE Design and Test of Computers, 2001, 18(2): 62-74.

[30] 周来秀,邓曙光,林琳. 无线传感器网络低能耗协作频谱感知方法. 计算机工程与应用,2011,47(24): 81-83.

[31] 杨耘悦. 分簇无线传感器网络中的频谱感知方案. 数字通信,2013,40(2):27-32.

[32] Maleki S, Pandharipande A, Leus G. Energy-efficient distributed spectrum sensing for cognitive sensor networks. IEEE Sensors Journal, 2011, 11(3): 565-573.

[33] Men S, Zhou Y, Sun X. A cooperative spectrum sensing scheme in wireless cognitive sensor network. Proceedings of the IET International Conference on Communication Technology and Application (ICCTA'11), Beijing, 2011: 577-581.

[34] 邹丹,钟国辉,屈代明,等. 无线认知传感器网络的节能频谱感知策略. 中国科学技术大学学报,2009, 39(10):1052-1058.

[35] 张丽红,朱琦. 基于能耗的分簇频谱感知方法. 计算机工程与应用,2012,48(14):102-108.

[36] Ozger M, Akan O B. Event-driven spectrum-aware clustering in cognitive radio sensor networks. Proceedings of the 32nd IEEE Conference on Computer Communications (INFOCOM'13), Turin, 2013: 1483-1491.

[37] Hasan N, Kim H, Ejaz W, et al. Knapsack-based energy efficient node selection scheme for cooperativespectrum sensing in cognitive radio sensor networks. IET Communications, 2012, 6 (17): 2998-3005.

[38] Estrin D. Tutorial wireless sensor networks. Part IV: Sensor Network Protocols, Mobicom, 2002.

[39] Yuan W, Leung H, Chen S, et al. A distributed sensor selection mechanism for cooperative spectrum sensing. IEEE Transactions on Signal Processing, 2011, 59(12): 6033-6044.

[40] Pham H N, Zhang Y, Engelstad P E, et al. Optimal cooperative spectrum sensing in cognitive sensor networks. Proceedings of the International Wireless Communications and Mobile Computing Conference (IWCMC'09), Leipzig, 2009: 1073-1079.

[41] Sepasi Z A, Fernando X, Grami A. Energy-aware secondary user selection in cognitive sensor networks. IET Wireless Sensor Systems, 2014, 4(4): 86-96.

[42] Ergul O, Akan O B. Energy-efficient cooperative spectrum sensing for cognitive radio sensor networks. Proceedings of the 18th IEEE Symposium on Computers and Communications (ISCC'13), Split, 2013: 465-469.

[43] Najimi M, Ebrahimzadeh A, Andargoli S M H, et al. Anovel method for energy-efficient cooperative spectrum sensing in cognitive sensor networks. Proceedings of the 6th International Symposium on Telecommunications (IST'12), Tehran, 2012: 255-260.

[44] Najimi M, Ebrahimzadeh A, Andargoli S M H, et al. Lifetime maximization in cognitive sensor networks based on the node selection. IEEE Sensors Journal, 2014, 14(14): 2376-2383.

[45] Cordeiro C, Challapali K, Birru D. IEEE 802.22: An introduction to the first wireless standard based on cognitive radio. Jouranl of Communications, 2006, 1(1): 36-47.

[46] Li Z, Wang H, Kuang J. A two-step spectrum sensing scheme for cognitive radio network. Proceedings of the IEEE International Conference on Information Science and Technology, Nanjing, 2011: 694-698.

[47] Gunichetty N, Hiremath S M, Patra S K. Two stage spectrum sensing for cognitive radio using CMME. Proceedings of the 2015 International Conference on Communications and Signal Processing(ICCSP), Melmaruvathur, 2015:1075-1079.

[48] Suwanboriboon S, Lee W. A novel two-stage spectrum sensing for cognitive radio system. Proceedings of the 2013 13th International Symposium on Communications and Information Technologies(ISCIT), Samui Island, 2013:176-181.

[49] Arif W, Hoque S, Sen D, et al. Sensing time minimization using pipelining in two stage spectrum sensing. Proceedings of the 2015 2nd International Conference on Signal Processing and Integrated Networks(SPIN), Noida, 2015:359-365.

[50] Ebrahimzadeh A, Najimi M, Andargoli S M H, et al. Sensor selection and optimal energy detection threshold for efficient cooperative spectrum sensing. IEEE Transactions on Vehicular Technology, 2015, 64(4):1565-1577.

[51] Najimi M, Ebrahimzadeh A, Andargoli S M H, et al. A novel sensing nodes and decision node selection method for energy efficiency of cooperative spectrum sensing in cognitive sensor networks. IEEE Sensors Journal, 2013, 13(5):1610-1621.

[52] Yang W. Energy efficient cooperative sensing in cognitive radio sensor networks. Proceedings of the International Conference on Wireless Communications & Signal Processing, Hefei, 2014:1-5.

[53] Yiu S, Schober R. Nonorthogonal transmission and noncoherent fusion of censored decisions. Vehicular Technology IEEE Transactions on, 2009, 58(1):263-273.

[54] Weiss T A, Jondral F K. Spectrum pooling: An innovative strategy for the enhancement of spectrum efficiency. IEEE Communications Magazine, 2004, 42(3):8-14.

[55] Umebayashi K, Lehtomaki J J, Suzuki Y. Study on efficient decision fusion in OR-rule based cooperative spectrum sensing. Technical Report of Ieice Rcs, 2012, 111:714-718.

[56] Umebayashi K, Lehtomaki J J, Yazawa T, et al. Efficient decision fusion for cooperative spectrum sensing based on OR-rule. IEEE Trans. Wireless Commun., 2012, 11(7):2585-2595.

[57] Nallagonda S, Chandra A, Roy S D, et al. On performance of cooperative spectrum sensing based on improved energy detector with multiple antennas in Hoyt fading channel. Proceedings of the IEEE India Conf. (INDICON), Mumbai, 2013:1-6.

[58] Chu Y, Liu S. Hard decision fusion based cooperative spectrum sensing over Nakagami-m fading channels. Proceedings of the 8th Int. Conf. Wireless Commun., Netw. Mobile Comput. (WiCOM), Shanghai, 2012:1-4.

[59] Bokharaiee S, Nguyen H H, Shwedyk E. Cooperative spectrum sensing in cognitive radio networks with noncoherent transmission. IEEE Transactions on Vehicular Technology, 2012, 61(6):2476-2489.

[60] IEEE. IEEE Standard for Information Technology Local and Metropolitan Area Networks Specific Requirements Part 22: Cognitive Wireless RAN Medium Access Control(MAC) and Physical Layer(PHY) Specifications: Policies and Procedures for Operation in the TV Bands. IEEE Standard 802.22-2011, 2011.

[61] Zhang X, Liu X Z, Samani H, et al. Cooperative spectrum sensing in cognitive wireless sensor networks. International Journal of Distributed Sensor Networks, 2015(23):1-15.

[62] Khan I, Singh P. Double threshold feature detector for cooperative spectrum sensing in cognitive radio networks. Proceedings of the 2014 Annual IEEE India Conference(INDICON), Pune, 2014:1-5.

[63] Vu-Van H, Koo I. Cooperative spectrum sensing with collaborative users using individual sensing credibility for cognitive radio network. IEEE Transactions on Consumer Electronics, 2011, 57(2):320-326.

[64] Bhanage R, Borde S, Joshi K. Co-operative communication with SNR weighted algorithm in cognitive radios.

Proceedings of the 2015 International Conference on Pervasive Computing(ICPC),Pune,2015:1-4.

[65] Kozal A S B, Merabti M, Bouhafs F. Energy- efficient multi- hop clustering scheme for cooperative spectrum sensing in cognitive radio networks. Proceedings of the 2014 IEEE 11th Consumer Communications and Networking Conference(CCNC),Las Vegas,2014:139-145.

[66] Rasheed T, Rashdi A, Akhtar A N. A cluster based cooperative technique for spectrum sensing using rely factor. Proceedings of the 2015 12th International Bhurban Conference on Applied Sciences and Technology(IBCAST),Islamabad,2015:588-590.

[67] Vosoughi A, Cavallaro J R, Marshall A. A cooperative spectrum sensing scheme for cognitive radio ad hoc networks based on gossip and trust. Proceedings of the 2014 IEEE Global Conference on Signal and Information Processing(GlobalSIP),Atlanta,2014:1175-1179.

[68] Wang L, Zhang L, Chen X. A dynamic threshold strategy against SSDF attack for cooperative spectrum sensing in cognitive radio networks. Proceedings of the 2015 International Conference on Wireless Communications & Signal Processing(WCSP),Nanjing,2015:1-5.

[69] Arif W, Hoque S, Sen D, et al. Sensing time minimization using pipelining in two stage spectrum sensing. Proceedings of the 2015 2nd International Conference on Signal Processing and Integrated Networks(SPIN), Noida,2015:359-365.

[70] Aly O A M. Two-stage spectrum sensing algorithm for low power signals in cognitive radio. Proceedings of the 2013 Saudi Interantional, Electronics, Communications and Photonics Conference(SIECPC), Riyadh, 2013: 1-6.

[71] Alemseged Y D, Sun C, Tran H N, et al. Distributed spectrum sensing with two stage detection for cognitive radio. Proceedings of the 2009 IEEE 70th Vehicular Technology Conf. Fall, Anchorage, 2009:1-5.

[72] Paul R, Choi Y J. Two- step softened decision for cooperative spectrum sensing in cognitive radio networks. Proceedings of the ICUFN 2012 - 4th International Conference on Ubiquitous and FutureNetworks, Final Program, Phuket,2012:242-246.

[73] Paul R, Pak W, Choi Y J. Selectively triggered cooperative sensing in cognitive radio networks. IET Communications,2014,8(15):2720-2728.

[74] Choi Y J, Xin Y, Rangarajan S. Overhead- throughput tradeoff in cognitive radio networks. Proceedings of the IEEE Wireless Communications and Networking Conference(WCNC),Budapest,2009:1-6.

[75] Kaligineedi P, Bhargava V K. Sensor allocation and quantization schemes for multi- band cognitive radio cooperative sensing system. IEEE Transactions on Wireless Communications,2011,10(1):284-293.

[76] Deng R, Chen J, Yuen C, et al. Energy-efficient cooperative Spectrum sensing by optimal scheduling in sensor-aided cognitive radio networks. IEEE Transactions on Vehicular Technology,2012,61(2):716-725.

[77] IEEE 802. 22 working group on wireless regional area networks. http://www. ieee802. org/22[2016-6-8].

[78] Najimi M, Ebrahimzadeh A, Andargoli S M H, et al. Energy-efficient sensor selection for cooperative spectrum sensing in the lack or partial information. IEEE Sensors Journal,2015,15(7):3807-3818.